Sanusi Mohammed Sadiq
Invinder Paul Singh
Muhammad Makarfi Ahmad

A Fronteira Azul: Aquabusiness

Sanusi Mohammed Sadiq
Invinder Paul Singh
Muhammad Makarfi Ahmad

A Fronteira Azul: Aquabusiness

Aquabusiness e Aquapreneurship para o Desenvolvimento Sustentável

ScienciaScripts

Imprint
Any brand names and product names mentioned in this book are subject to trademark, brand or patent protection and are trademarks or registered trademarks of their respective holders. The use of brand names, product names, common names, trade names, product descriptions etc. even without a particular marking in this work is in no way to be construed to mean that such names may be regarded as unrestricted in respect of trademark and brand protection legislation and could thus be used by anyone.

Cover image: www.ingimage.com

This book is a translation from the original published under ISBN 978-620-3-85452-7.

Publisher:
Sciencia Scripts
is a trademark of
Dodo Books Indian Ocean Ltd. and OmniScriptum S.R.L publishing group

120 High Road, East Finchley, London, N2 9ED, United Kingdom
Str. Armeneasca 28/1, office 1, Chisinau MD-2012, Republic of Moldova, Europe
Managing Directors: Ieva Konstantinova, Victoria Ursu
info@omniscriptum.com

Printed at: see last page
ISBN: 978-620-8-53395-3

A FRONTEIRA AZUL: AQUABUSINESS E AQUAPRENEURSHIP PARA O DESENVOLVIMENTO SUSTENTÁVEL

Prof. Sadiq Sanusi Mohammed
Prof. Invinder Paul Singh
Prof. Ahmad Muhammad Makarfi
Dr. N. Karunakaran
Dr. Jayasanka Anjana Atapattu
Dr. Indrajit A. Doddnavar
Dr. Mohammad Zaki Shamim
Dra. Yasmine Mohieeldin Gharieb Salem
Dr. Maryam Yahaya Adamu

Biografias dos autores

Prof. Sadiq Sanusi Mohammed

O Prof. Sadiq Sanusi Mohammed, um académico distinto com um doutoramento em Economia Agrícola da SKRAU, Bikaner, Índia, é um professor altamente respeitado, especializado em Economia Alimentar, Meios de Subsistência e Desenvolvimento Sustentável. Com 17 anos de experiência em investigação e ensino, o Prof. Mohammed desempenhou funções fundamentais no Departamento de Economia Agrícola e Extensão da Universidade Federal de Tecnologia, Minna, Nigéria, e no Departamento de Economia Agrícola e Gestão de Agronegócios da Universidade Federal de Dutse, Estado de Jigawa, Nigéria. Académico de renome, contribuiu amplamente para o campo com mais de 200 publicações de investigação, incluindo artigos em revistas, comunicações em conferências, capítulos de livros, volumes editados e monografias, estabelecendo a sua influência na economia agrícola e no desenvolvimento sustentável.

Prof. Invinder Paul Singh

O Prof. Invinder Paul Singh, doutorado em Economia Agrícola pela CCSHAU, Haryana, Índia, é um perito altamente considerado com mais de 30 anos de experiência em economia agrícola. Atualmente, é Diretor do Institute of Agri-Business Management (IABM) na SKRAU, Bikaner, Índia. Anteriormente, o Prof. Singh ocupou cargos de prestígio como Professor e antigo Reitor/Presidente da Faculdade de Agricultura da SKRAU, Bikaner. Com um impressionante corpo de trabalho que inclui mais de 300 publicações de investigação em revistas, actas de conferências, capítulos de livros, volumes editados e monografias, a carreira do Prof. Singh reflecte um compromisso ao longo da vida com o avanço da economia agrícola e da educação.

Prof. Ahmad Muhammad Makarfi

O Prof. Ahmad Muhammad Makarfi, um académico com um doutoramento em Economia Agrícola da Universidade Ahmadu Bello (ABU), Zaria, Nigéria, é atualmente Professor de Agronegócio e Finanças Agrícolas no Departamento de Economia Agrícola e Extensão da Universidade Bayero de Kano (BUK), Nigéria. Anteriormente, foi Embaixador da Nigéria no Brasil, trazendo uma vasta experiência para a sua carreira académica de mais de 20 anos. Com mais de 200 publicações em revistas, actas de conferências, capítulos de livros e monografias, a experiência do Prof. Makarfi reside no agronegócio e nas finanças agrícolas, o que faz dele uma voz de referência nestes domínios.

Dr. N. Karunakaran

O Dr. N. Karunakaran, que possui um Doutoramento em Letras e um Doutoramento em Economia pela Universidade de Kannur, Kerala, Índia, é um estimado Professor Associado de Economia com mais de três décadas de experiência no meio académico. Atualmente, é Vice-Diretor e Diretor do EK

Nayanar Memorial Government College, Elerithattu, Kasaragod, Kerala. Investigador prolífico, o Dr. Karunakaran contribuiu com mais de 200 trabalhos para revistas, actas de conferências, capítulos de livros, volumes editados e monografias, demonstrando a sua dedicação de longa data ao avanço da investigação e do pensamento económicos.

Dr. Jayasanka Anjana Atapattu

O Dr. Jayasanka Anjana Atapattu, doutorado em Ecologia pelo CAS Key Laboratory of Tropical Forest Ecology do Jardim Botânico Tropical de Xishuangbanna, Academia Chinesa de Ciências, é Chefe da Divisão de Agronomia do Instituto de Investigação do Coco em Lunuwila, Sri Lanka. Oficial sénior de investigação e agrónomo sénior com 11 anos de experiência em investigação, o Dr. Atapattu deu contributos significativos para a investigação agronómica e ecológica através de mais de 30 publicações em revistas, actas de conferências e capítulos de livros, o que reflecte o seu empenho em fazer avançar os conhecimentos na sua área.

Dr. Indrajit A. Doddnavar

O Dr. Indrajit A. Doddnavar tem um doutoramento em Marketing pela Jain Deemed-to-be University, Bangalore, Índia. Atualmente, é Professor Assistente no Jain College of MCA e MBA na Índia. O Dr. Doddnavar tem 6 anos de experiência académica e uma impressionante carteira de investigação com mais de 40 publicações. O seu trabalho no domínio da investigação de marketing sublinha a sua competência e o seu empenho em fazer avançar este domínio através de bolsas de estudo com impacto.

Dr. Mohammad Zaki Shamim

O Dr. Mohammad Zaki Shamim, que obteve o seu doutoramento em Ciência Alimentar e Nutrição na SHUATS Allahabad, Índia, é Professor Assistente e Diretor Académico Associado na Assam Down Town University, na Índia. Com uma vasta experiência no ensino, na formação e na gestão de projectos, o Dr. Shamim contribuiu com mais de 40 publicações nos domínios da ciência alimentar e da nutrição, destacando a sua dedicação à investigação e à educação nestas áreas críticas.

Dra. Yasmine Mohieeldin Gharieb Salem

Com uma formação académica distinta, a Dra. Yasmine Mohieeldin Gharieb Salem obteve o seu doutoramento em Economia na Universidade do Cairo, no Egito. Atualmente, é Professora Assistente no Departamento de Economia da Faculdade de Economia e Ciência Política da Universidade do Cairo. Ao longo dos seus 17 anos de carreira, a Dra. Salem estabeleceu-se como uma investigadora e educadora dedicada no domínio da economia. As suas contribuições académicas, que incluem mais de 40 publicações em revistas e fóruns académicos respeitados, reflectem o seu empenho em fazer avançar a investigação e o pensamento económicos, tornando-a uma figura proeminente na sua área.

Dr. Maryam Yahaya Adamu

A Dra. Maryam Yahaya Adamu, especialista em Proteção das Culturas e doutorada pela Universidade de Tecnologia Modibbo Adama (MAUTECH), na Nigéria, é Professora Assistente no seu departamento na MAUTECH. Com 14 anos de experiência dedicada ao mundo académico, a Dra. Adamu contribuiu amplamente para os domínios da proteção das culturas e das ciências agrícolas. O seu trabalho inclui mais de 20 publicações de investigação, reflectindo o seu empenho em fazer avançar os conhecimentos e as práticas que apoiam a agricultura sustentável e a gestão de pragas.

Prefácio

À medida que o século XXI avança, a humanidade encontra-se num momento crucial para enfrentar desafios globais prementes. Entre eles, a preservação e a gestão sustentável dos nossos oceanos, mares e recursos de água doce estão a emergir como preocupações primordiais. "A Fronteira Azul: Aquabusiness and Aquapreneurship for Sustainable Development" é uma obra visionária que capta a essência destes desafios, ao mesmo tempo que defende as oportunidades ilimitadas que se encontram debaixo das nossas águas. Este livro ilumina a paisagem intrincada e dinâmica do aquabusiness, combinando conhecimentos científicos, práticas sustentáveis e espírito empresarial para inspirar uma abordagem mais responsável à gestão dos recursos marinhos.

O oceano, que cobre mais de 70% da superfície do nosso planeta, é simultaneamente um recurso natural crítico e uma fronteira económica. Durante séculos, as comunidades têm dependido dos ecossistemas marinhos para a sua subsistência, desde a pesca e a aquicultura até ao transporte e ao turismo. No entanto, o ritmo acelerado da degradação ambiental, a poluição, a sobrepesca e as alterações climáticas exerceram pressões sem precedentes sobre estes ecossistemas vitais. Este volume explora a forma como o aquapreneurship - a mistura inovadora de empreendedorismo e gestão sustentável dos recursos aquáticos - pode fornecer soluções que salvaguardam a saúde dos oceanos, ao mesmo tempo que impulsionam o crescimento económico.

Em "The Blue Frontier", os autores sublinham que o aquabusiness não tem apenas a ver com a geração de lucros; trata-se de formas pioneiras de desenvolver negócios que respeitem e reforcem os sistemas aquáticos naturais. Com estudos de casos de todo o mundo, os leitores são apresentados a pioneiros que estão a ultrapassar os limites do desenvolvimento sustentável em sectores como a biotecnologia marinha, o marisco sustentável, a energia renovável das marés e das ondas e o turismo marinho ecológico. Estes relatos revelam como os empresários, através do empenho e da criatividade, se podem tornar administradores do oceano, dando poder económico às comunidades costeiras e assegurando simultaneamente o equilíbrio ecológico a longo prazo.

Um dos aspectos mais convincentes do livro é a sua abordagem abrangente ao aquabusiness sustentável. Engloba considerações políticas, ética ambiental, inovação tecnológica e envolvimento da comunidade, reconhecendo que a sustentabilidade genuína só é alcançável quando todos estes elementos trabalham em harmonia. As estruturas e ferramentas práticas aqui apresentadas oferecem um roteiro para aquapreneurs, decisores políticos e líderes da indústria que procuram virar a maré para uma economia azul mais sustentável e equitativa.

Este livro é mais do que um guia; é um apelo à ação. Convida os leitores a imaginar um futuro em que as indústrias marinhas não sejam exploradoras mas sim regenerativas, em que a inovação e a sustentabilidade andem de mãos dadas e em que a saúde dos nossos oceanos seja vista como inseparável do bem-estar da humanidade. Tanto para o aspirante a aquapreneur como para o líder empresarial experiente, "The Blue Frontier" fornece informações e inspiração inestimáveis, lembrando-nos a todos que uma economia oceânica próspera e um ecossistema marinho saudável não são mutuamente exclusivos - são interdependentes.

À medida que nos aprofundamos numa era de urgência ambiental, este livro é um farol, iluminando um caminho para aqueles que estão prontos para explorar, investir e inovar em harmonia com o maior recurso natural do planeta. A fronteira azul está à nossa espera e, com ela, a oportunidade de construir um mundo mais sustentável.

Prefácio

A ideia de *The Blue Frontier: Aquabusiness and Aquapreneurship for Sustainable Development* surgiu de um reconhecimento crescente da necessidade vital de repensar a nossa relação com os ecossistemas aquáticos do mundo. À medida que navegamos nas complexidades de um planeta em rápida evolução, os nossos oceanos, rios e lagos - muitas vezes considerados como garantidos - estão a enfrentar pressões sem precedentes. Estas águas, que têm sustentado a civilização humana desde o seu início, necessitam agora urgentemente de uma gestão sustentável, de práticas empresariais inovadoras e de um espírito empresarial ético para garantir o seu futuro e o nosso.

Este livro é uma resposta ao apelo à ação que ecoa nas comunidades científicas, sociedades costeiras e plataformas de decisão política em todo o mundo. Procura dar destaque ao promissor domínio do *aquabusiness* e do *aquapreneurship*, dois conceitos interligados que unem os objectivos económicos com o compromisso de preservar a saúde aquática. O termo *aquapreneurship* em si significa mais do que apenas inovação empresarial nos sectores marinho e de água doce; ele encapsula uma mudança de paradigma para uma economia regenerativa onde o crescimento empresarial e a gestão ambiental andam de mãos dadas. Como tal, *The Blue Frontier* explora não só o potencial económico dos recursos aquáticos, mas também as responsabilidades morais e ecológicas que lhe estão associadas.

Nestas páginas, os leitores encontrarão uma mistura de investigação, estudos de casos do mundo real e estratégias práticas concebidas para inspirar e equipar os aquapreneurs de hoje e de amanhã. Aprofundamos as indústrias emergentes que estão a remodelar a economia azul - desde a aquacultura sustentável e a biotecnologia marinha até ao turismo ecológico e à energia renovável aproveitada dos oceanos e dos rios. Cada um destes sectores é promissor em termos de oportunidades económicas, mas para alcançar um sucesso duradouro é necessário mais do que apenas inovação. Temos de enquadrar estes avanços num quadro de sustentabilidade, assegurando que o lucro não seja obtido à custa da saúde do planeta.

Escrever *The Blue Frontier* tem sido uma viagem esclarecedora, que revela o extraordinário impacto do engenho humano quando aliado a uma preocupação genuína com o futuro do nosso planeta. Ao compilarmos este livro, tivemos o privilégio de aprender com líderes inspiradores de várias áreas, cujo trabalho exemplifica o poder transformador do empreendedorismo aquático. As suas histórias destacam não só o engenho necessário para prosperar nos ecossistemas aquáticos, mas também a dedicação necessária para os proteger e recuperar.

Este livro destina-se a empresários, ambientalistas, decisores políticos e a todos os curiosos sobre a forma como as empresas e a conservação podem - e devem - coexistir. Ao aproveitar o potencial do aquabusiness com um sentido de responsabilidade, podemos moldar um futuro em que as economias florescem juntamente com ecossistemas marinhos e de água doce resilientes. Esperamos que este livro sirva tanto de guia como de catalisador, suscitando as ideias inovadoras, as parcerias e as mudanças políticas necessárias para construir uma economia azul sustentável para as gerações vindouras.

As nossas águas não são ilimitadas, mas o seu potencial para promover o crescimento sustentável continua a ser vasto. Ao abraçarmos a fronteira azul com criatividade, respeito e visão, podemos forjar um caminho que beneficie tanto a humanidade como o mundo natural. Bem-vindo à *Fronteira Azul*, onde os desafios são enfrentados com oportunidades, e onde começa a viagem em direção ao aquapreneurship sustentável.

Introdução

Ao longo da história, a relação da humanidade com a água tem sido de dependência e admiração. Desde os primórdios da civilização, os rios, mares e oceanos têm sido essenciais para a sobrevivência e prosperidade, servindo como fontes de alimentos, vias de transporte e portas de entrada para novas terras e conhecimentos. No entanto, atualmente, à medida que enfrentamos os desafios de uma população em crescimento, das alterações climáticas e de uma economia em rápida evolução, esta relação enfrenta pressões sem precedentes. Se quisermos preservar a vitalidade dos nossos ecossistemas aquáticos e, ao mesmo tempo, satisfazer as necessidades de uma economia global em expansão, temos de procurar soluções inovadoras que equilibrem as oportunidades económicas com a gestão ecológica. É neste contexto que *The Blue Frontier: Aquabusiness and Aquapreneurship for Sustainable Development* encontra o seu objetivo e a sua urgência.

A Fronteira Azul começa por reconhecer o potencial inexplorado daquilo a que chamamos *a economia azul*, um termo que descreve as actividades económicas ligadas ao oceano, mares, rios e sistemas de água doce. Tradicionalmente, sectores como as pescas, o turismo e a navegação têm sido os principais intervenientes neste espaço. No entanto, os recentes avanços tecnológicos e os imperativos ambientais deram origem a uma nova vaga de indústrias - incluindo a biotecnologia marinha, as energias renováveis baseadas nos oceanos, a aquacultura sustentável e o turismo ecológico - que são extremamente promissoras em termos de crescimento económico. Estes sectores, embora promissores, requerem uma gestão cuidadosa e políticas com visão de futuro para garantir que os seus impactos nos ecossistemas naturais sejam mínimos e reversíveis. O crescimento da economia azul depende, por conseguinte, não só da inovação, mas também de um profundo empenhamento na sustentabilidade.

Este livro apresenta *o aquapreneurship*, um termo que reflecte a convergência entre a inovação empresarial e a conservação dos ecossistemas aquáticos. Os aquapreneurs são os líderes visionários que olham para além das margens de lucro para conceber modelos de negócio que promovam a saúde dos ecossistemas aquáticos, capacitem as comunidades locais e contribuam para uma economia sustentável. Abordam os desafios com uma mentalidade sistémica, reconhecendo a interligação entre a vida marinha, a biodiversidade e a atividade humana. Com *The Blue Frontier*, pretendemos oferecer um enquadramento para a compreensão e implementação do aquapreneurship, destacando tanto os desafios únicos como as oportunidades sem precedentes de criar empresas no contexto de um ambiente aquático frágil e complexo.

Nos capítulos que se seguem, os leitores irão explorar as várias facetas do aquabusiness, começando com uma análise do estado atual da economia azul.

Através de estudos aprofundados e exemplos do mundo real, examinaremos inovações revolucionárias na aquacultura sustentável, incluindo as explorações piscícolas sem desperdício e o cultivo de algas marinhas. Também nos aventuraremos no mundo da biotecnologia marinha, descobrindo as formas como os investigadores e empresários estão a desbloquear o potencial dos organismos marinhos para aplicações médicas e industriais. Além disso, o livro investiga o campo em expansão das energias renováveis baseadas no oceano, incluindo as tecnologias das marés, das ondas e do vento offshore, explorando a forma como estes sectores podem ajudar a reduzir a nossa dependência dos combustíveis fósseis sem prejudicar os habitats marinhos.

Um dos temas centrais de *The Blue Frontier* é o facto de a economia azul não ser uma entidade monolítica, mas sim uma intrincada rede de indústrias, ecossistemas e comunidades que devem colaborar para alcançar benefícios mútuos. Por exemplo, a pesca em pequena escala, que proporciona segurança alimentar e meios de subsistência a milhões de pessoas, deve coexistir com operações de aquacultura de maior dimensão e com a pesca comercial de uma forma que não esgote as reservas de peixe nem danifique os habitats. Do mesmo modo, o ecoturismo e a conservação devem equilibrar as experiências dos visitantes com a preservação dos frágeis recifes de coral e das zonas costeiras. O livro examina estas dinâmicas delicadas, apresentando estratégias que os aquapreneurs e os decisores políticos podem utilizar para promover um desenvolvimento cooperativo e sustentável.

Ao examinar tanto os sucessos como os reveses de vários empreendimentos de aquacultura, *The Blue Frontier* tem também como objetivo fornecer aos leitores uma visão prática. Explora os obstáculos regulamentares, financeiros e tecnológicos que os aquapreneurs enfrentam frequentemente, bem como as estratégias criativas que alguns utilizaram para os ultrapassar. Ao fazê-lo, este livro espera inspirar não só uma nova geração de aquapreneurs, mas também investidores, decisores políticos e defensores do ambiente a considerar a economia azul como um caminho essencial para um futuro sustentável.

Por último, *A Fronteira Azul* é um apelo à ação. Procura promover uma compreensão partilhada da nossa responsabilidade de proteger os ecossistemas aquáticos e, ao mesmo tempo, aproveitar o seu potencial económico de uma forma sustentável. À medida que avançamos no Antropoceno - uma época geológica marcada pelo impacto da humanidade nos ecossistemas da Terra - os riscos são maiores do que nunca. Os oceanos estão a aquecer, as pescas estão a diminuir e a poluição está a ameaçar o delicado equilíbrio da vida aquática. No entanto, ao alinharmos o crescimento económico com a resiliência ambiental, temos a oportunidade de mudar a narrativa.

Este livro convida os leitores a mergulharem no mundo do aquapreneurship, a explorarem a economia azul com uma mente aberta e um sentido de gestão. É uma viagem a uma fronteira que encerra grandes promessas e uma responsabilidade significativa. Juntos, vamos construir um futuro em que o aquabusiness seja sinónimo não só de oportunidade económica, mas também de um compromisso com a sustentabilidade, a resiliência e o bem-estar do recurso mais precioso do nosso planeta - a água. Bem-vindo à *Blue Frontier*.

Agradecimentos

A jornada para dar vida *a The Blue Frontier: Aquabusiness and Aquapreneurship for Sustainable Development* tem sido um esforço de colaboração, guiado pelos conhecimentos, dedicação e apoio de muitos indivíduos e organizações que partilham um profundo compromisso com a sustentabilidade e a preservação dos nossos ecossistemas aquáticos. Agradecemos sinceramente a todos aqueles que contribuíram com o seu tempo, experiência e encorajamento para este projeto.

Antes de mais, agradecemos aos investigadores, aos aquapreneurs e aos defensores do ambiente cujo trabalho pioneiro e histórias inspiraram este livro. Os seus esforços incansáveis para fazer avançar as práticas sustentáveis na economia azul têm sido uma poderosa fonte de motivação e de conhecimento. Ao partilharem generosamente as suas experiências e conhecimentos, enriqueceram estas páginas com perspectivas do mundo real que irão inspirar as futuras gerações de aquapreneurs.

O nosso sincero agradecimento vai para os cientistas e biólogos marinhos cuja investigação moldou a nossa compreensão dos ecossistemas aquáticos. As suas descobertas e recomendações lançaram as bases para práticas sustentáveis na aquacultura, biotecnologia marinha e conservação, e serviram de fundamento para as ideias aqui apresentadas. Um agradecimento especial vai para os especialistas em política ambiental e defensores da sustentabilidade, cuja orientação ajudou a enquadrar o complexo cenário regulamentar que deve ser navegado para alcançar uma economia azul equilibrada.

Temos também uma dívida de gratidão para com as organizações e instituições que forneceram recursos, apoio e dados inestimáveis. Desde institutos de investigação marinha e organizações de conservação a instituições académicas e grupos de reflexão, as suas contribuições foram fundamentais para garantir a exatidão e a profundidade do nosso trabalho. Os nossos parceiros neste projeto recordaram-nos a importância da colaboração na resolução de desafios globais e estamos gratos pelo seu empenho nos mesmos ideais que pretendemos promover neste livro.

Aos nossos colegas, editores e equipa de publicação, obrigado pela vossa paciência, dedicação e competência na realização deste trabalho. Os vossos conhecimentos, a vossa atenção aos detalhes e o vosso contributo criativo transformaram as ideias numa narrativa coesa e convincente. Estamos gratos pela orientação e visão que proporcionaram em todas as fases do processo.

Finalmente, estendemos a nossa mais profunda gratidão às nossas famílias, amigos e entes queridos pelo seu apoio e compreensão inabaláveis durante as longas horas de investigação, redação e revisão. O seu encorajamento tem sido uma fonte de força, recordando-nos a importância deste trabalho e o impacto que pode ter no futuro do nosso planeta. A eles dedicamos este livro, na esperança de que contribua para um mundo sustentável e próspero para as gerações vindouras.

A todos os que acreditam no poder transformador do aquapreneurship e na promessa de uma economia azul sustentável, os nossos agradecimentos. Juntos, podemos continuar a explorar e a proteger a fronteira azul.

Dedicação

A Deus Todo-Poderoso, cuja criação e sabedoria sem limites nos inspiram a procurar a harmonia com o mundo natural.

Aos meus avós, pais e tios, mentores que me incutiram os valores do respeito, do trabalho árduo e da gestão.

À minha querida esposa, cujo apoio e encorajamento inabaláveis têm sido a minha âncora nesta viagem.

Aos meus filhos, cujo futuro alimenta o meu empenhamento num mundo sustentável e que me recordam diariamente a beleza e o potencial da próxima geração.

Aos oceanos, rios e lagos que nos sustentam e a todos aqueles que trabalham incansavelmente para os proteger.

Aos aquapreneurs, ambientalistas e visionários que vêem para além do horizonte, empenhados em construir um futuro sustentável na fronteira azul.

E para as gerações vindouras, que possam herdar um mundo onde a inovação e a preservação existam em harmonia.

Este livro é para si.

ÍNDICE DE CONTEÚDOS

PARTE 1: GESTÃO DO SECTOR AQUÁTICO

O aquabusiness, ou o negócio da aquacultura e da pesca, é um domínio fundamental que combina aspectos de gestão empresarial, ciência ambiental e produção alimentar. Este sector centra-se na produção, transformação e distribuição controladas de organismos aquáticos, como o peixe , o marisco e as algas , que são essenciais para satisfazer a crescente procura mundial de produtos do mar. Com um enfoque na rentabilidade e na sustentabilidade , o aquabusiness envolve a compreensão das complexidades do mercado, a gestão de recursos e a navegação pelos desafios ambientais e regulamentares .

Introdução ao Aquabusiness

O que é o Aquabusiness?

O aquabusiness engloba as várias empresas e actividades envolvidas na aquicultura (o cultivo de organismos aquáticos) e na pesca (a captura e recolha de peixes selvagens). O sector abrange várias actividades:

- **Cultivo**: Cultivo de peixes , moluscos , algas , e outros organismos aquáticos em ambientes controlados.
- **Processamento**: Transformação de produtos aquáticos em bruto em formas consumíveis.
- **Distribuição** : Transporte e venda de produtos a grossistas, retalhistas e consumidores.
- **Investigação**: Estudo de espécies, condições ambientais e métodos sustentáveis.
- **Serviços**: Prestação de apoio a empresas do sector aquícola, incluindo consultoria, fabrico de equipamento e gestão da cadeia de abastecimento .

História e evolução

- **Primeiras práticas em aquacultura** : A aquacultura remonta a civilizações antigas como os egípcios e os chineses, que cultivavam peixes em lagos há mais de 4.000 anos. Estas práticas evoluíram lentamente, mas formaram a base da piscicultura moderna .
- **Avanços tecnológicos** : No século passado, registaram-se progressos significativos no domínio da genética , da nutrição e da monitorização da qualidade da água , o que aumentou a produtividade e a sustentabilidade .
- **Crescimento global Tendências e dinâmica do mercado**: Desde os anos 80, a aquacultura tornou-se o sector de mais rápido crescimento na produção alimentar devido à crescente procura de marisco, com mercados-chave na Ásia, América do Norte e Europa.

Importância económica

O aquabusiness contribui significativamente para as economias locais e globais através de:

- **Emprego**: Geração de emprego nas zonas rurais costeiras, nas unidades de transformação e em toda a cadeia de distribuição .
- **Segurança Alimentar e Impacto Nutricional**: Como fonte alimentar rica em proteínas e rica em micronutrientes, o marisco apoia a segurança alimentar global e a nutrição, especialmente em regiões deficitárias em proteínas.

Panorama atual e tendências futuras

- **Trajetória da indústria**: Prevê-se que a indústria global da aquacultura continue a crescer, impulsionada pela inovação tecnológica s e por uma ênfase crescente em práticas sustentáveis .
- **Principais actores e regiões**: China, Índia, Noruega e Chile são os principais produtores, com contribuições significativas dos Estados Unidos e do Sudeste Asiático.
- **Tecnologias influentes**: Os avanços na aquacultura recirculante systems (RAS), o melhoramento genético s, e a inteligência artificial estão a remodelar a indústria, promovendo operações sustentáveis e eficientes.

1.0 Fundamentos do aquabusiness e visão geral da indústria

Aquacultura global e mercados de pesca

- **Padrões de produção e consumo**: A aquicultura fornece atualmente mais de metade do consumo global de peixe , reduzindo a dependência da pesca selvagem e preenchendo a lacuna entre a oferta e a procura.
- **Principais países produtores e zonas económicas**: A China domina a produção, seguida de países como a Índia, a Indonésia e o Vietname. As zonas económicas com fortes indústrias de produtos do mar incluem a Ásia-Pacífico e a União Europeia.
- **Principais espécies e procura no mercado** : Espécies-chave como o salmão, a tilápia , o camarão e as algas são muito procuradas. Os mercados de peixes e mariscos permanecem dominantes devido aos seus benefícios dietéticos e à procura por parte de consumidores preocupados com a saúde .

Principais factores e desafios no sector do aquacultura

- **Factores económicos**: Factores como o aumento dos preços dos produtos do mar, as tecnologias rentáveis e o acesso ao capital impulsionam a indústria.
- **Considerações ambientais**: A gestão da qualidade da água , a manutenção da saúde do ecossistema e a redução dos poluentes são vitais, especialmente em ambientes marinhos sensíveis.
- **Influências políticas**: Os subsídios governamentais , as normas de segurança alimentar e os acordos comerciais têm um impacto significativo no sector do aquacultura.

- **Desafios :**
    - **Controlo das doenças**: Os surtos de doenças como as infecções virais no camarão ou as infecções bacterianas nos peixes podem devastar as unidades populacionais.
    - **Qualidade da água Gestão** : Garantir a limpeza da água através da filtragem e da gestão de resíduos é crucial para prevenir a poluição e promover a saúde dos peixes .
    - **Custos de alimentação**: Obtenção de rações sustentáveis ingredientes, tais como alternativas proteicas à base de plantas ou de insectos, são essenciais para mitigar o aumento dos custos.

Enquadramento regulamentar

- **Regulamentos internacionais e regionais**: Organizações como a Organização das Nações Unidas para a Alimentação e a Agricultura (FAO) e a Organização Mundial do Comércio (OMC) estabelecem normas internacionais , enquanto os países podem ter regulamentos específicos para a aquicultura práticas.
- **Leis ambientais e normas de segurança alimentar** : Leis ambientais rigorosas regem as operações, centrando-se na prevenção da sobrepesca, na gestão da utilização da água e na garantia da segurança alimentar .
- **Importação/Exportação Controlos**: Os países exportadores têm de cumprir normas nos países importadores, o que tem impacto na dinâmica do comércio global.

2.0 Planeamento e desenvolvimento de negócios para o aquabusiness

Criar um modelo de negócio

- **Visão geral dos diferentes modelos de aquabusiness**:
    - **Agricultura integrada**: Envolve operações verticalmente integradas, desde a produção até à transformação e distribuição , racionalizando a cadeia de abastecimento s e reduzindo os custos.
    - **Modelos cooperativos**: Os agricultores e os operadores colaboram para aumentar o seu poder de negociação, partilhar recursos e reduzir os custos operacionais .
- **Proposta de Valor e Pontos de Venda Únicos (USPs)**: As empresas do sector do aquacultura devem comunicar as suas qualidades únicas, tais como práticas ecológicas , qualidade superior ou elevado valor nutricional , para atrair consumidores e diferenciar-se da concorrência.

Estudo de mercado e análise de viabilidade

- **Identificação de mercados alvo e segmentos de clientes**: Dependendo da espécie e do tipo de produto, as empresas de aquacultura podem ter como alvo os supermercados, as lojas especializadas ou os mercados internacionais .

- **Avaliar a procura, a dimensão do mercado e a concorrência** : A determinação da dimensão do mercado, a análise das preferências dos consumidores e a avaliação da concorrência fornecem informações sobre as oportunidades de crescimento .
- **Realização de estudos de viabilidade**: Análise SWOT , avaliações técnicas e análises económicas ajudam a determinar a viabilidade de potenciais empreendimentos de aquacultura.

Estrutura empresarial e considerações legais

- **Estruturas empresariais**: A estrutura (sociedade unipessoal, sociedade de pessoas, sociedade anónima) afecta as obrigações fiscais, o controlo operacional e a distribuição de lucros .
- **Licenciamento , Autorizações , e Obrigações legais**: As empresas do sector aquático têm de cumprir inúmeros requisitos legais , incluindo licenças ambientais, aprovações de utilização de terrenos e licenças comerciais.

Desenvolver um plano de negócios

- **Resumo executivo, declaração de missão e objectivos**: Estes elementos comunicam as metas, os valores e a visão a longo prazo da empresa.
- **Projecções financeiras**: As previsões financeiras pormenorizadas das receitas, despesas e fluxos de tesouraria são cruciais para garantir o investimento.
- **Marketing Estratégia**: O desenvolvimento de um plano de marketing sólido com posicionamento do produto, canais de distribuição e tácticas promocionais é essencial para o crescimento .
- **Planos Operacionais**: Um plano operacional detalha os ciclos de produção, a cadeia de abastecimento logística , e os requisitos de mão de obra , alinhando os recursos com os objectivos da empresa.

3.0 Seleção do local, conceção e infraestrutura

A seleção eficaz do local e o planeamento das infra-estruturas são fundamentais para o sucesso de uma operação de aquacultura . Estas decisões têm impacto tanto na viabilidade como na sustentabilidade do negócio, influenciando tudo, desde a qualidade da água à acessibilidade e ao impacto ambiental .

Critérios de seleção do local

1. **Factores ambientais**:
    - **Qualidade da água** : São necessárias condições de água óptimas para a saúde e o crescimento das espécies de aquicultura . Parâmetros como o pH , o oxigénio dissolvido , os níveis de nutrientes e a ausência de poluentes são considerações essenciais.
    - **Temperatura** : A temperatura é específica para cada espécie, influenciando o crescimento taxas e processos metabólicos. As

temperaturas ideais do local minimizam os custos adicionais de aquecimento ou arrefecimento.

- **Salinidade** : Certas espécies requerem níveis de salinidade específicos, pelo que a seleção de um local com a salinidade adequada, quer seja de água doce, salobra ou marinha, é crucial para a saúde das espécies .

2. **Proximidade de recursos, logística , e acesso ao mercado :**
   - **Acessibilidade dos recursos**: Os locais próximos de fornecedores de alimentos para animais, fontes de água e serviços públicos (eletricidade, infra-estruturas de transporte) reduzem os custos operacionais .
   - **Logística** : A proximidade das instalações de transformação, dos centros de distribuição a retalho e dos mercados reduz os custos de transporte, minimizando o stress e a mortalidade dos peixes durante o transporte.
   - **Acesso ao mercado** : A seleção de um local próximo dos mercados-alvo pode ajudar a reduzir o tempo e os custos de transporte, melhorando assim a rentabilidade .
3. **Utilização do solo/água Licenças e avaliações de impacto ambiental** :
   - **Licenciamento e zoneamento**: Assegurar a conformidade com os regulamentos locais e nacionais relativos à utilização da terra ou da água é crucial para garantir direitos de exploração a longo prazo.
   - **Avaliações de Impacto Ambiental (EIA)**: A realização de um EIA ajuda a identificar e mitigar os efeitos negativos nos ecossistemas locais , minimizando os impactos na biodiversidade e nos recursos da comunidade.

Aquacultura Tipos de sistemas

1. **Sistemas abertos**:
   - **Gaiolas marinhas**: Estes recintos flutuantes em massas de água naturais permitem que os peixes cresçam em ambientes naturais, mas são vulneráveis à qualidade da água flutuações e à propagação de doenças.
   - **Tanques** : Normalmente utilizados para espécies de água doce, os tanques permitem um crescimento controlado ambientes, mas necessitam de uma gestão cuidadosa da qualidade da água e da acumulação de resíduos.
   - **Vantagens e desafios :**
     - **Vantagens**: Os sistemas abertos têm custos operacionais e de instalação mais baixos e são mais acessíveis para a agricultura em grande escala.

- **Desafios** : Vulnerável a alterações ambientais, contaminação e propagação de doenças; os resíduos podem afetar os ecossistemas circundantes .

2. **Sistemas fechados**:
   - **Aquicultura em recirculação Systems (RAS)** : A água é filtrada e reutilizada num ambiente isolado, permitindo um controlo rigoroso da qualidade da água .
   - **Vantagens e desafios :**
     - **Vantagens**: Altamente controlável, adequado para espécies sensíveis e com baixo impacto ambiental devido à gestão de resíduos e à utilização mínima de água .
     - **Desafios** : Investimento inicial mais elevado , custos de energia e requisitos técnicos sofisticados.

Infraestrutura Necessidades e configuração

1. **Alojamento , sistemas de alimentação, tanques e unidades de filtragem**:
   - **Alojamento** : Isto inclui habitats específicos, como tanques para RAS ou gaiolas em sistemas abertos . A conceção dos alojamentos deve dar prioridade à segurança e ao conforto dos animais.
   - **Sistemas de alimentação**: Os alimentadores automatizados reduzem o trabalho e mantêm os horários de alimentação , promovendo um crescimento ótimo .
   - **Unidades de filtragem**: Em sistemas fechados , os filtros mantêm a água limpa, removendo resíduos e toxinas, cruciais para a saúde dos peixes e para a sustentabilidade .
2. **Necessidades energéticas, reciclagem de água , e gestão de águas residuais**:
   - **Necessidades energéticas**: As soluções energéticas eficientes (solar, geotérmica) são cruciais nos RAS e noutros sistemas fechados para alimentar o equipamento, o aquecimento e a iluminação.
   - **Reciclagem de água** : A implementação da reciclagem de água minimiza o desperdício e conserva os recursos, o que é particularmente importante em regiões que enfrentam escassez de água .
   - **Gestão de águas residuais**: Tratamento eficaz dos resíduos sistemas reduzem a carga de nutrientes e evitam a poluição , beneficiando tanto o ambiente como a rentabilidade das explorações .

3. **Ferramentas tecnológicas (Sensores , Automação , Sistemas de Monitorização):**
   - **Sensores** : Estes medem parâmetros como o pH , o oxigénio dissolvido e a temperatura em tempo real.
   - **Automatização** : Os sistemas automatizados de alimentação, gestão da água e deteção de doenças ajudam a melhorar a eficiência e a reduzir os custos de mão de obra.
   - **Sistemas de monitorização**: A monitorização integrada ajuda a detetar problemas precocemente, optimizando as operações e garantindo a saúde dos stocks de aquacultura .

Conceção de instalações sustentáveis

1. **Integração de práticas sustentáveis na conceção e construção:**
   - Os projectos sustentáveis incorporam materiais amigos do ambiente e disposições energeticamente eficientes para reduzir a pegada ambiental.
2. **Gestão de resíduos** : Os sistemas concebidos para capturar e reutilizar os resíduos contribuem para a saúde ambiental , como a utilização de resíduos de peixe como fertilizante em sistemas aquapónicos integrados .
3. **Eficiência energética e conservação de recursos** : Fontes de energia renováveis , utilização eficiente da água e sistemas de poupança de energia apoiam tanto os objectivos económicos como os ambientais.

4.0 Seleção de espécies e reprodução em aquacultura

A seleção das espécies e as práticas de reprodução são fundamentais para o sucesso de uma empresa aquícola. Uma análise cuidadosa da compatibilidade das espécies com o ambiente, a procura do mercado s , e os métodos de reprodução melhoram a rentabilidade e a sustentabilidade .

Compreender os requisitos das espécies

1. **Principais factores biológicos e ecológicos:**
   - Cada espécie tem necessidades biológicas únicas, incluindo a temperatura da água , a salinidade e as necessidades de espaço. A combinação destas condições com os recursos do sítio é essencial para um crescimento saudável .
2. **Procura do mercado s para espécies específicas:**
   - A procura dos consumidores é essencial na seleção das espécies . Espécies muito procuradas como o salmão, o camarão e a tilápia dão frequentemente melhores rendimentos.

Práticas de gestão específicas para cada espécie

1. **Peixes** : Peixes como o salmão e a truta necessitam de temperaturas da água, níveis de oxigénio e caudal estáveis, bem como de controlos sanitários periódicos para evitar surtos de doenças .

2. **Crustáceos** : Espécies como os camarões necessitam de ambientes sem sedimentos e de uma alimentação regular adaptada às suas necessidades dietéticas.
3. **Moluscos** : Mariscos , incluindo ostras e mexilhões, prosperam em ambientes ricos em nutrientes e requerem monitorização para evitar a proliferação de algas.
4. **Algas marinhas** : Utilizadas em alimentos, cosméticos e produtos farmacêuticos, as algas marinhas crescem melhor em condições específicas de nutrientes e luz, muitas vezes combinadas com peixes farming para benefícios integrados.

Genética e técnicas de reprodução

1. **Reprodução selectiva e melhoramento genético :**
   - O melhoramento seletivo melhora as caraterísticas desejadas, como a taxa de crescimento , a resistência a doenças e o rendimento. Técnicas avançadas em genética optimizam estas caraterísticas para uma maior produtividade.
2. **Resistência a doenças e crescimento Otimização da taxa**:
   - Através da seleção genética , as espécies podem desenvolver imunidade a agentes patogénicos comuns , reduzindo a dependência de antibióticos e melhorando a saúde dos animais .

Aquisição de sementes e gestão de viveiros

1. **Obtenção de sementes de qualidade**:
   - A aquisição de juvenis de alta qualidade e isentos de doenças é fundamental, uma vez que começar com juvenis saudáveis e robustos reduz a mortalidade e aumenta o crescimento .
2. **Estabelecimento de sistemas de viveiro e crescimento Protocolos**:
   - Um viveiro proporciona um ambiente controlado para os peixes jovens crescerem antes de serem transferidos para os principais locais de produção. O estabelecimento de protocolos para a alimentação, a qualidade da água e as densidades de povoamento garantem um crescimento consistente e saudável .

5.0 Estratégias de alimentação e gestão da nutrição

A gestão da nutrição tem um impacto direto na produtividade da aquicultura , influenciando as taxas de crescimento , a saúde e a rentabilidade . A utilização eficiente dos alimentos e as alternativas sustentáveis são fundamentais para reduzir o impacto ambiental e os custos.

Importância de uma alimentação correta

1. **Papel da nutrição no crescimento , na reprodução , e na saúde :**
   - Dietas equilibradas asseguram taxas de crescimento óptimas, apoiam a saúde reprodutiva e aumentam a resistência às doenças .

São essenciais regimes alimentares ricos em nutrientes adaptados a cada espécie.

Tipos de alimentos e métodos de alimentação

1. **Alimentos naturais, alimentos suplementares e alimentos formulados**:
   - o **Alimentação natural**: Incluem fitoplâncton e zooplâncton; benéficos nas primeiras fases da vida.
   - o **Alimentos suplementares**: Servem como complementos alimentares para espécies cultivadas quando os recursos naturais são insuficientes.
   - o **Rações Formuladas**: Cientificamente desenvolvidas para satisfazer as necessidades nutricionais específicas das diferentes espécies, promovendo o crescimento e minimizando os desperdícios.
2. **Calendários de alimentação, racionamento e sistemas automatizados de alimentação** :
   - o Manter horários regulares de alimentação e um racionamento exato evita tanto a sobrealimentação como a subalimentação, aumentando o crescimento e reduzindo o desperdício de ração.
   - o Os sistemas automatizados garantem precisão na alimentação, reduzindo o trabalho e optimizando o crescimento .

Gestão dos alimentos para animais e controlo dos custos

1. **Reduzir o desperdício de alimentos e otimizar a utilização dos alimentos**:
   - o Técnicas como a alimentação programada e o controlo das doses são essenciais para evitar desperdícios desnecessários, reduzindo os custos e o impacto ambiental s.
2. **Implicações financeiras dos tipos e fontes de alimentação**:
   - o A farinha de peixe e o óleo de peixe, tradicionalmente utilizados nas rações para aquacultura, estão a tornar-se dispendiosos. A exploração de alternativas sustentáveis pode reduzir as despesas com a alimentação.

Opções de alimentação sustentável

1. **Alternativas ao peixe Farinha e óleo de peixe**:
   - o **Insectos** : Os insectos, como as moscas-soldado negras, são ricos em proteínas, têm uma boa relação custo-benefício e reduzem a dependência de fontes de alimentação à base de peixe .
   - o **Algas** : Os alimentos à base de algas são ricos em ácidos gordos essenciais e reduzem a pressão sobre os peixes selvagens stocks.

- **Opções à base de plantas** : A soja, as ervilhas e outras fontes vegetais constituem alternativas proteicas viáveis para dietas sustentáveis.

6.0 Saúde Gestão e controlo de doenças

A gestão eficaz da saúde e o controlo das doenças são cruciais para manter sistemas de aquicultura saudáveis . Os animais aquáticos são vulneráveis a várias doenças e a gestão destes riscos é essencial para garantir operações produtivas, rentáveis e éticas .

Doenças comuns em aquacultura

1. **Agentes patogénicos :**
   - **Bacterianas**: As doenças bacterianas, como Vibrio e Aeromonas, são comuns em peixes e mariscos , causando sintomas como úlceras, hemorragias e mortalidade se não forem tratadas. Os antibióticos podem ajudar, embora sejam essenciais medidas preventivas para limitar a resistência.
   - **Virais**: Agentes patogénicos virais , como a Anemia Infecciosa do Salmão (AIS) e a Septicemia Hemorrágica Viral (SHV), podem levar a uma rápida propagação da doença e a elevadas taxas de mortalidade, especialmente em sistemas de alta densidade.
   - **Fungos**: As infecções fúngicas surgem frequentemente em más condições da água ou quando os peixes estão stressados. Espécies como a Saprolegnia infectam a pele e as guelras, comprometendo a saúde dos peixes e aumentando a suscetibilidade a infecções secundárias.

Saúde preventiva Medidas

1. **Vacinação :**
   - As vacinas ajudam a controlar e a prevenir doenças, especialmente em espécies de elevado valor como o salmão. Administradas durante as primeiras fases de crescimento , as vacinas melhoram a imunidade, reduzindo a necessidade de antibióticos .
2. **Probióticos :**
   - Os probióticos melhoram a saúde intestinal , reforçando a imunidade e superando as bactérias patogénicas. Promovem uma digestão saudável, reduzindo as hipóteses de propagação de doenças nas populações de peixes .
3. **Biossegurança Práticas :**
   - Biossegurança inclui a colocação em quarentena de novos animais, a desinfeção de equipamento e o controlo do acesso às instalações. Limita a entrada de doenças, reduzindo assim o risco de surtos.
4. **Gestão ambiental**:

- É essencial monitorizar e manter as condições óptimas da água (pH , temperatura , oxigénio). O arejamento adequado, a gestão dos resíduos e a limpeza regular reduzem a carga de agentes patogénicos e melhoram a saúde dos animais .

Diagnóstico e tratamento de doenças

1. **Sinais e sintomas de doenças comuns**:
   - O reconhecimento dos primeiros sintomas , tais como um comportamento invulgar, lesões ou natação anormal, permite uma intervenção atempada. Os controlos sanitários de rotina são essenciais para identificar estes sinais antes de a doença se propagar.
2. **Tratamento Opções :**
   - **Antibióticos** : Os antibióticos são normalmente utilizados para infecções bacterianas , mas apenas sob rigorosa supervisão veterinária para evitar o desenvolvimento de resistência.
   - **Antifúngicos**: Eficazes para infecções fúngicas , os antifúngicos devem ser utilizados em conjunto com a melhoria da qualidade da água para evitar a recorrência.
   - **Ajustes ambientais**: O ajuste da salinidade ou da temperatura pode inibir certos agentes patogénicos , reduzindo a gravidade e a propagação da doença.

Biossegurança Práticas

1. **Entrada controlada e monitorização**:
   - Os pontos de entrada, o movimento do pessoal e o equipamento são rigorosamente controlados para evitar a contaminação. A vigilância regular e os testes à água também ajudam a detetar precocemente a presença potencial de agentes patogénicos.
2. **Quarentena e instalações de isolamento**:
   - Os animais novos e os animais doentes devem ser isolados para evitar a propagação de infecções. As práticas de quarentena incluem a aclimatação às condições da água da exploração e inspecções sanitárias minuciosas .

7.0 Sistemas de produção e gestão de operações

A gestão eficaz da produção e das operações de aquicultura implica a seleção de sistemas de produção adequados , a garantia de operações diárias sem problemas e a aplicação de práticas eficazes de colheita e de inventário.

Visão geral dos diferentes sistemas de produção de aquacultura

1. **Sistemas baseados em lagos**:

- Utilizados para espécies de água doce, os sistemas de lagos oferecem ambientes naturais, mas exigem controlos regulares da qualidade da água e são susceptíveis a alterações ambientais.

2. **Sistemas baseados em gaiolas**:
   - Estas gaiolas flutuantes permitem a criação em águas abertas. Embora rentáveis, os sistemas de gaiolas podem enfrentar desafios com doenças e impacto ambiental .
3. **Aquicultura em recirculação Systems (RAS) :**
   - O RAS proporciona um ambiente fechado com recirculação de água e filtração, oferecendo um controlo total sobre a qualidade da água e as condições ambientais.
4. **Sistemas de passagem**:
   - Neste sistema, a água flui continuamente através de tanques ou pistas. Os sistemas de escoamento funcionam bem em locais com água limpa abundante , mas a gestão de resíduos pode ser um desafio.

Gestão das operações diárias

1. **Qualidade da água Testes**:
   - A verificação diária de parâmetros como a temperatura , o oxigénio, o pH e os níveis de amoníaco é essencial para manter condições óptimas de crescimento .
2. **Programas de alimentação e controlo das existências**:
   - Horários regulares de alimentação promovem um crescimento eficiente e reduzem os desperdícios. A monitorização do comportamento alimentar também ajuda a identificar sinais precoces de stress ou doença.
3. **Saúde Monitorização :**
   - Observar os peixes comportamento, apetite e condição física fornece informações sobre a saúde , permitindo uma intervenção atempada caso surjam problemas.

Colheita e gestão pós-colheita

1. **Épocas óptimas de colheita**:
   - A colheita é planeada em torno das fases de pico de crescimento e da procura do mercado para maximizar os lucros. O calendário baseia-se na taxa de crescimento da espécie, no tamanho e nas necessidades do mercado.
2. **Práticas humanas**:
   - O manuseamento humano durante a colheita minimiza o stress, melhorando a qualidade do peixe da carne e alinhando-se com as normas éticas .

3. **Controlo de qualidade:**
   - O controlo da qualidade pós-colheita , incluindo a gestão da cadeia de frio e a transformação higiénica, garante a frescura e a segurança dos produtos para os consumidores.

Gestão do inventário e das existências

1. **Monitorização do crescimento Rates:**
   - O acompanhamento regular das taxas de crescimento individual ou em lote ajuda a calcular a biomassa , a ajustar os calendários de alimentação e a planear as colheitas.
2. **Biomassa Estimativa:**
   - A estimativa da biomassa total ajuda a otimizar a densidade populacional , a controlar a distribuição da alimentação e a manter o equilíbrio da qualidade da água .

Manutenção de registos e gestão de dados

1. **Importância dos dados de rastreio:**
   - O acompanhamento dos dados permite aos agricultores monitorizar os indicadores de desempenho, identificar tendências e implementar acções corretivas. As ferramentas de software para a introdução de dados, análise e elaboração de relatórios melhoram a tomada de decisões e a eficiência operacional .

8.0 Planeamento Financeiro e Investimento em Aquabusiness

O planeamento financeiro e a gestão dos investimentos são fundamentais no sector aquícola para garantir a rentabilidade e a sustentabilidade . A gestão do capital, dos custos operacionais , e dos riscos, ao mesmo tempo que se procura financiamento, ajuda a manter a saúde financeira .

Compreender os custos do aquabusiness

1. **Custos de capital:**
   - Trata-se de despesas únicas com terrenos, infra-estruturas , equipamento e licenças . Os custos de instalação da aquacultura, de capital intensivo, variam consoante o sistema (por exemplo, sistemas RAS vs. sistemas de tanques).
2. **Custos operacionais:**
   - Os custos operacionais incluem mão de obra, alimentação, manutenção, água e energia. Uma vez que os alimentos para animais representam frequentemente uma parte significativa, é crucial um aprovisionamento económico.
3. **Custos variáveis:**
   - Estes incluem custos que flutuam com base nos níveis de produção, como o volume de alimentação e os custos de

combustível, que afectam a margem de lucro s e exigem uma orçamentação eficaz .

Planeamento financeiro e orçamentação

1. **Criação do orçamento**:
   - Um orçamento descreve as receitas e despesas previstas, ajudando os agricultores a afetar os recursos de forma eficiente e a evitar gastos excessivos.
2. **Estimativa de custos e margem de lucro Análise**:
   - A estimativa dos custos e o cálculo da margem de lucro s são essenciais para fixar os preços dos produtos e assegurar um posicionamento competitivo no mercado.

Fontes de financiamento e investimento

1. **Subsídios governamentais :**
   - Muitos governos apoiam a aquicultura através de subvenções para práticas sustentáveis , inovação tecnológica e desenvolvimento rural .
2. **Capital de risco :**
   - Os investidores financiam projectos de aquacultura com capacidade de expansão, especialmente os que integram práticas sustentáveis e tecnologias inovadoras.
3. **Empréstimos e subvenções :**
   - As instituições financeiras oferecem empréstimos aos agricultores, enquanto os subsídios para rações ou equipamento tornam os investimentos em aquacultura mais viáveis para os pequenos operadores.

Avaliação e gestão do risco de investimento

1. **Identificação de riscos financeiros :**
   - Os riscos incluem a flutuação dos preços dos alimentos para animais, surtos de doenças , alterações ambientais e volatilidade do mercado . A identificação precoce destes riscos ajuda a elaborar estratégias de atenuação eficazes .
2. **Estratégias de atenuação**:
   - A atenuação dos riscos implica a diversificação dos produtos, o investimento em seguros e a constituição de reservas. As práticas sustentáveis , como o abastecimento alternativo de alimentos para animais , também ajudam a reduzir os custos e a vulnerabilidade às alterações do mercado.

Contabilidade e relatórios financeiros

1. **Noções básicas de contabilidade do aquabusiness :**

- o Práticas contabilísticas adequadas acompanham as receitas, as despesas e os activos, assegurando a transparência e a afetação eficiente dos recursos .

2. **Lucros e perdas Análise**:
   - o As demonstrações de resultados regulares dão uma ideia do desempenho financeiro da empresa, permitindo ajustamentos para melhorar a rentabilidade .
3. **Auditorias financeiras**:
   - o As auditorias externas proporcionam uma visão imparcial da saúde financeira , assegurando o cumprimento da regulamentação e reforçando a confiança dos investidores .

9.0 Marketing e Estratégias de Vendas para o Aquabusiness

As estratégias de marketing e de vendas desempenham um papel crucial no sector da aquicultura , ligando os produtores aos consumidores, promovendo a identidade da marca e assegurando uma vantagem competitiva. Desde a compreensão da dinâmica do mercado até ao desenvolvimento de uma proposta de valor forte , as estratégias eficazes aumentam a rentabilidade e a sustentabilidade .

Compreender a Aquacultura Mercados

1. **Mercados nacionais vs. internacionais**:
   - o **Mercados domésticos**: Os mercados locais exigem frequentemente produtos mais frescos com custos de transporte mínimos. As vendas domésticas reduzem a complexidade relacionada com as alfândegas e a conformidade regulamentar mas podem enfrentar limitações de escala.
   - o **Mercados Internacionais**: A crescente procura global de produtos do mar, especialmente na Europa, América do Norte e Ásia, torna os mercados internacionais atractivos. No entanto, a exportação exige o cumprimento de normas internacionais e certificações , o que aumenta a complexidade e o custo.
2. **Dinâmica da cadeia de abastecimento e tendências dos clientes**:
   - o **Dinâmica da cadeia de abastecimento**: A cadeia de abastecimento de produtos do mar inclui várias fases, desde a produção à transformação, distribuição , e retalho. Uma gestão eficaz da cadeia de abastecimento minimiza os atrasos, a deterioração e assegura a qualidade do produto .
   - o **Tendências dos clientes**: Os consumidores preferem cada vez mais produtos de origem sustentável e amigos do ambiente . As tendências para a conveniência , tais como produtos prontos a cozinhar ou de valor acrescentado, estão a aumentar. A

transparência e a rastreabilidade também se tornaram factores-chave de compra.

Branding e desenvolvimento da proposta de valor

1. **Branding Estratégias**:
   - Uma identidade de marca forte diferencia um produto, tornando-o reconhecível e fiável. Uma marca eficaz em aquacultura centra-se na qualidade, transparência e respeito pelo ambiente, que são particularmente importantes para os consumidores conscientes das práticas sustentáveis .
2. **Certificações (Orgânico, Sustentável)**:
   - As certificações , como o Aquaculture Stewardship Council (ASC) ou a rotulagem orgânica, estabelecem credibilidade. Estas certificações demonstram a conformidade com as normas ambientais , a agricultura responsável e as práticas sociais, o que atrai os consumidores e retalhistas preocupados com a sustentabilidade .
3. **Diferenciação pela Qualidade e Responsabilidade Ambiental :**
   - **Diferenciação da qualidade**: Os produtos de alta qualidade têm preços mais elevados, especialmente quando são comercializados como frescos, sem antibióticos ou enriquecidos com nutrientes essenciais.
   - **Responsabilidade ambiental** : Destacar práticas ambientalmente responsáveis , tais como a redução de resíduos , a reciclagem de água , ou a utilização de energias renováveis , pode diferenciar as marcas em mercados competitivos e alinhá-las com os valores dos consumidores ecologicamente conscientes.

Marketing Canais e estratégias

1. **Diret-to-Consumer, Wholesale , e Online Marketing :**
   - **Direto ao consumidor**: Os mercados de agricultores, os programas de aquacultura apoiados pela comunidade (CSA) e as vendas no local permitem aos produtores construir relações fortes com os clientes e contornar os intermediários.
   - **Venda por atacado** : Vender a grossistas, distribuidores e cadeias de retalho pode simplificar as operações, embora normalmente resulte num menor lucro por unidade.
   - **Marketing Online** : As plataformas digitais permitem aos produtores chegar a um público mais vasto. Os sítios de comércio eletrónico, as vendas diretas a partir de sítios Web e os mercados em linha permitem encomendas fáceis e, frequentemente, informações mais pormenorizadas sobre os produtos.

2. **Tirar partido das redes sociais, dos sítios Web e das feiras comerciais**:
   - **Redes sociais**: Plataformas como o Instagram, Facebook e LinkedIn ajudam a criar consciência de marca e a partilhar actualizações, sustentabilidade esforços e conteúdos educativos sobre marisco.
   - **Sítios Web** : Um website concebido profissionalmente fornece uma plataforma para detalhar as ofertas de produtos, os valores da empresa, a sustentabilidade iniciativas e vendas diretas.
   - **Feiras comerciais**: A participação em eventos do sector e feiras comerciais facilita o estabelecimento de contactos , apresenta produtos e estabelece relações entre empresas, conduzindo frequentemente a parcerias valiosas .

Estratégias de fixação de preços e posicionamento no mercado

1. **Factores que influenciam a fixação de preços**:
   - As estratégias de preços têm em conta os custos de produção, a procura do mercado , os preços da concorrência e factores económicos como os custos da alimentação e da energia. Os preços podem também refletir a qualidade, a frescura e as certificações .
2. **Fixação de preços competitivos**:
   - **Preços de penetração no mercado**: A fixação de preços iniciais baixos para ganhar quota de mercado pode ser eficaz para novos produtos, especialmente em mercados competitivos.
   - **Preços Premium** : O posicionamento de marisco de alta qualidade e certificado de forma sustentável a preços mais elevados alinha-se com a marca premium e visa consumidores afluentes e preocupados com a saúde .

Exportação e considerações sobre o comércio internacional

1. **Conformidade com as leis de exportação** :
   - A exportação de produtos de aquacultura exige o cumprimento dos regulamentos dos países importadores. Os requisitos comuns incluem certificações , normas de qualidade e adesão a práticas de sustentabilidade .
2. **Logística e Alfândega :**
   - A gestão eficiente da logística é fundamental para o comércio internacional , especialmente para bens perecíveis. O transporte, o desalfandegamento e a gestão da cadeia de frio garantem que o marisco chega ao seu destino fresco e dentro das diretrizes regulamentares.

10.0 Práticas sustentáveis e éticas no sector do aquacultura

A sustentabilidade e as considerações éticas são cada vez mais importantes no sector aquático, onde o impacto ambiental e a responsabilidade social desempenham um papel central no sucesso a longo prazo e na aceitação pela comunidade.

Impacto ambiental da aquicultura

1. **Utilização da água :**
   - A aquicultura pode exigir muito dos recursos de água doce e dos recursos marinhos, sobretudo em sistemas de cultura de alta densidade. Uma gestão eficiente da água , como a reciclagem e os sistemas de ciclo fechado , pode atenuar a utilização excessiva e preservar as fontes naturais.
2. **Gestão de resíduos :**
   - Os resíduos de alimentos não consumidos, os resíduos de peixe e o escoamento de produtos químicos podem afetar negativamente a qualidade da água e os ecossistemas locais . O tratamento adequado dos resíduos , a utilização de alimentos ecológicos e a aquicultura multitrófica integrada (IMTA) são práticas eficazes de gestão dos resíduos .
3. **Impactos no habitat**:
   - A degradação dos habitats, especialmente devido à aquicultura costeira e marinha , representa um risco para os ecossistemas naturais . As práticas sustentáveis , como a localização das explorações longe de habitats sensíveis e a recuperação de áreas degradadas, ajudam a minimizar a pegada ecológica s.

Princípios da aquicultura sustentável

1. **Eficiência de recursos**:
   - A aquacultura sustentável maximiza a eficiência dos recursos optimizando a utilização dos alimentos, reciclando a água e reduzindo o consumo de energia, incorporando frequentemente fontes de energia renováveis .
2. **Biodiversidade Conservação :**
   - Os esforços de conservação incluem a preservação da diversidade genética , evitar a introdução de espécies que possam prejudicar os ecossistemas locais e utilizar espécies nativas sempre que possível.
3. **Redução de carbono**:
   - Ao incorporar energias renováveis , reduzir as emissões dos transportes e limitar os factores de produção sintéticos, as operações de aquicultura podem reduzir significativamente a sua pegada de carbono , contribuindo para a atenuação do clima global.

Certificações e normas

1. **Aquacultura Stewardship Council (ASC) e Marine Stewardship Council (MSC) :**
   - Estas certificações significam a adesão a normas ambientais, sociais e económicas rigorosas . Promovem a sustentabilidade dos produtos do mar e melhoram o acesso ao mercado para os produtos certificados.
2. **Benefícios e requisitos para a certificação :**
   - As explorações certificadas podem aceder a novos mercados, ganhar a confiança dos consumidores e, frequentemente, obter preços de venda mais elevados. No entanto, o processo de certificação exige investimentos em infra-estruturas , formação e auditorias regulares.

Responsabilidade Social das Empresas (RSE) em Aquabusiness

1. **Impacto social**:
   - Aquacultura responsável As empresas investem no desenvolvimento da comunidade, proporcionam salários justos e apoiam as economias locais, promovendo boas relações com as comunidades circundantes.
2. **Envolvimento da comunidade :**
   - O envolvimento com as comunidades locais ajuda a resolver preocupações sociais e ambientais, encorajando a aceitação da aquacultura operações.
3. **Direitos laborais**:
   - Respeitar os direitos laborais , proporcionar condições de trabalho seguras e oferecer uma compensação justa ajudam a criar uma força de trabalho produtiva e a promover práticas éticas.

Estudos de caso de negócios aquáticos sustentáveis

1. **Exemplo 1: Kvarøy Fiskeoppdrett, Noruega**
   - A Kvarøy Fiskeoppdrett é uma exploração de salmão conhecida pelas suas práticas sustentáveis , utilizando alimentos certificados ASC com baixo impacto ambiental . As suas operações incorporam sistemas de gestão de resíduos e centram-se na transparência , comercializando o seu salmão como um produto de alta qualidade e amigo do ambiente.
2. **Exemplo 2: Maricultura Blue Ocean, Hawaii**
   - Especializada na criação de peixes nativos do Havai , a Blue Ocean Mariculture opera segundo diretrizes rigorosas de sustentabilidade . Dão prioridade à qualidade da água , ao impacto ambiental mínimo e à colaboração com grupos de conservação para preservar a biodiversidade marinha local .

3. **Exemplo 3: Cargill Aqua Nutrition, Global**
   - A Cargill Aqua Nutrition é conhecida por produzir rações sustentáveis alternativas, incluindo rações à base de plantas e de proteínas de insectos . Estas rações reduzem a dependência da farinha de peixe e do óleo de peixe , promovendo práticas de aquacultura sustentáveis em grande escala.
4. **Exemplo 4: Regal Springs Tilapia , Indonésia e Honduras**
   - A Regal Springs Tilapia cria os seus peixes em gaiolas flutuantes para manter a qualidade da água e reduzir o impacto ambiental . A empresa tem certificação ASC e é conhecida pelas suas iniciativas de envolvimento comunitário , tais como programas de saúde e apoio a infra-estruturas .

11.0 Inovação e Tecnologia em Aquabusiness

A inovação e a tecnologia estão a transformar o negócio aquático, tornando-o mais eficiente, sustentável e produtivo. As tecnologias emergentes como a IoT , a IA e a biotecnologia estão a melhorar a gestão das explorações, a melhorar a saúde animal e a aumentar o rendimento.

Tecnologias emergentes em aquacultura

1. **Internet das coisas (IoT) na aquicultura :**
   - Os dispositivos IoT recolhem dados em tempo real sobre a qualidade da água , a temperatura , os níveis de oxigénio e muito mais. Estes dispositivos utilizam sensores colocados em tanques ou lagos que transmitem dados para sistemas de gestão centrais. Estes dados permitem aos agricultores tomar decisões informadas e responder rapidamente a alterações ambientais, optimizando a saúde dos peixes e reduzindo a mortalidade.
2. **Inteligência Artificial (IA) e Análise de Dados :**
   - A IA e a análise de dados analisam grandes quantidades de dados de dispositivos IoT e outras fontes, identificando padrões e fornecendo informações. Os modelos de aprendizagem automática ajudam a prever surtos de doenças , a analisar padrões de alimentação e a otimizar os tempos de colheita. Os sistemas orientados para a IA podem identificar precocemente os riscos para a saúde , assegurando uma gestão proactiva das doenças e melhorando a produtividade global das explorações agrícolas.

Automação e Robótica

1. **Alimentação automatizada :**
   - Os sistemas automatizados de alimentação asseguram que os peixes recebem a quantidade correta de alimento nos momentos certos, reduzindo o desperdício e optimizando o crescimento .

Estes sistemas ajustam a quantidade de ração com base no comportamento dos peixes, minimizando a intervenção manual e assegurando uma utilização eficiente da ração.

2. **Robôs de monitorização e limpeza**:
   - Robôs equipados com câmaras e sensores monitorizam a saúde dos peixes e a limpeza dos aquários. Os drones subaquáticos podem inspecionar as jaulas, removendo detritos e evitando o crescimento de algas , o que melhora a qualidade da água . A robótica reduz os custos de mão de obra e garante ambientes mais seguros e higiénicos para os organismos aquáticos.
3. **Colheita Automação :**
   - Os sistemas de colheita automatizados separam eficazmente os peixes maduros dos mais jovens . Estes sistemas reduzem o stress do manuseamento e simplificam o processo de colheita , conduzindo a uma melhor qualidade do produto e reduzindo as necessidades de mão de obra.

Engenharia genética e biotecnologia

1. **Avanços no melhoramento genético**:
   - A reprodução selectiva centra-se no desenvolvimento de estirpes de peixe de crescimento mais rápido, resistentes a doenças e adaptáveis às condições de cultivo. Por exemplo, as estirpes geneticamente selecionadas de tilápia e de salmão mostram uma maior resistência a doenças comuns .
2. **Edição de genes :**
   - As técnicas de edição de genes, como o CRISPR , oferecem um controlo preciso das caraterísticas genéticas das espécies de aquicultura . Estes métodos ajudam a aumentar o crescimento taxas, melhorar a conversão alimentar e aumentar a resistência a doenças .
3. **Desenvolvimento de vacinas**:
   - A biotecnologia levou ao desenvolvimento de vacinas que visam doenças específicas, minimizando a necessidade de antibióticos e apoiando populações de peixes mais saudáveis . Estas vacinas reduzem as perdas devidas a doenças, apoiando a sustentabilidade e a rentabilidade .

Digitalização das operações do Aquabusiness

1. **Software para gestão de dados**:
   - As soluções de software gerem dados operacionais, incluindo registos da qualidade da água , horários de alimentação e dados

financeiros. Esta centralização permite um melhor controlo, análise histórica e tomada de decisões informadas .

2. **Tomada de decisões Ferramentas**:
   - o As plataformas digitais integram dados de várias fontes e utilizam algoritmos de previsão para orientar as decisões. Estas ferramentas ajudam a planear os ciclos de produção, a estimar as necessidades de alimentação e a gerir os riscos, melhorando assim a eficiência e reduzindo os custos.
3. **Cadeia de blocos para a transparência e a rastreabilidade :**
   - o Blockchain tecnologia aumenta a transparência rastreando produtos da fazenda ao consumidor. Cada transação é registada num livro-razão seguro e descentralizado, fornecendo aos consumidores informações fiáveis sobre a origem, a qualidade e a sustentabilidade dos produtos .

Inovações na alimentação animal e nutrição

1. **Proteínas alternativas**:
   - o Para reduzir a dependência da farinha de peixe tradicional e do óleo de peixe, as empresas estão a investigar fontes de proteínas alternativas, como os insectos , as algas e as proteínas microbianas. Estas alternativas são mais sustentáveis e reduzem o impacto ambiental , contribuindo para uma aquacultura mais ecológica .
2. **Alimentos à base de plantas e derivados de fermentação**:
   - o Rações à base de plantas s (soja, ervilhas) e ingredientes derivados da fermentação fornecem uma nutrição sustentável e de alta qualidade. Estas alternativas não só reduzem os custos da alimentação como também diminuem a pegada ambiental da indústria da aquacultura .
3. **Rações optimizadas em termos de nutrientes**:
   - o Os avanços na ciência da nutrição estão a conduzir a alimentos optimizados para espécies e fases de vida específicas. Estes alimentos melhoram as taxas de crescimento, reduzem os resíduos e contribuem para um ciclo de produção mais saudável e mais eficiente.

12.0 Estudos de caso na gestão do sector aquático

O estudo de exemplos do mundo real fornece informações sobre estratégias eficazes de aquacultura, desafios comuns , e lições para futuras práticas do sector. Estudos de caso ilustram tanto sucessos como fracassos, destacando lições valiosas para empresários e gestores em aquacultura .

Modelos de negócios aquáticos de sucesso

1. **MOWI ASA (Noruega)**:

- A MOWI, o maior produtor mundial de salmão de viveiro, utiliza um modelo verticalmente integrado, controlando as operações desde as maternidades até à distribuição . Este modelo melhora o controlo da qualidade e reduz os custos. A MOWI centra-se em práticas sustentáveis , tais como a redução dos rácios de conversão alimentar e a utilização de alimentos ecológicos .

2. **Regal Springs (Indonésia)**:
   - Regal Springs é conhecida pela sua criação de tilápias em gaiolas em lagos, o que permite a circulação natural da água e minimiza o risco de doenças. Cumprem normas ambientais rigorosas , obtendo certificações como a ASC. A sua abordagem aumentou a rentabilidade e, ao mesmo tempo, cumpriu os parâmetros de sustentabilidade .
3. **Blue Ocean Mariculture (Hawaii)**:
   - Esta empresa é especializada em espécies nativas, como o Kanpachi havaiano. A Blue Ocean Mariculture tem navegado com sucesso pelos regulamentos locais, pela sustentabilidade ambiental e pela procura dos consumidores. O seu foco em espécies nativas ajuda a preservar a biodiversidade e apoia os ecossistemas locais .

Desafios e soluções em cenários do mundo real

1. **Surtos de doenças**:
   - **O caso**: Surtos de doenças podem devastar as unidades populacionais. Em 2016, as explorações de camarão no Sudeste Asiático sofreram perdas devido à Síndrome da Mortalidade Precoce (EMS).
   - **Solução**: As empresas responderam implementando medidas de biossegurança , criando estirpes resistentes a doenças e adoptando a tecnologia RAS para controlar a qualidade da água e limitar a propagação de agentes patogénicos.
2. **Mudanças regulamentares :**
   - **Caso**: As alterações regulamentares s, como a proibição de certos antibióticos na aquicultura , desafiaram os operadores habituados a utilizar antibióticos para o controlo de doenças .
   - **Solução**: As empresas de aquacultura adoptaram métodos alternativos, como vacinas e probióticos , para manter a saúde dos animais e, ao mesmo tempo, cumprir a nova regulamentação.
3. **Desafios ambientais :**
   - **Caso**: As empresas norueguesas de aquacultura foram pressionadas a reduzir o impacto ambiental s das explorações piscícolas .

- **Solução**: Os líderes do sector investiram em tecnologias como sistemas de recirculação de aquacultura e técnicas avançadas de gestão de resíduos para cumprir as normas ambientais .

Lições aprendidas com empresas aquáticas que fracassaram

1. **Excesso de confiança numa única espécie**:
   - **Lição**: As empresas que se concentravam apenas numa única espécie, como o camarão, enfrentavam riscos significativos quando ocorriam surtos de doenças . A diversificação das espécies reduz o impacto das flutuações do mercado e das doenças na rendibilidade .
2. **Ignorando os regulamentos ambientais**:
   - **Lição**: As empresas que desrespeitaram a regulamentação ambiental enfrentaram frequentemente repercussões legais e de reputação, levando ao encerramento da atividade. O cumprimento das normas ambientais é essencial para a viabilidade a longo prazo e para a aceitação da comunidade.
3. **Gestão inadequada dos riscos**:
   - **Lição**: Muitos negócios falhados não tinham planos de gestão de risco para flutuações do mercado, surtos de doenças e perturbações na cadeia de abastecimento . Uma avaliação eficaz dos riscos e estratégias de mitigação são essenciais para enfrentar os desafios da aquacultura .

Entrevistas com especialistas do sector

1. **Diretores executivos**:
   - As opiniões dos diretores executivos revelam estratégias para expandir as empresas, gerir as finanças e adaptar-se às pressões regulamentares. As entrevistas dos diretores executivos sublinham frequentemente a importância da inovação , da resiliência e do planeamento a longo prazo num mercado competitivo.
2. **Cientistas**:
   - Os cientistas sublinham o papel da investigação e da inovação no avanço das práticas de aquacultura . Entrevistas com especialistas em genética , nutrição e controlo de doenças fornecem informações sobre as mais recentes tecnologias e métodos que melhoram a produtividade e a sustentabilidade .
3. **Aquacultura Leaders**:
   - Os líderes do sector defendem práticas sustentáveis , conformidade regulamentar , e responsabilidade empresarial . As suas perspectivas sublinham o valor da gestão ambiental , das práticas

laborais éticas e do envolvimento da comunidade como pilares de um negócio aquático de sucesso.

13.0 Gestão da cadeia de abastecimento no sector do aquacultura

Uma cadeia de abastecimento eficiente A gestão do sector aquícola é essencial para garantir que os produtos chegam aos consumidores frescos, de alta qualidade e de forma sustentável. Desde a produção até à entrega final, cada fase da cadeia de abastecimento deve ser cuidadosamente gerida para otimizar os custos, manter a qualidade do produto , e minimizar o impacto ambiental .

Compreender a Aquacultura Cadeias de abastecimento

1. **Principais etapas da produção ao mercado**:
    - A cadeia de abastecimento da aquicultura envolve normalmente várias fases:
        - **Produção**: Criação de organismos aquáticos a partir de incubadoras até à maturidade.
        - **Colheita** : Processamento ou manuseamento de produtos acabados de colher para os preparar para a distribuição .
        - **Transporte e distribuição** : Transporte do produto através da cadeia de frio s e redes logísticas para chegar aos consumidores.
2. **Aquisição de matérias-primas, alimentos para animais e fornecimento de equipamento**:
    - A aquacultura depende fortemente de matérias-primas como rações para peixes , tratamento de água s e equipamento como gaiolas, redes e tanques. O fornecimento fiável de alimentos de alta qualidade é especialmente crítico, uma vez que afecta as taxas de crescimento e a qualidade do produto .
    - Aquisição de equipamento deve centrar-se na qualidade, durabilidade e compatibilidade ambiental, reduzindo a necessidade de substituições frequentes e minimizando o desperdício.

Inventário e logística Gestão

1. **Otimização do armazenamento, transporte e manuseamento**:
    - Uma gestão adequada do inventário assegura a disponibilidade de recursos como rações e equipamento sem incorrer em custos de armazenamento excessivos. Práticas de manuseamento eficientes, como a carga e descarga cuidadosas, são essenciais para minimizar os danos e manter a qualidade.
    - Logística A gestão deve equilibrar a rapidez e o custo, uma vez que o transporte atempado é crucial para manter a frescura, especialmente no caso de produtos do mar perecíveis.
2. **Estratégias para reduzir as perdas e manter a qualidade**:

- **Inventário Just-in-Time**: Reduz os custos de armazenamento ao sincronizar as entregas de ração e equipamento com os horários de produção.
- **Rotação eficiente do stock**: Dar prioridade à utilização do stock mais antigo reduz o risco de desperdício.
- **Tácticas de prevenção de perdas**: Embalagem e manuseamento adequados ajudam a reduzir as perdas físicas durante o transporte. A redução das etapas de manuseamento também minimiza o risco de danos ou deterioração.

Cadeia de frio e manuseamento pós-colheita

1. **Importância da Refrigeração , Embalagem , e Transporte**:
   - A cadeia de frio é uma componente crítica da logística da aquacultura . A refrigeração adequada durante o armazenamento, transporte e distribuição previne a deterioração, preserva o sabor e mantém a qualidade nutricional.
   - A embalagem protege os produtos da contaminação e garante um manuseamento seguro. Também prolonga o prazo de validade e evita a deterioração durante o transporte de longa distância.
2. **Prevenir a deterioração e assegurar a conformidade regulamentar :**
   - **Monitorização da armazenagem a frio**: A monitorização da temperatura e da humidade nas unidades de armazenamento a frio reduz os riscos de deterioração e assegura a conformidade regulamentar .
   - **Segurança alimentar Normas** : O cumprimento das normas de segurança alimentar , tais como a Análise de Perigos e Pontos Críticos de Controlo (HACCP), garante que os produtos são seguros e adequados para consumo.

Relações com fornecedores e gestão de fornecedores

1. **Criação de parcerias com fornecedores de alimentos para animais, equipamento e serviços**:
   - Parcerias sólidas com fornecedores garantem um acesso fiável a recursos de alta qualidade. A colaboração com fornecedores de confiança reduz as perturbações da cadeia de abastecimento e permite preços favoráveis.
   - As parcerias também permitem que as empresas do sector aquático trabalhem com os fornecedores em soluções personalizadas, tais como fórmulas de ração ecológicas ou projectos de equipamento eficientes.
2. **Avaliação dos fornecedores em termos de qualidade, fiabilidade , e sustentabilidade :**

- **Qualidade**: Insumos de alta qualidade, como rações nutricionalmente optimizadas, reduzem as taxas de mortalidade e apoiam o crescimento . As avaliações de qualidade devem incluir auditorias regulares e testes de qualidade.
- **Fiabilidade** : Os fornecedores fiáveis cumprem os prazos de entrega e evitam rupturas de stock, o que é essencial para operações contínuas.
- **Sustentabilidade** : Trabalhar com fornecedores que dão prioridade a práticas sustentáveis , tais como a minimização do impacto ambiental e a redução das emissões de carbono, está em sintonia com a crescente ênfase da indústria em práticas ecológicas .

14.0 Alterações climáticas e resiliência do sector aquático

As alterações climáticas apresentam desafios e oportunidades para o sector aquático. O aumento das temperaturas, a alteração dos níveis de salinidade e a acidificação dos oceanos têm impacto nos ecossistemas aquáticos , exigindo estratégias de adaptação e planeamento da resiliência para mitigar os riscos.

Impacto das alterações climáticas na aquicultura

1. **Efeitos da temperatura :**
   - As flutuações de temperatura afectam as taxas metabólicas, os padrões de crescimento e os ciclos de reprodução. Por exemplo, águas mais quentes podem acelerar as taxas de crescimento de algumas espécies, mas podem também aumentar os riscos de doenças e reduzir os níveis de oxigénio, afectando a saúde dos peixes .
2. **Salinidade e acidificação dos oceanos**:
   - Mudanças na salinidade , muitas vezes devido à alteração dos padrões de precipitação ou ao aumento da evaporação, afectam as espécies que dependem de níveis específicos de salinidade. As operações de aquacultura perto de zonas costeiras são particularmente vulneráveis a estas alterações.
   - **Acidificação dos oceanos**: O aumento do CO_2 atmosférico diminui o pH dos oceanos , afectando os moluscos como ostras, mexilhões e amêijoas, que dependem do carbonato de cálcio para a formação da concha. Isto pode afetar as taxas de crescimento e dificultar o cultivo de certas espécies nas áreas afectadas.

Adaptação Estratégias para o sector aquático

1. **Ajustar os ciclos de reprodução**:
   - Ao monitorizar as mudanças sazonais e as condições ambientais, as empresas de aquacultura podem otimizar os horários de reprodução

e colheita para se alinharem com os novos padrões climáticos. Isto ajuda a manter a produtividade e a disponibilidade para o mercado.

2. **Mudança de espécies e relocalização de explorações agrícolas**:
   - **Mudança de espécies**: A transição para espécies mais resistentes às mudanças de temperatura e salinidade pode melhorar a viabilidade da exploração. Por exemplo, a tilápia é mais tolerante ao calor do que o salmão, o que a torna uma alternativa adequada em águas mais quentes.
   - **Relocalização de explorações agrícolas**: Nos casos em que as alterações ambientais são graves, a deslocalização das operações para zonas mais estáveis com uma qualidade da água favorável pode ser necessária para garantir a sustentabilidade a longo prazo .

Criação de resiliência nas operações

1. **Infra-estruturas Ajustamentos**:
   - **Infraestrutura resiliente** : A construção de infra-estruturas flexíveis e adaptáveis, como tanques com temperatura controlada ou sistemas de recirculação, permite que as operações respondam eficazmente às alterações ambientais.
   - **Eficiência energética**: A adoção de fontes de energia renováveis e de tecnologias eficientes em termos energéticos ajuda a reduzir os custos operacionais , ao mesmo tempo que diminui as emissões de gases com efeito de estufa.
2. **Planeamento de emergência**:
   - A preparação para situações de emergência em caso de fenómenos meteorológicos extremos , como inundações, furacões e secas, é fundamental. Isto envolve planos de emergência , tais como fontes de energia de reserva, planos de evacuação de stocks e acesso a fontes de água alternativas.

Políticas e regulamentos em matéria de clima

1. **Acordos internacionais sobre o clima e o seu impacto na aquicultura :**
   - Acordos como o Acordo de Paris têm como objetivo reduzir as emissões globais e gerir o impacto das alterações climáticas s. Estas políticas incentivam as empresas do sector aquático a adotar práticas sustentáveis para se alinharem com os objectivos nacionais em matéria de emissões.
2. **Estratégias de redução de emissões na indústria**:
   - **Pegada de carbono Redução** : Isto inclui a transição para energias renováveis , a minimização das emissões dos transportes e a melhoria da eficiência alimentar para reduzir as emissões de metano.

- **Compensação de carbono**: Algumas empresas do sector aquático participam em programas de compensação de carbono, investindo em projectos que reduzem os gases com efeito de estufa para compensar as suas emissões, o que melhora a sua reputação ambiental.

15.0 Gestão de riscos no sector aquático

A gestão do risco é essencial no sector da aquacultura, onde as incertezas operacionais, financeiras, ambientais e de mercado podem ter um impacto significativo na viabilidade do negócio. Uma abordagem estruturada para identificar, avaliar e mitigar os riscos permite que as empresas de aquacultura respondam proactivamente aos desafios , assegurando a estabilidade operacional e a sustentabilidade .

Tipos de riscos em aquacultura

1. **Riscos financeiros :**
   - Os riscos financeiros resultam da flutuação dos preços dos alimentos para animais, da volatilidade do mercado e de despesas operacionais inesperadas. As limitações do fluxo de tesouraria e um planeamento financeiro deficiente podem também ameaçar a sustentabilidade a longo prazo , especialmente no caso de pequenas empresas de aquicultura .
2. **Riscos operacionais**:
   - Estes incluem riscos relacionados com as actividades diárias, tais como falhas de equipamento, falta de alimentos para animais, surtos de doenças e falta de pessoal. Risco operacional s pode levar a atrasos na produção e perdas financeiras se não for corretamente gerido.
3. **Riscos ambientais :**
   - A aquicultura é sensível a factores ambientais como a qualidade da água , a temperatura e os níveis de oxigénio. Os riscos ambientais incluem as catástrofes naturais , a contaminação da água e as alterações induzidas pelo clima, que podem ameaçar a saúde dos animais e a produtividade.
4. **Riscos de mercado**:
   - Os riscos de mercado envolvem flutuações da procura, instabilidade dos preços e concorrência . As alterações nas preferências dos consumidores , as mudanças regulamentares e as políticas de comércio internacional podem ter impacto na rentabilidade e no acesso ao mercado , sendo essencial monitorizar e adaptar-se à dinâmica do mercado .

Avaliação e atenuação dos riscos

1. **Identificação de riscos**:
   - A identificação de riscos potenciais implica a avaliação de factores internos, como as ineficiências operacionais, e de factores externos, como as alterações ambientais ou as mudanças regulamentares . Ferramentas como a análise SWOT (Strengths, Weaknesses, Opportunities, Threats) podem ajudar a identificar áreas de vulnerabilidade.
2. **Avaliação dos riscos**:
   - A avaliação dos riscos implica estimar a probabilidade e o impacto de cada risco. A avaliação quantitativa de riscos s, como as matrizes de probabilidade-impacto, prioriza os riscos com base na gravidade, permitindo que os gerentes aloquem recursos para lidar com riscos de alta prioridade.
3. **Planeamento para contingências de risco**:
   - Um planeamento de emergência eficaz envolve o desenvolvimento de planos de ação para vários cenários. Por exemplo, se os preços dos alimentos para animais aumentarem inesperadamente, ter fornecedores alternativos ou opções de alimentos de reserva pode evitar interrupções operacionais.

Seguros para Aquabusiness

1. **Tipos de cobertura**:
   - **Seguro de bens** : Cobre infra-estruturas , equipamento e instalações contra riscos como incêndio, roubo e catástrofes naturais .
   - **Seguro de responsabilidade civil** : Fornece cobertura para reclamações de danos a terceiros ou danos materiais resultantes de actividades de aquacultura , protegendo o negócio de riscos legais.
   - **Seguro de colheitas** : Também conhecido como seguro de gado ou de aquacultura , cobre a perda de animais devido a doenças, factores ambientais , ou outros perigos.
2. **Principais considerações**:
   - As empresas do sector aquático devem avaliar cuidadosamente as apólices de seguro com base nas suas necessidades específicas, exposição ao risco e orçamento. Os factores importantes incluem os limites de cobertura, os custos do prémio e as exclusões da apólice.
   - **Encontrar fornecedores adequados**: Trabalhar com fornecedores especializados que compreendem os riscos específicos da aquacultura pode ajudar as empresas a garantir uma cobertura adequada e personalizada.

Planeamento de contingência e gestão de crises

1. **Desenvolvimento de estratégias de resposta para surtos de doenças:**
   - No caso de um surto de doença, os planos de resposta podem incluir o isolamento dos animais afectados, a aplicação de tratamentos e a comunicação com as autoridades reguladoras. A monitorização regular da saúde e as práticas de biossegurança são medidas preventivas cruciais.
2. **Catástrofes ambientais:**
   - No caso de catástrofes naturais como inundações ou tempestades, os planos de contingência devem descrever os procedimentos de evacuação, as opções temporárias de transferência de stocks e as fontes de energia de emergência. Estes planos minimizam as perdas e ajudam a empresa a retomar as operações rapidamente após a crise.

16.0 Comércio internacional e estratégias de exportação

A exportação dá às empresas aquícolas acesso a mercados maiores, permitindo-lhes capitalizar a procura de produtos do mar de alta qualidade em todo o mundo. No entanto, navegar nos regulamentos comerciais , gerir a logística , e assegurar a conformidade com as normas internacionais são vitais para o sucesso das operações de exportação .

Exportação Oportunidades no sector do Aquabusiness

1. **Exportação de alta demanda Mercados:**
   - As regiões com rendimentos elevados, como a América do Norte, a União Europeia e a Ásia Oriental, têm uma procura crescente de produtos do mar. Em particular, os mercados de espécies de primeira qualidade como o salmão, o camarão e as algas apresentam oportunidades lucrativas para os exportadores.
2. **Oportunidades emergentes:**
   - As economias emergentes do Sudeste Asiático e da América Latina estão a registar um aumento do consumo de produtos do mar, impulsionado pelo crescimento da população e pelo aumento dos rendimentos. À medida que os produtos da aquacultura se tornam mais populares, há uma procura crescente de marisco sustentável e rastreável.

Regulamentos relativos ao comércio internacional

1. **Conformidade com as leis do comércio internacional:**
   - Os exportadores devem cumprir os requisitos regulamentares de cada país importador. Estes podem incluir normas de segurança alimentar , certificações de sustentabilidade e requisitos de

rastreabilidade . O incumprimento pode levar a atrasos nos envios, penalizações e rejeições de produtos.

2. **Normas e Documentação :**
   - o As normas como as medidas sanitárias e fitossanitárias da UE (SPS) ou as diretrizes da Food and Drug Administration (FDA) dos Estados Unidos estabelecem requisitos rigorosos para as importações de produtos do mar. A documentação correta , incluindo os certificados sanitários e a prova de origem, é essencial para o desalfandegamento .

Navegar nos acordos comerciais e nas pautas aduaneiras

1. **Utilização de acordos comerciais**:
   - o Os acordos comerciais entre países ou regiões podem oferecer tarifas reduzidas , procedimentos aduaneiros simplificados e melhor acesso ao mercado . Compreender os acordos comerciais, como o NAFTA (agora USMCA) ou a Parceria Económica UE-Japão, ajuda as empresas a capitalizar as reduções tarifárias e outros benefícios.
2. **Atenuar o impacto das tarifas**:
   - o Quando os direitos aduaneiros são inevitáveis, as empresas aquícolas podem atenuar o seu impacto ajustando os preços, negociando acordos de partilha de custos com os importadores ou procurando obter isenções pautais para produtos sustentáveis.

Logística e Exportação Financiamento

1. **Gestão da logística de transportes para exportação :**
   - o A logística internacional exige uma coordenação cuidadosa para manter a qualidade do produto e a entrega atempada. A logística da cadeia de frio é particularmente crítica para as exportações de aquacultura para evitar a deterioração durante o trânsito.
2. **Financiamento Opções e exportação Seguro de crédito :**
   - o O financiamento das exportações , como o crédito comercial ou as cartas de crédito, garante que os exportadores recebem o pagamento, reduzindo o risco financeiro associado às transacções transfronteiriças. O seguro de crédito à exportação protege contra o não pagamento por parte dos compradores estrangeiros, estabilizando o fluxo de caixa .

17.0 Saúde aquática e normas de bem-estar

À medida que aumenta a consciencialização dos consumidores para o bem-estar dos animais , as empresas do sector aquícola devem manter elevados padrões de saúde e bem-estar dos animais para manter operações éticas , garantir o acesso ao mercado e cumprir os requisitos regulamentares.

Bem-estar dos animais na aquicultura

1. **Princípios do tratamento humano :**
   - O tratamento humano enfatiza o fornecimento aos animais aquáticos de condições que favoreçam a sua saúde , incluindo espaço adequado, água limpa e nutrição correta. Minimizar o stress através de um manuseamento suave e evitar a sobrelotação aumenta o bem-estar e reduz o risco de doenças.
2. **Normas de bem-estar :**
   - As normas de bem-estar , como as da Global Animal Partnership (GAP) , definem critérios para um tratamento humano . A adesão a estas normas ajuda as empresas de aquicultura a demonstrar o seu empenhamento no bem-estar dos animais , o que atrai os consumidores éticos e apoia a fixação de preços mais elevados .

Saúde Protocolos e certificação

1. **Certificações de bem-estar :**
   - Certificações como a GAP e a Friend of the Sea (FOS) centram-se no manuseamento humano, na responsabilidade ambiental e na qualidade do produto . Estas certificações ajudam as empresas aquícolas a satisfazer as expectativas de bem-estar e a aceder aos mercados internacionais .
2. **Garantir a saúde através de protocolos proactivos**:
   - A gestão proactiva da saúde inclui controlos sanitários regulares, medidas de biossegurança e tratamentos preventivos. A manutenção da qualidade da água , o controlo dos sinais de doença e o fornecimento de uma alimentação equilibrada contribuem para uma boa saúde e reduzem a probabilidade de doença.

Considerações éticas em aquacultura

1. **Equilíbrio entre a produtividade e o tratamento ético :**
   - A elevada produtividade pressiona frequentemente as empresas a dar prioridade à produção em detrimento do bem-estar. No entanto, as práticas éticas, como a redução da densidade de animais e a minimização da utilização de produtos químicos, melhoram o bem-estar e estão em conformidade com a procura de produtos humanos por parte dos consumidores.
2. **Tendências do sector no sentido de práticas de bem-estar transparentes**:
   - A transparência nas práticas de bem-estar, desde a criação até à colheita, está a tornar-se essencial. As tecnologias digitais , como a cadeia de blocos , permitem aos consumidores rastrear os produtos

até à sua origem, garantindo que as normas éticas e de bem-estar são cumpridas ao longo de toda a cadeia de abastecimento .

18.0 Aquaponia e sistemas agrícolas integrados

Os sistemas de aquaponia e de agricultura integrada são abordagens inovadoras que combinam a aquacultura e a hidroponia , permitindo que as plantas e os peixes cresçam simbioticamente num ambiente controlado e sustentável. Estes sistemas não só respondem aos desafios da sustentabilidade como também maximizam a utilização dos recursos, reduzem os resíduos e satisfazem a procura crescente de produtos frescos e ecológicos por parte dos consumidores.

Visão geral da aquaponia e sistemas integrados

1. **Combinação da piscicultura com a produção de plantas hidropónicas**:
   - A aquaponia é um sistema de cultivo em circuito fechado em que os peixes e as plantas são criados em conjunto. Os resíduos dos peixes fornecem nutrientes essenciais para as plantas, enquanto as plantas filtram e purificam naturalmente a água, criando um ciclo sustentável que minimiza os resíduos e optimiza a utilização da água .
   - **Agricultura integrada**: Isto vai para além da aquaponia e inclui outras culturas ou gado a par da piscicultura . Os sistemas integrados criam ecossistemas auto-sustentáveis , reduzem o impacto ambiental e permitem a produção de diversos produtos.

Benefícios e desafios da aquaponia

1. **Benefícios**:
   - **Eficiência de recursos**: A aquaponia utiliza até 90% menos água do que a agricultura tradicional através da reciclagem da água . Os nutrientes gerados pelos resíduos de peixe também reduzem a dependência de fertilizantes externos.
   - **Redução de resíduos**: Peixe rico em nutrientes resíduos, que de outra forma teriam de ser eliminados, tornam-se um valioso contributo para o crescimento das plantas , transformando os resíduos em produtividade.
   - **Potencial de mercado**: Há uma procura crescente por parte dos consumidores de produtos cultivados de forma sustentável e sem pesticidas. Os sistemas aquapónicos produzem legumes frescos e peixes de alta qualidade , que podem ser comercializados como amigos do ambiente.
2. **Desafios :**
   - **Investimento inicial elevado** : Infraestrutura Os custos de instalação de um sistema de aquaponia , incluindo tanques, bombas e iluminação, são mais elevados do que os da agricultura

convencional. Estes sistemas requerem também um controlo e manutenção contínuos.

- **Complexidade na gestão**: O equilíbrio dos níveis de nutrientes, a manutenção da qualidade da água e a gestão dos peixes e da saúde das plantas são complexos e exigem conhecimentos técnicos.
- **Dinâmica do mercado**: Os produtos da aquaponia , embora populares entre os consumidores ecologicamente conscientes, tendem a ter um preço superior. Capturar com sucesso o interesse dos consumidores depende de um marketing eficaz e da educação dos compradores sobre os benefícios dos produtos aquapónicos.

Instalação de um sistema de aquaponia

1. **Infraestrutura Requisitos**:
    - Um sistema de aquaponia requer tanques de peixes , canteiros de plantas, bombas de água, filtros e iluminação. Infra-estruturas específicas , tais como tubos e sensores , ajudam a circular a água e a gerir os níveis de nutrientes.
    - **Conceção do sistema**: Os sistemas são frequentemente concebidos como sistemas de Cultura em Águas Profundas (DWC), Técnica de Película de Nutrientes (NFT) ou Leito de Meios, cada um com configurações únicas que se adaptam a diferentes tipos de plantas e escalas operacionais.
2. **Recursos necessários**:
    - **Água**: Necessita de uma fonte de água fiável e de filtragem para manter a qualidade.
    - **Energia**: Para sistemas que dependem de iluminação artificial, os custos de energia podem ser significativos. Algumas operações atenuam estes custos através da utilização de fontes de energia renováveis .
    - **Nutrientes e peixes Feed**: A alimentação dos peixes é essencial, uma vez que é responsável pelo ciclo dos nutrientes. A seleção da ração certa optimiza os níveis de nutrientes, apoia a saúde dos peixes e, em última análise, beneficia o crescimento das plantas .

Viabilidade comercial e dinâmica do mercado

1. **Rentabilidade Análise**:
    - Para avaliar a rendibilidade , os operadores devem considerar os custos operacionais , a procura no mercado local e os preços de venda potenciais. O investimento inicial e os custos operacionais são normalmente mais elevados, mas a sustentabilidade a longo prazo e a produtividade podem gerar retornos lucrativos.
2. **Preços e interesse dos consumidores**:

- o Rotulagem e certificações ecológicas podem atrair consumidores preocupados com a saúde - e com o ambiente, dispostos a pagar um prémio por produtos de aquaponia . O envolvimento com mercados de agricultores, mercearias biológicas e restaurantes pode criar oportunidades de nicho.

19.0 Modelação e análise financeira no sector do aquacultura

A modelação e a análise financeiras são ferramentas vitais para as empresas aquícolas avaliarem a rentabilidade , preverem o fluxo de caixa e avaliarem a viabilidade a longo prazo . Ao compreender as métricas financeiras , os empresários podem tomar decisões de investimento informadas e melhorar o desempenho financeiro.

Criação de modelos financeiros para o aquabusiness

1. **Compreender o fluxo de caixa**:
   - o As projecções do fluxo de caixa têm em conta as entradas (vendas, subsídios , empréstimos) e as saídas (despesas operacionais, salários, alimentação, custos de energia). Uma previsão exacta do fluxo de tesouraria garante que as empresas aquícolas dispõem de um fundo de maneio suficiente, especialmente tendo em conta as flutuações sazonais das receitas.
2. **Projecções de receitas e estrutura de custos**:
   - o **Projecções de receitas**: As estimativas baseadas na capacidade de produção, na procura do mercado , e nos preços ajudam a prever as receitas futuras. Os modelos de receitas devem ter em conta a diversidade de produtos (por exemplo, peixes , plantas) nos sistemas aquapónicos.
   - o **Estrutura de custos**: Uma repartição clara dos custos fixos e variáveis (rações, manutenção do equipamento, salários) ajuda a determinar as estratégias de preços e destaca as áreas em que é possível reduzir os custos .

Rentabilidade Análise e pontos de equilíbrio

1. **Cálculo do ponto de equilíbrio**:
   - o O ponto de equilíbrio é o ponto em que a receita total é igual aos custos totais, indicando quando uma empresa começa a obter lucros. Este cálculo ajuda a avaliar a viabilidade dos objectivos de produção e a estabelecer metas de rentabilidade .
2. **Margem de lucro Análise**:
   - o Margem de lucro s fornecem informações sobre a rentabilidade em relação à receita. A análise das margens entre linhas de produtos (por exemplo, peixes vs. plantas em aquaponia) permite aos

operadores identificar produtos com margens elevadas e ajustar as estratégias em conformidade.

Análise do investimento e retorno do investimento (ROI)

1. **Avaliação da viabilidade do projeto**:
   - Métricas financeiras como o Valor Atual Líquido (VAL) e a Taxa Interna de Rentabilidade (TIR) avaliam a rentabilidade a longo prazo dos projectos de aquacultura, ajudando as empresas a justificar investimentos ou a atrair financiamento externo.
2. **Retorno do investimento (ROI)**:
   - O cálculo do ROI fornece informações sobre a eficácia do investimento de capital s, por exemplo, em novas tecnologias ou actualizações de infra-estruturas . O ROI ajuda a determinar se os retornos gerados justificam o investimento inicial custos.

Utilização de software financeiro e ferramentas

1. **Introdução ao planeamento financeiro Software :**
   - Soluções de software como QuickBooks, Wave ou ferramentas de planeamento mais especializadas em aquacultura simplificam a contabilidade , o planeamento orçamental e os relatórios. Estas ferramentas automatizam a introdução de dados, geram relatórios financeiros em tempo real e aumentam a transparência financeira .
2. **Orçamentação e Previsão Ferramentas**:
   - Previsão software ajuda a modelar cenários futuros, apoiando a tomada de decisões em diferentes condições de produção e de mercado. Estas ferramentas permitem que as empresas do sector aquático se adaptem rapidamente às mudanças na dinâmica do mercado .

20.0 Transformação digital na aquicultura

A transformação digital está a revolucionar a aquacultura , permitindo a tomada de decisões baseadas em dados , a automatização , e uma maior transparência . Com a adoção de tecnologias digitais , as empresas aquícolas podem melhorar a eficiência, reduzir os custos e satisfazer as exigências dos consumidores em termos de produtos rastreáveis e de alta qualidade.

O papel das tecnologias digitais no aquabusiness

1. **Panorâmica da IoT , IA , Aprendizagem automática e Análise de dados :**
   - **IoT** : Os dispositivos da Internet das Coisas (IoT) recolhem dados em tempo real sobre a qualidade da água , o comportamento dos peixes e as condições ambientais. Os sensores IoT monitorizam o pH , o oxigénio e a temperatura , permitindo uma gestão de precisão.

- **IA e aprendizagem automática** : Os modelos de IA analisam os dados da IoT para prever tendências, detetar anomalias e automatizar respostas. A aprendizagem automática optimiza os horários de alimentação , reduzindo o desperdício e apoiando a saúde dos peixes .
- **Análise de dados** : A análise avançada identifica padrões de desempenho, apoia as previsões de rendimento e optimiza a utilização de recursos, o que aumenta a rentabilidade e a eficiência operacional .

Gestão baseada em dados

1. **Tirar partido dos dados para a tomada de decisões :**
   - As abordagens baseadas em dados fornecem informações sobre o crescimento taxas, condições ambientais e desempenho financeiro. Estas informações melhoram a afetação de recursos , identificam ineficiências e permitem um planeamento estratégico informado .
2. **Análise de desempenho**:
   - A análise regular do desempenho destaca os pontos fortes e as áreas a melhorar, ajudando os operadores a fazer ajustes para otimizar a produção. As informações de dados também apoiam a conformidade regulamentar através do controlo de parâmetros críticos.

Automação e soluções agrícolas inteligentes

1. **Sistemas automatizados para alimentação e qualidade da água Monitorização :**
   - Os alimentadores automatizados distribuem quantidades exactas de ração com base nas fases de crescimento dos peixes e nas condições ambientais, reduzindo os custos de mão de obra e de alimentação . A automatização da monitorização da qualidade da água e da filtragem assegura condições de água ideais para a saúde dos animais .
2. **Soluções agrícolas inteligentes**:
   - A agricultura inteligente integra a IoT , a IA e a robótica para criar operações totalmente automatizadas e geríveis à distância. Os sistemas podem alertar os operadores para potenciais problemas, reduzindo os custos de mão de obra e aumentando a eficiência.

Cadeia de blocos e rastreabilidade

1. **Reforçar a transparência e a confiança com a tecnologia Blockchain** :
   - A cadeia de blocos regista as informações sobre os produtos em cada fase da cadeia de abastecimento , criando um registo inviolável que melhora a rastreabilidade . Os consumidores podem

verificar a origem, a qualidade e a sustentabilidade do produto , o que gera confiança e apoia a fixação de preços premium .

2. **Aplicações para Conformidade Regulamentar e Certificação :**
    - A cadeia de blocos pode racionalizar a conformidade registando pontos de dados essenciais, simplificando os relatórios e as auditorias. Certificações , tais como rótulos orgânicos ou sustentáveis, são validadas por registos em cadeia de blocos, proporcionando credibilidade tanto aos consumidores como aos organismos reguladores.

21.0 Gestão dos recursos humanos em Aquabusiness

Na aquacultura , a gestão dos recursos humanos (GRH) desempenha um papel crucial para assegurar o crescimento sustentável da indústria e a eficiência operacional . Esta secção aborda as práticas essenciais de RH específicas do negócio da aquacultura, destacando o desenvolvimento da força de trabalho , o cumprimento das leis laborais , a retenção de empregados , e a manutenção das normas de saúde e segurança .

Construção de uma força de trabalho em aquacultura

- **Requisitos de competências:** A aquicultura exige competências técnicas específicas , incluindo conhecimentos de biologia, ciências ambientais e sistemas de aquicultura . Os trabalhadores podem necessitar de competências em matéria de criação de peixes , gestão da qualidade da água , e controlo de doenças , para além de conhecimentos práticos na gestão de organismos aquáticos vivos e no funcionamento de sistemas de aquicultura complexos.
- **Recrutamento** : O recrutamento envolve a procura de pessoal qualificado com conhecimentos sobre as operações de aquacultura ou a formação de novos recrutas. Para atrair candidatos qualificados, as empresas podem estabelecer parcerias com instituições profissionais, oferecer salários competitivos e destacar oportunidades de crescimento na carreira no sector.
- **Formação do pessoal:** A formação é crucial para a aquisição de competências, incluindo protocolos sobre biossegurança , qualidade da água , testes e técnicas de criação específicas para cada espécie. As empresas podem implementar programas de formação no local de trabalho e workshops para manter o pessoal atualizado sobre os mais recentes métodos de aquacultura e normas da indústria .

Legislação laboral e normas de emprego

- **Considerações legais:** O cumprimento da legislação laboral e das normas de emprego garante que as empresas do sector aquático evitam repercussões legais e promovem um ambiente de trabalho positivo. Estas leis abrangem contratos de trabalho, requisitos de salário mínimo e normas de saúde no trabalho .

- **Contratação e gestão de pessoal:** As considerações legais incluem a compreensão das leis anti-discriminação, a definição de estruturas de compensação justas e a criação de condições de trabalho seguras. Uma comunicação clara dos direitos, benefícios e deveres dos empregados também é vital para a gestão de uma força de trabalho compatível e motivada.

Desenvolvimento e retenção de funcionários

- **Programas de formação** : Os programas de formação contínua ajudam os funcionários a desenvolverem-se profissionalmente, aumentando a satisfação no trabalho e a produtividade. Certificações em áreas como a gestão da qualidade da água , saúde aquática , e procedimentos de segurança podem aumentar a credibilidade e reduzir o risco operacional s .
- **Certificação e desenvolvimento de carreira:** As certificações de organismos de aquacultura reconhecidos podem aumentar o conhecimento e a experiência dos funcionários, tornando-os activos valiosos para a organização. A oferta de caminhos para a progressão na carreira também pode melhorar as taxas de retenção ao promover a lealdade e a satisfação no trabalho.

Saúde , Segurança , e Bem-estar

- **Protocolos de saúde e segurança :** Dadas as exigências físicas e os riscos potenciais dos ambientes de aquacultura , os protocolos de saúde e segurança são essenciais. Estes protocolos abordam questões como as medidas de biossegurança , o manuseamento seguro do equipamento e a exposição a riscos ambientais.
- **Bem-estar em ambientes aquáticos:** Dar prioridade ao bem-estar dos empregados pode envolver o fornecimento de equipamento de proteção, a implementação de planos de resposta a emergências e a realização de auditorias regulares de saúde e segurança . A garantia de um local de trabalho seguro contribui para uma maior produtividade e reduz o absentismo.

22.0 Empreendedorismo e Inovação em Aquacultura

O empreendedorismo e a inovação impulsionam a aquacultura para um crescimento sustentável , permitindo que a indústria satisfaça a procura global de alimentos e, ao mesmo tempo, responda às preocupações ambientais. Esta secção discute os meandros da criação de uma empresa aquícola, da promoção da inovação e da obtenção de financiamento.

Começar um negócio aquático do zero

- **Passos iniciais:** A construção de um negócio de aquacultura começa com uma pesquisa de mercado , identificando espécies viáveis e compreendendo os regulamentos locais. Os empresários devem criar um plano de negócios abrangente que defina os objectivos de produção, os mercados-alvo e as estratégias competitivas.
- **Planeamento e financiamento para empresas em fase de arranque:** O planeamento financeiro adequado é fundamental, exigindo muitas vezes financiamento inicial ou investimentos para cobrir equipamento, terrenos e licenças . As fontes potenciais incluem subvenções , empréstimos , e capital de risco adaptado às empresas de aquacultura .

Incentivar a inovação na aquicultura

- **Investigação e desenvolvimento (I&D) :** O investimento em I&D pode conduzir a técnicas inovadoras na piscicultura , no cultivo de algas e em alternativas sustentáveis de alimentação . A I&D é essencial para melhorar os rendimentos, reduzir o impacto ambiental s, e criar produtos de valor acrescentado.
- **Fomentar uma cultura de inovação** : As empresas aquáticas que incentivam a criatividade e a experimentação estão mais bem posicionadas para se adaptarem às mudanças do mercado. A criação de equipas interdisciplinares e o investimento em infra-estruturas de I&D podem promover a inovação em todas as operações.

Incubadoras de empresas e fontes de financiamento

- **Aquacultura - Incubadoras específicas** : Incubadoras especializadas oferecem recursos como orientação , financiamento e oportunidades de networking para empresas aquícolas emergentes. Estas incubadoras podem ajudar as empresas em fase de arranque a aceder aos conhecimentos do sector e a estabelecer contactos com potenciais investidores.
- **Programas de aceleração:** Muitos aceleradores centram-se na inovação sustentável e tecnológica , que pode beneficiar os empreendimentos de aquacultura . Estes programas fornecem capital, orientação operacional e acesso a uma rede mais ampla de contactos na indústria.

Estudos de caso of Aquaculture Startups

- **Histórias de sucesso e lições:** O estudo de startups de aquacultura bem sucedidas oferece uma visão sobre modelos de negócio eficazes s , práticas inovadoras e estratégias de adaptação ao mercado . Estes estudos de caso destacam os desafios enfrentados pelas empresas de aquacultura e a forma como as empresas os ultrapassaram, oferecendo lições valiosas para os novos empresários.

23.0 Envolvimento das partes interessadas e da comunidade

As relações com a comunidade e o envolvimento das partes interessadas são cruciais para a aquacultura sustentável práticas . Este capítulo enfatiza a construção de relações positivas, a responsabilidade social das empresas , e a avaliação do impacto social da aquacultura .

Importância das relações com a comunidade

- **Construir relações positivas:** O envolvimento com as comunidades locais pode fomentar o apoio aos projectos de aquacultura . Transparência sobre as operações e a vontade de responder às preocupações da comunidade podem reduzir a oposição e aumentar a confiança do público.
- **Benefícios para a comunidade:** Proporcionar oportunidades de emprego e abastecer-se localmente são formas de a aquacultura contribuir para o desenvolvimento da comunidade. Em troca, as comunidades podem oferecer políticas de apoio ou ajudar a salvaguardar o ambiente operacional.

Responsabilidade social das empresas (CSR)

- **Responsabilidades ambientais:** As empresas de aquacultura devem adotar práticas respeitadoras do ambiente para reduzir a poluição , proteger a biodiversidade e gerir os recursos de forma responsável.
- **Responsabilidades sociais e económicas:** As iniciativas de RSE podem incluir o investimento no bem-estar da comunidade, a oferta de bolsas de estudo e o apoio às infra-estruturas locais . Estes esforços melhoram a imagem da empresa e asseguram uma boa vontade a longo prazo.

Envolvimento das partes interessadas Estratégias

- **Métodos para envolver as partes interessadas:** Os métodos incluem consultas públicas, inquéritos e reuniões informativas para manter as partes interessadas informadas e envolvidas. Uma comunicação eficaz com as partes interessadas pode alinhar os objectivos empresariais com os interesses da comunidade e os requisitos regulamentares.

Impacto social da aquicultura

- **Criação de emprego:** A aquacultura cria emprego nas zonas rurais e costeiras, apoiando as economias locais e reduzindo a migração para os centros urbanos.
- **Segurança alimentar e desenvolvimento rural:** Ao aumentar a produção de alimentos e ao oferecer fontes de proteínas a preços acessíveis, a aquicultura ajuda a combater a insegurança alimentar. O desenvolvimento rural é promovido através de investimentos em infra-estruturas locais e parcerias com pequenos produtores.

24.0 Licenciamento , Autorizações , e Conformidade

Navegar no panorama regulamentar em aquacultura é complexo, uma vez que as empresas têm de cumprir várias normas ambientais, sanitárias e operacionais .

Esta secção explora o processo de obtenção de licenças, a manutenção da conformidade e a superação dos desafios regulamentares .

Navegando no cenário regulatório

- **Compreender os requisitos legais:** As empresas de aquacultura estão sujeitas a regulamentos relativos à utilização da água, seleção de espécies e gestão de resíduos . É vital que as empresas se mantenham actualizadas sobre as leis locais, nacionais e internacionais para evitar sanções.
- **Licenças e autorizações** : As operações de aquacultura requerem várias licenças para utilização da terra, acesso à água e manuseamento de espécies. Garantir a conformidade desde o início pode evitar atrasos operacionais e aumentar a legitimidade.

Obtenção de licenças e autorizações

- **Guia passo-a-passo:** O processo de licenciamento inclui a identificação das licenças necessárias , a apresentação da documentação necessária e a realização de inspecções. Os organismos reguladores podem exigir uma avaliação do impacto ambiental s para avaliar os potenciais efeitos das operações nos ecossistemas locais .
- **Processo de aprovação:** Algumas licenças de aquacultura podem demorar vários meses a processar, exigindo um planeamento antecipado e uma comunicação clara com as agências reguladoras.

Conformidade com os regulamentos ambientais

- **Cumprir a legislação:** Os regulamentos ambientais ditam a forma como os resíduos são geridos, como a água é obtida e como as espécies são cultivadas. O incumprimento pode resultar em coimas, restrições operacionais e danos para a reputação.
- **Regulamentos internacionais:** Para as empresas que pretendem expandir-se a nível mundial, a adesão às normas internacionais é crucial. Isto inclui o cumprimento de requisitos para práticas sustentáveis , tratamento humano de espécies, e conformidade de exportação -importação .

Desafios regulamentares e soluções

- **Lidar com regulamentos em mudança:** Aquacultura As empresas têm de se adaptar às normas ambientais em evolução , às leis laborais e às políticas comerciais. Manter-se em conformidade requer uma abordagem proactiva, incluindo actualizações regulares dos organismos reguladores e formação do pessoal sobre os novos requisitos.
- **Manter a conformidade** : A monitorização contínua da conformidade, as auditorias internas e as consultas com especialistas jurídicos podem ajudar as empresas a evitar infracções. O desenvolvimento de um quadro regulamentar sólido dentro da organização garante a preparação para os desafios actuais e futuros .

25.0 Aquicultura sustentável Práticas

O conceito de sustentabilidade em aquacultura é essencial à medida que a indústria se expande, com práticas e tecnologias destinadas a minimizar o impacto ambiental e a promover a eficiência dos recursos .

Princípios da aquicultura sustentável

- **Melhores práticas para reduzir o impacto ecológico** : A aquacultura sustentável dá ênfase à redução da utilização de antibióticos , à gestão dos resíduos e à proteção da biodiversidade . Técnicas como a policultura (cultivo de várias espécies em conjunto) e a aquicultura multitrófica integrada (IMTA), em que organismos com necessidades biológicas complementares são cultivados em conjunto, ajudam a criar ecossistemas equilibrados s e a reduzir os resíduos.
- **Fornecimento responsável de alimentos e sementes:** A sustentabilidade também inclui a utilização de alimentos de origem responsável, especialmente para espécies carnívoras. Alternativas alimentares como ingredientes à base de plantas e proteínas de insectos estão a ganhar força devido à sua reduzida pegada ecológica .

Tecnologia e equipamento amigos do ambiente

- **Alternativas ecológicas:** As tecnologias ecológicas em aquacultura incluem sistemas de recirculação de aquacultura (RAS) que reciclam a água, reduzindo a poluição e a utilização de recursos. Sensores avançados e dispositivos de monitorização optimizam a alimentação e a qualidade da água , enquanto os sistemas de biofiltração reduzem a acumulação de nutrientes.
- **Equipamento inteligente:** Tecnologias como os alimentadores alimentados por IA e os sistemas automatizados de remoção de resíduos ajudam a reduzir o stress ambiental. Estas tecnologias diminuem a sobrealimentação, a contaminação da água e podem aumentar a eficiência operacional .

Energias renováveis no sector aquático

- **Solar, eólica e biomassa** : As fontes de energia renováveis podem reduzir significativamente a pegada de carbono das operações de aquacultura . Os painéis solares são normalmente utilizados para a produção de energia em locais remotos da aquacultura, enquanto as turbinas eólicas podem fornecer energia suplementar nas regiões costeiras.
- **Modelos de energia híbrida:** Os sistemas híbridos que combinam energia solar e eólica ajudam a manter a disponibilidade de energia em condições climatéricas variáveis. A biomassa , como os resíduos das operações de aquacultura , pode ser convertida em biocombustível, oferecendo uma fonte adicional de energia renovável .

Gestão de resíduos e reciclagem de água

- **Técnicas de redução de resíduos:** A gestão dos resíduos centra-se na redução dos alimentos não consumidos e dos resíduos de peixe na água. Os filtros de resíduos sólidos, os biofiltros e os sistemas multitróficos integrados podem ajudar a converter os resíduos em recursos valiosos, como os fertilizantes.
- **Reciclagem de água Sistemas:** Os sistemas de aquacultura de recirculação (RAS) permitem a reciclagem contínua da água. Isto reduz tanto a necessidade de água doce como a libertação de poluentes, apoiando a utilização sustentável da água e diminuindo a contaminação ambiental.

26.0 Política e sensibilização em Aquabusiness

A política e a advocacia desempenham um papel fundamental na promoção do crescimento sustentável da aquicultura , fornecendo um quadro para as normas do sector , a segurança e as práticas ambientais.

O papel da política na configuração da aquicultura

- **Impacto das políticas no crescimento e na sustentabilidade** : As políticas governamentais regulam práticas que vão desde a seleção de espécies à gestão de resíduos , o que influencia o crescimento e a sustentabilidade. As políticas que promovem práticas sustentáveis , como a utilização obrigatória de RAS ou a certificação biológica , ajudam a minimizar o impacto ecológico .
- **Subsídios e incentivos:** Muitos governos oferecem incentivos financeiros para operações de aquacultura sustentáveis, tais como subsídios para I&D em práticas ecológicas , o que pode acelerar a adoção de tecnologias e práticas sustentáveis.

Envolvimento na advocacia para a aquicultura

- **Representação do sector:** A advocacia assegura que as necessidades e preocupações da aquacultura são representadas nas discussões políticas, apoiando regulamentos favoráveis à indústria. As organizações que defendem a aquacultura trabalham para estabelecer normas justas , melhorar o acesso ao mercado e apoiar iniciativas de investigação.
- **Benefícios da Advocacia** : A advocacia eficaz conduz a políticas informadas que equilibram a proteção ambiental com o desenvolvimento da indústria, beneficiando tanto a comunidade como a indústria.

Tendências políticas globais na aquicultura

- **Tendências políticas inovadoras:** A nível mundial, há uma atenção crescente às políticas que incentivam a aquicultura sustentável . Os países estão a implementar esquemas de certificação ecológica , obrigando a uma avaliação do impacto ambiental s, e promovendo a produção local e sustentável para diminuir a dependência de marisco importado.

- **Acordos e normas globais** : As normas de organismos internacionais, como o Código de Conduta para uma Pesca Responsável da FAO, influenciam as políticas nacionais, incentivando práticas responsáveis a nível mundial.

Navegar nos quadros regulamentares internacionais

- **Organizações-chave:** Organizações como a FAO, a OMS e a World Aquaculture Society desenvolvem e aplicam normas globais para a segurança alimentar , a biossegurança e a sustentabilidade ambiental na aquicultura.
- **Conformidade com as normas internacionais** : As empresas de aquacultura orientadas para a exportação devem aderir a estes quadros internacionais para aceder aos mercados globais, garantindo a segurança alimentar e cumprindo as normas de qualidade .

27.0 Ensino, investigação e desenvolvimento no domínio da aquicultura

A educação, a investigação e o desenvolvimento são essenciais para fazer avançar a aquicultura tecnologia , melhorar a sustentabilidade e garantir a entrada de profissionais qualificados no sector.

Investigação em Aquacultura Science

- **Avanços na genética , nutrição e impacto ambiental** : A investigação genética aumenta a resistência às doenças e as taxas de crescimento dos peixes , enquanto os estudos sobre nutrição visam reduzir a dependência da farinha de peixe através da utilização de fontes de alimentação alternativas. A investigação ambiental ajuda a avaliar e a atenuar o impacto da aquicultura nos ecossistemas circundantes .
- **Gestão de doenças e saúde Investigação:** A investigação em curso sobre a gestão das doenças ajuda a reduzir as perdas, a melhorar o bem-estar dos peixes e a minimizar a necessidade de antibióticos .

Percursos educativos em aquacultura

- **Programas de formação e certificações** : Os programas especializados em aquacultura tecnologia , biologia marinha e ciências ambientais fornecem conhecimentos práticos e as certificações em biossegurança , gestão da água e práticas sustentáveis acrescentam valor profissional.
- **Ensino Superior em Aquacultura** : As universidades oferecem diplomas avançados em ciências da aquacultura e gestão, que equipam os estudantes com competências de investigação e conhecimentos práticos para a indústria ou para funções académicas.

Financiamento e subvenções para I&D

- **Apoio financeiro à inovação** : Os governos, as ONG e as organizações internacionais concedem subsídios para investigação centrada na sustentabilidade , no controlo de doenças e em métodos de cultivo inovadores. Existem também oportunidades de financiamento de organizações ambientais que procuram promover a produção sustentável de produtos do mar .

- **Colaboração com o sector:** As parcerias entre instituições de investigação e empresas aquícolas conduzem frequentemente ao financiamento de projectos, uma vez que as empresas procuram implementar tecnologias de ponta e melhorar as suas práticas operacionais.

Colaboração com instituições académicas

- **Parcerias público-privadas** : As colaborações com universidades e institutos de investigação podem trazer avanços tecnológicos e pessoal qualificado para a aquicultura . Estas parcerias ajudam as empresas a adotar métodos baseados na investigação, melhorando a eficiência e a sustentabilidade .

28.0 Gestão e recuperação de catástrofes no sector aquático

A preparação para catástrofes naturais e de origem humana é essencial para salvaguardar as operações de aquicultura , especialmente à medida que as alterações climáticas aumentam a frequência de fenómenos meteorológicos extremos .

Identificação de potenciais catástrofes

- **Desastres naturais** : Os furacões, as inundações e as flutuações de temperatura podem devastar as instalações de aquacultura . As instalações localizadas em zonas costeiras vulneráveis são particularmente susceptíveis a tais acontecimentos .
- **Catástrofes biológicas e de origem humana:** Os surtos de doenças , a contaminação da água e a falha de equipamento constituem ameaças significativas. Os problemas induzidos pelo homem, como os derrames de petróleo ou a poluição , podem afetar gravemente a qualidade da água e a saúde dos ecossistemas .

Planos de preparação e resposta a catástrofes

- **Criar estratégias de resposta eficazes:** A preparação envolve a avaliação de riscos s, a instalação de sistemas de alerta precoce e o desenvolvimento de planos de evacuação. As instalações podem estabelecer protocolos para garantir a biossegurança e proteger as unidades populacionais aquáticas durante eventos adversos .
- **Formação em resposta a catástrofes:** A formação dos trabalhadores em matéria de resposta a emergências , operações de salvamento e gestão de recursos é fundamental para minimizar as perdas e manter a segurança .

Recuperação e Resiliência Building

- **Recuperação financeira e operacional:** Os esforços de recuperação podem envolver a procura de ajuda governamental, seguros reclamações e a implementação de sistemas de reserva. Reconstrução de infra-estruturas resistentes , tais como tanques elevados e instalações à prova de tempestades, pode reduzir a vulnerabilidade a futuras catástrofes.

- **Desenvolver a resiliência da comunidade** : O envolvimento com as comunidades locais para criar recursos partilhados e planos de emergência beneficia tanto o negócio aquático como a comunidade envolvente em tempos de crise.

Estudos de caso na resposta a catástrofes

- **Lições de desastres passados:** A análise da forma como as instalações de aquacultura em todo o mundo responderam a catástrofes fornece informações valiosas. As lições destes estudos de caso destacam as melhores práticas de recuperação, incluindo a rápida reposição de stocks e o reforço das infra-estruturas .

29.0 Comportamento do Consumidor e Tendências de Mercado no Aquabusiness

Compreender as preferências dos consumidores e as tendências do mercado ajuda as empresas de aquacultura a adaptarem-se à evolução da procura de opções de produtos do mar sustentáveis, saudáveis e convenientes .

Compreender as preferências dos consumidores

- **Factores que influenciam o consumo de marisco:** Factores como os benefícios para a saúde , a sustentabilidade e o preço influenciam as decisões de compra de marisco. Os consumidores procuram cada vez mais marisco de origem responsável e com um impacto ambiental mínimo .
- **Transparência e Certificação Procura:** A procura de transparência e de certificações ecológicas está a aumentar. Rótulos como "orgânico", "cultivado de forma sustentável" e "não-OGM" são frequentemente preferidos por consumidores ambientalmente conscientes.

Tendências do consumo de produtos do mar

- **Saúde Consciência e sustentabilidade** : Os consumidores estão cada vez mais preocupados com a saúde e dão prioridade a opções de marisco ricas em ómega 3 . Marisco sustentável práticas, especialmente as que evitam a sobrepesca e reduzem a poluição , são muito procuradas.
- **Conveniência nos produtos do mar:** Os produtos de valor acrescentado, como as opções prontas a cozinhar ou pré-marinadas , satisfazem os consumidores que procuram conveniência. Embalagem inovação também desempenha um papel na preservação da qualidade do produto e no aumento da atratividade.

Adaptação à evolução da procura no mercado s

- **Diversificação da oferta de produtos:** As empresas de aquacultura podem expandir as suas ofertas para incluir novas espécies, produtos biológicos ou alternativas de produtos do mar à base de plantas para satisfazer as diversas preferências dos consumidores .

- **Embalagens personalizadas** : As soluções de embalagem ecológicas e inteligentes, como os recipientes biodegradáveis ou reutilizáveis, apelam aos consumidores preocupados com o ambiente e acrescentam valor ao produto.

Tendências e previsões futuras do mercado

- **Inovações na oferta de produtos:** As alternativas aos produtos do mar à base de plantas e cultivados em laboratório estão a aumentar, para satisfazer os que evitam produtos de origem animal. Estas alternativas abordam a sustentabilidade preocupações ao mesmo tempo que satisfazem a procura de proteínas s.
- **Mercado global em expansão:** Prevê-se que a indústria da aquacultura cresça significativamente, particularmente em regiões com um consumo crescente de marisco. Espera-se que o enfoque da indústria em práticas sustentáveis se alinhe bem com as futuras exigências dos consumidores.

30.0 Perspetiva global s e estudos de caso em Aquabusiness

O panorama global da aquacultura varia muito de região para região devido às diferenças nas condições ambientais, nos quadros regulamentares e nas abordagens culturais à produção de marisco. Esta secção fornece uma visão geral das práticas de aquacultura em todo o mundo, estudos de casos de sucesso , ideias de líderes da indústria , e tendências futuras para o negócio global da aquacultura.

Aquacultura Práticas em diferentes regiões

- **Ásia:** A Ásia, em especial a China, é o maior produtor mundial de aquicultura , representando cerca de 90% da produção mundial. As práticas asiáticas envolvem frequentemente sistemas tradicionais baseados em tanques, agricultura integrada com arrozais e espécies como a carpa e o camarão. A região adoptou inovações como a tecnologia de bioflocos e a aquicultura multitrófica integrada (IMTA) para melhorar a sustentabilidade .
- **Europa:** A aquacultura europeia é conhecida pelas normas regulamentares rigorosas e pela tecnologia avançada, especialmente na Noruega e na Escócia, onde a criação de salmão é dominante. A Europa dá ênfase à sustentabilidade com regulamentos sobre antibióticos , práticas de alimentação e impacto ambiental s. Os sistemas de aquacultura de recirculação (RAS) e a agricultura offshore são predominantes, reduzindo o impacto ambiental.
- **Américas:** As Américas, incluindo os EUA, o Canadá e o Brasil, concentram-se em diversas espécies, como a tilápia , a truta e o peixe-gato . Os EUA têm regulamentos rigorosos em matéria de ambiente e segurança

alimentar , que conduziram a tecnologias inovadoras como a recirculação da água , sistemas de monitorização avançados e genética de peixes para melhorar a resistência e reduzir o impacto ambiental .

Histórias de sucesso em todo o mundo

- **Exemplos de inovação** : Aqua-Spark, um fundo de investimento holandês, apoia projectos inovadores de aquacultura que promovem práticas sustentáveis . A Veramaris, uma empresa sediada nos EUA, produz com sucesso óleos de ómega-3 sustentáveis à base de algas como alimento para peixes , reduzindo a dependência de peixes selvagens para alimentação.
- **Empreendimentos específicos de cada país:** No Japão, o programa de reprodução de atum rabilho da Universidade de Kinki foi pioneiro em práticas de reprodução sustentáveis para uma espécie que anteriormente era difícil de cultivar em cativeiro. Esta iniciativa foi amplamente adoptada por outras empresas no Japão para preservar as unidades populacionais de atum selvagem e, ao mesmo tempo, satisfazer a procura do mercado .

Lições dos líderes do sector

- **Insights das principais empresas:** Empresas como a Marine Harvest (Mowi), a Grieg Seafood e a Tassal fornecem informações valiosas sobre como escalar as operações de forma sustentável. Estas empresas dão ênfase à transparência , à conformidade ambiental rigorosa e à adoção de princípios de economia circular para reduzir os resíduos e melhorar a eficiência dos recursos .
- **Inovação e tecnologia:** Os líderes defendem a adoção de práticas sustentáveis , tais como a utilização de sistemas de monitorização baseados em IA para a saúde dos peixes e sistemas de alimentação automatizados . Estas empresas são exemplos de como a tomada de decisões baseada em dados e a gestão ambiental podem melhorar a produtividade e reduzir a pegada ecológica s.

Direcções futuras para o Aquabusiness global

- **Práticas em evolução:** A indústria da aquacultura está a avançar para práticas que minimizam o impacto ecológico , tais como sistemas integrados que optimizam a utilização dos recursos. As tendências futuras incluem o desenvolvimento de produtos do mar à base de plantas e cultivados em laboratório, avanços na reprodução selectiva , e a melhoria dos sistemas de aquacultura offshore para reduzir os impactos costeiros.
- **Cooperação internacional:** Há um apelo crescente à colaboração em matéria de normas globais de aquicultura , o que poderia ajudar a mitigar questões como a sobrepesca e a destruição de habitats. Organizações como

a FAO e a World Aquaculture Society apoiam a partilha de conhecimentos transfronteiriços , promovendo o crescimento sustentável à escala global.

31.0 Financiamento sustentável e modelos de investimento no sector do aquacultura

O financiamento sustentável é crucial para o desenvolvimento da aquacultura que se alinha com os princípios ambientais, sociais e de governação (ESG). Esta secção explora conceitos de financiamento sustentável, opções de financiamento verde , programas de financiamento específicos para a aquacultura e estudos de caso que demonstram o impacto destes investimentos.

Compreender o financiamento sustentável

- **Definição e princípios:** O financiamento sustentável envolve investimentos e práticas de empréstimo centrados em projectos amigos do ambiente que têm em conta o impacto ecológico e social a longo prazo s. Para a aquicultura , o financiamento sustentável incentiva práticas que minimizam a degradação ambiental, conservam os recursos hídricos , e promovem a biodiversidade .
- **Importância na aquicultura** : À medida que a aquicultura se expande, aumentam também as preocupações com o impacto ambiental , como a poluição da água , a destruição do habitat e o consumo de recursos. O financiamento sustentável oferece uma via para o crescimento responsável , exigindo que os projectos cumpram critérios de sustentabilidade para se qualificarem para financiamento.

Financiamento verde Opções

- **Subsídios , obrigações verdes e fundos de investimento de impacto:** Subsídios de organizações ambientais e órgãos governamentais apoiam iniciativas de aquicultura sustentável . As obrigações verdes permitem aos investidores financiar projectos ecológicos com retorno garantido, enquanto os fundos de investimento de impacto se concentram em projectos com impacto ambiental e social positivo s.
- **Exemplos de opções de financiamento** : O Banco Europeu de Investimento oferece obrigações verdes especificamente para a aquacultura sustentável , enquanto organizações como a Aqua-Spark investem em startups que apoiam rações sustentáveis alternativas e práticas eficientes em termos de água.

Aquicultura - Programas de financiamento específicos

- **Principais financiadores, ONGs , e financiamento governamental:** Organizações como a FAO e o Global Environment Facility fornecem fundos para a aquacultura sustentável desenvolvimento. Os governos de todo o mundo, especialmente na Noruega, Japão e EUA, oferecem subsídios para I&D em práticas sustentáveis , redução de resíduos , e tecnologias amigas do ambiente.

- **Apoio aos pequenos agricultores:** Os programas de financiamento também se centram no apoio à aquicultura de pequena escala e de base comunitária para melhorar a segurança alimentar e o desenvolvimento rural . Estes programas envolvem normalmente assistência técnica , desenvolvimento de capacidades e subsídios para a adoção de tecnologias sustentáveis.

Atrair investimento através da sustentabilidade

- **Apelo aos investidores éticos e de impacto:** As práticas de sustentabilidade , como a redução das emissões de carbono, a utilização de energias renováveis e a minimização dos resíduos, tornam as empresas aquícolas atractivas para os investidores de impacto . Os investidores éticos estão cada vez mais interessados em apoiar projectos de aquacultura que estejam alinhados com os seus valores, tais como a certificação ecológica e práticas laborais justas.
- **Transparência e relatórios ESG:** As empresas que demonstram um compromisso com os relatórios ESG e a transparência atraem investidores que dão prioridade à responsabilidade e às normas éticas nas suas carteiras de investimento.

Estudos de caso em financiamento sustentável

- **Exemplos de projectos financiados com fundos verdes:** A Kampachi Farms, uma empresa de aquacultura sustentável no Havai, recebeu financiamento através de obrigações verdes para desenvolver uma agricultura offshore que reduz os impactos costeiros. Outro exemplo, os projectos de resposta ao vírus do lago da tilápia (TiLV), receberam investimento de impacto para melhorar a biossegurança e a gestão de doenças , beneficiando tanto o ambiente como a saúde dos peixes .

32,0 Aquicultura de base comunitária e de pequena escala

A aquacultura comunitária e de pequena escala contribui para as economias locais, a segurança alimentar e a utilização sustentável dos recursos. Esta secção destaca os benefícios económicos , os passos para estabelecer projectos comunitários, os desafios enfrentados e os casos de sucesso .

Papel da aquicultura de pequena escala

- **Benefícios económicos e sociais:** A aquicultura em pequena escala desempenha um papel significativo no desenvolvimento rural , criando emprego, gerando rendimentos e garantindo a segurança alimentar . Reduz a dependência dos stocks de peixes selvagens , apoiando assim a biodiversidade e reforçando simultaneamente as economias locais.

- **Autossuficiência e segurança alimentar** : Projectos de base comunitária permitem que as comunidades se tornem mais auto-suficientes e reduzam a sua dependência de marisco importado. Estes empreendimentos proporcionam uma fonte de proteínas acessível e fiável, beneficiando a nutrição das famílias e os sistemas alimentares locais.

Criação de projectos comunitários de aquicultura

- **Planeamento e financiamento:** Os projectos comunitários começam com estudos de viabilidade, avaliando a qualidade da água , as espécies locais e o potencial impacto ambiental s. O financiamento pode vir de subsídios governamentais , ONGs e instituições de microfinanciamento que apoiam o desenvolvimento rural .
- **Implementação da Aquacultura Comunitária** : A formação técnica, o acesso a equipamento acessível e um forte apoio organizacional são necessários para uma implementação bem sucedida. As comunidades beneficiam de parcerias locais e da partilha de recursos para maximizar a eficiência e a sustentabilidade .

Reforço de capacidades e formação para as comunidades locais

- **Desenvolvimento de competências:** A formação em práticas agrícolas sustentáveis, a criação de espécies específicas, a gestão da água e as competências comerciais básicas equipam os membros da comunidade com as ferramentas para uma aquicultura bem sucedida gestão.
- **Apoio educativo:** Muitas ONG e organizações governamentais oferecem recursos, tais como manuais de formação, workshops , e apoio técnico , para ajudar os pequenos agricultores a melhorar a produtividade e a sustentabilidade .

Desafios enfrentados pelos pequenos agricultores

- **Acesso a recursos:** O acesso limitado a capital, equipamento e alimentos de alta qualidade coloca desafios para os pequenos agricultores. A dependência de métodos tradicionais também pode reduzir a eficiência e afetar a qualidade do produto .
- **Entrada no mercado e questões regulamentares:** Os pequenos agricultores enfrentam frequentemente dificuldades no acesso a mercados maiores devido à falta de certificação , à limitação dos transportes e a quadros regulamentares restritivos . Processos regulatórios simplificados e acesso ao mercado local podem ajudar a superar essas barreiras.

Estudos de caso de aquacultura comunitária bem sucedida

- **Exemplos globais de empreendimentos comunitários:** No Bangladesh, iniciativas comunitárias de criação de carpas melhoraram com êxito os meios de subsistência locais, com programas de formação que ajudam os agricultores a obter rendimentos sustentáveis. Outro exemplo é encontrado no Quénia, onde as cooperativas de mulheres na criação de tilápias em pequena escala promoveram a capacitação económica e melhoraram a segurança alimentar .

- **Impacto social:** Projectos como estes realçam o impacto social positivo da aquacultura comunitária , uma vez que criam emprego, aumentam a segurança alimentar e dão poder aos grupos marginalizados. Estudos de caso também sublinham a importância da capacitação e da parceria com organizações locais para o sucesso a longo prazo.

33.0 Marketing do Aquabusiness para nichos de mercado

À medida que a indústria da aquacultura se diversifica, os nichos de mercado para produtos especiais de marisco oferecem oportunidades únicas para apelar aos consumidores com gostos específicos, requisitos dietéticos ou preferências ambientais. Esta secção explora a forma de identificar e comercializar eficazmente estes segmentos de nicho.

Identificar oportunidades de nicho no sector do aquabusiness

- **Mercados de marisco biológico, exótico ou de especialidade:** A procura de marisco orgânico está a aumentar, à medida que os consumidores se tornam mais preocupados com a saúde e com o ambiente. A aquacultura biológica , que evita os produtos químicos sintéticos e se concentra na alimentação natural, apela a estes valores. Os produtos do mar exóticos, como a perca-gigante ou o esturjão, atraem os consumidores gourmet e os restaurantes de luxo.
- **Identificação de segmentos especializados:** Os segmentos especializados podem incluir marisco cultivado de forma sustentável, produtos de origem local e variedades únicas de marisco ou algas . Existem também nichos de mercado para o marisco criado segundo normas éticas específicas , como a certificação de comércio justo ou métodos artesanais de pequena escala.

Marketing Estratégias para produtos de nicho

- **Branding e Storytelling** : Esforços de branding para produtos de aquacultura de nicho enfatizam frequentemente a história por detrás do produto, como as práticas específicas da quinta, as técnicas tradicionais de aquacultura da região ou os benefícios ambientais únicos dos métodos de cultivo. A narração de histórias ajuda a criar uma ligação com os consumidores que valorizam a autenticidade.
- **Enfatizar a qualidade e a origem:** Os materiais de marketing podem destacar a rastreabilidade dos produtos de nicho, garantindo que os consumidores saibam de onde vem o seu marisco e como foi produzido. Certificações , como a rotulagem orgânica ou do MSC (Marine Stewardship Council) , reforçam essas qualidades e atraem os consumidores que buscam fontes éticas e sustentáveis.

Compreender as tendências de consumo de produtos do mar especializados

- **Saúde , Sustentabilidade , e Fornecimento Ético Tendências:** Muitos consumidores de nicho são atraídos por produtos da aquacultura que oferecem benefícios para a saúde , tais como peixes ricos em ómega 3 ou alimentos à base de algas . Um número crescente de consumidores dá prioridade a produtos do mar sustentáveis e de origem ética, favorecendo marcas que apoiam abertamente práticas responsáveis , transparência e comércio justo.
- **Exigência de transparência** : Os consumidores modernos exigem transparência na cadeia de abastecimento alimentar , e as marcas de aquacultura que fornecem total transparência sobre o seu abastecimento e impacto ambiental ganham confiança e lealdade junto deste segmento de mercado.

Desenvolvimento de produtos para mercados emergentes

- **Adaptação às tendências alimentares e aos alimentos funcionais:** À medida que os consumidores procuram cada vez mais objectivos personalizados de nutrição e saúde , existe um mercado crescente para produtos de marisco funcionais enriquecidos com probióticos , ómega-3 ou minerais essenciais. Os superalimentos como a spirulina, que oferecem um elevado valor nutricional , respondem a esta procura.
- **Produtos inovadores à base de marisco:** O desenvolvimento de produtos inovadores à base de marisco, tais como alternativas à base de plantas ou pós de marisco enriquecidos com nutrientes, pode atrair os consumidores que procuram ingredientes de alta qualidade e que melhorem a saúde .

Fixação de preços e posicionamento em nichos de mercado

- **Fixação de preços de prémio:** Produtos de aquacultura de nicho , como o camarão biológico ou o marisco exótico , têm preços mais elevados devido à sua natureza especializada e aos custos de produção. O seu posicionamento como produtos de elevado valor em mercados gourmet, de saúde ou de consciência ecológica atrai os consumidores dispostos a pagar pela qualidade.
- **Apelo a nichos de clientes:** O posicionamento efetivo envolve visar valores específicos do consumidor - tais como saúde , sustentabilidade , ou exclusividade. Ao enfatizar atributos únicos, os negócios de aquacultura podem atrair e reter clientes interessados em produtos premium ou artesanais.

34.0 O Papel da Advocacia Política na Aquacultura Desenvolvimento

A defesa de políticas é crucial para moldar o futuro da indústria da aquacultura , influenciando a regulamentação, as oportunidades de financiamento e a perceção do público. Esta secção discute a importância da advocacia , as organizações líderes, o desenvolvimento de estratégias e o impacto da advocacia nas práticas da indústria.

Importância da advocacia para a aquicultura

- **Moldar a opinião pública e a regulamentação:** A advocacia desempenha um papel fundamental na informação do público e dos decisores políticos sobre os benefícios da aquacultura , incluindo a segurança alimentar , o emprego e a sustentabilidade . Ao representar as necessidades da indústria, os defensores ajudam a moldar regulamentos que incentivam o crescimento enquanto salvaguardam os padrões ambientais .
- **Assegurar o financiamento e o apoio:** A advocacia também influencia a atribuição de financiamento, promovendo os benefícios económicos e sociais da aquacultura . Através de campanhas de sensibilização do público e de lobbying , os defensores podem assegurar bolsas e subsídios para iniciativas de aquacultura sustentável .

Organizações que lideram a política de aquacultura

- **FAO, Global Aquaculture Alliance , e organismos nacionais:** A FAO (Organização para a Alimentação e a Agricultura) apoia práticas sustentáveis de aquacultura em todo o mundo, fornecendo orientações sobre métodos de cultivo responsáveis e quadros regulamentares . A Global Aquaculture Alliance promove as melhores práticas e programas de certificação , ajudando as empresas a cumprir as normas internacionais .
- **Organismos regionais e nacionais:** Cada país tem os seus grupos de defesa da aquacultura , como a Associação Nacional de Aquacultura nos EUA, que trabalham para influenciar as políticas locais, assegurar o financiamento e apoiar a investigação no sector para melhorar as práticas sustentáveis .

Criar uma estratégia de advocacia

- **Identificando as partes interessadas e formando alianças** : A defesa eficaz começa com a identificação das partes interessadas, como formuladores de políticas, organizações ambientais e líderes comunitários. A formação de alianças com organizações que pensam da mesma forma fortalece a defesa dos esforços, permitindo uma voz unificada para promover os objectivos da indústria.
- **Criação de planos de ação:** As estratégias de advocacia incluem frequentemente lobbying , campanhas de sensibilização do público e parcerias com instituições educativas para promover as contribuições económicas e ambientais da aquacultura . Os planos estratégicos ajudam

os defensores a dar prioridade às questões e a desenvolver objectivos mensuráveis.

Campanhas de sensibilização do público para a aquicultura

- **Ferramentas e estratégias:** As redes sociais , os comunicados de imprensa, os workshops educativos e os seminários públicos são ferramentas eficazes para aumentar a sensibilização para os benefícios da aquacultura . As campanhas de sensibilização do público podem contrariar as percepções negativas, fornecendo informações precisas sobre a sustentabilidade e as práticas de aquacultura responsáveis.
- **Transparência no sector** : Defender a transparência na aquacultura práticas cria confiança no público e encoraja as entidades reguladoras a apoiar a aquacultura responsável através de políticas favoráveis.

Impacto da advocacia nas políticas e práticas do sector

- **Estudos de caso em Advocacia de Sucesso** : Iniciativas como o programa de certificação do Aquaculture Stewardship Council (ASC) são o resultado de uma ação de sensibilização eficaz , que conduziu a normas ambientais mais rigorosas para a aquicultura em todo o mundo. Outro exemplo é a Política Comum das Pescas da União Europeia, que promove a aquicultura sustentável como parte de esforços mais alargados de gestão das pescas.

35.0 Blockchain e Rastreabilidade na Aquacultura

A tecnologia Blockchain , com o seu sistema de registo seguro e descentralizado, oferece um potencial transformador para a rastreabilidade , transparência e segurança na cadeia de abastecimento da aquacultura . Esta secção examina os conceitos básicos da cadeia de blocos, os seus benefícios, as percepções dos consumidores e estudos de casos reais .

Introdução à Blockchain para o Aquabusiness

- **Noções básicas de Blockchain** : Blockchain é um livro-razão digital que regista as transacções de forma segura e transparente, sendo cada transação verificada e armazenada numa rede descentralizada. Na aquicultura , o blockchain pode rastrear frutos do mar da fazenda à mesa, garantindo a precisão dos dados e aumentando a transparência .
- **Potencial para a aquicultura** : A cadeia de blocos é um sistema imutável de manutenção de registos que ajuda a evitar fraudes, fornece provas de origem e apoia os esforços de certificação . Ao aplicar a cadeia de blocos, as empresas de aquacultura podem melhorar a responsabilização , cumprir os requisitos regulamentares e criar confiança nos consumidores .

Melhorar a rastreabilidade e a transparência

- **Rastreamento de produtos da fazenda ao consumidor:** A Blockchain permite o rastreio em tempo real dos produtos do mar, permitindo que cada fase da cadeia de abastecimento seja registada e verificada. Este nível de rastreabilidade é inestimável para garantir a qualidade do produto , a segurança , e a conformidade com os regulamentos.

- **Transparência de dados melhorada** : Registos detalhados ajudam a verificar a sustentabilidade reivindicações, como a certificação orgânica ou práticas de comércio justo, facilitando aos consumidores e retalhistas a escolha de produtos que estejam de acordo com os seus valores.

Blockchain para a segurança da cadeia de abastecimento

- **Prevenir a fraude e garantir a qualidade dos produtos:** A tecnologia Blockchain pode reduzir a fraude na cadeia de abastecimento de produtos do mar , um problema comum com produtos mal rotulados ou de qualidade inferior. Ao criar um registo seguro e transparente, a cadeia de blocos impede a adulteração, garantindo que os produtos cumprem as normas de segurança e de qualidade .
- **Aumentar a transparência** : Blockchain permite aos consumidores e reguladores rastrear as origens do marisco, melhorando a responsabilização e encorajando práticas agrícolas responsáveis. Além disso, oferece uma solução para o problema da contrafação na indústria, que mina a confiança dos consumidores nos produtos da aquacultura .

Perceção dos consumidores sobre os produtos com tecnologia Blockchain

- **Criar confiança e fidelidade à marca:** A cadeia de blocos permite que os consumidores verifiquem a origem e a qualidade dos produtos do mar, aumentando a credibilidade da marca . Os consumidores preferem cada vez mais marcas que ofereçam transparência , o que a rastreabilidade possibilitada pela cadeia de blocos pode proporcionar.
- **Demanda por produtos transparentes:** O aumento da demanda dos consumidores por frutos do mar de origem ética e cultivados de forma sustentável torna o blockchain uma tecnologia atraente. Os consumidores vêem os produtos habilitados para blockchain como uma escolha confiável, impulsionando a demanda e a lealdade neste nicho de mercado.

Estudos de caso na aplicação Blockchain

- **Exemplos de empresas de aquacultura que utilizam a cadeia de blocos** : A plataforma Food Trust da IBM estabeleceu uma parceria com empresas de marisco para implementar a cadeia de blocos para rastrear o marisco em tempo real, permitindo aos consumidores ver todo o percurso da sua compra. Outro exemplo é a iniciativa da Thai Union em matéria de rastreabilidade baseada em cadeias de blocos , que rastreia o atum desde a captura até ao mercado, ajudando a garantir a integridade e a qualidade dos seus produtos do mar.
- **Impacto no sector:** Estes exemplos demonstram como a tecnologia blockchain aumenta a transparência e a rastreabilidade , apoiando práticas

sustentáveis e promovendo a confiança dos consumidores . À medida que a adoção da cadeia de blocos cresce, espera-se que estabeleça um novo padrão para a segurança da cadeia de abastecimento na aquacultura .

36.0 Aquicultura avançada Tecnologias de nutrição e alimentação

A nutrição e a alimentação são componentes críticos da aquicultura sustentável . Os avanços na tecnologia dos alimentos , nas fontes de proteínas e na alimentação de precisão estão a remodelar as práticas da indústria, melhorando a saúde dos peixes , o crescimento e minimizando o impacto ambiental .

Avanços nutricionais em aquacultura

- **Investigação de ponta sobre peixes Nutrição e saúde intestinal** : A nutrição moderna da aquacultura centra-se na compreensão das necessidades alimentares dos peixes para um crescimento ótimo , imunidade e resistência às doenças . A investigação revelou a importância dos aminoácidos essenciais, dos ácidos gordos, das vitaminas e dos probióticos para a saúde intestinal , a digestão e a absorção. Os avanços na nutrição funcional - utilizando aditivos alimentares como probióticos e prebióticos - ajudam a aumentar a imunidade e a resistência dos peixes , reduzindo a dependência de antibióticos .
- **Estudos sobre o microbioma intestinal:** Estudos sobre o microbioma intestinal dos peixes sugerem que um microbioma equilibrado melhora a digestão, a absorção de nutrientes e a resistência a agentes patogénicos, influenciando a formulação de rações e a inclusão de probióticos na aquacultura .

Inovações na tecnologia dos alimentos para animais

- **Rações de alto desempenho e baixo impacto:** As inovações visam criar alimentos que apoiem o crescimento rápido e a saúde ao mesmo tempo que minimizam a libertação de resíduos e nutrientes na água. As rações formuladas são concebidas para melhorar os rácios de conversão alimentar (FCR), o que significa que os peixes crescem mais rapidamente consumindo menos ração. Tecnologias como a microencapsulação garantem que os nutrientes são libertados apenas no trato digestivo dos peixes, melhorando a absorção e reduzindo o impacto ambiental .
- **Formulações sustentáveis para rações:** A tecnologia de rações também enfatiza ingredientes sustentáveis, utilizando recursos de baixo impacto que são renováveis ou obtidos com o mínimo de perturbação ecológica.

Fontes alternativas de proteínas na alimentação animal

- **Algas , proteínas de insectos, proteínas de origem vegetal e opções sintéticas** : A farinha de peixe convencional e o óleo de peixe , derivados de peixe selvagem, estão a ser substituídos por proteínas alternativas para apoiar a aquacultura sustentável . As proteínas à base de algas oferecem ácidos gordos essenciais, enquanto as proteínas de insectos provenientes de fontes como a mosca-soldado negra fornecem aminoácidos de alta qualidade. As proteínas de origem vegetal, incluindo a soja e as leguminosas, são cada vez mais populares, embora possam necessitar de transformação para reduzir os factores anti-nutricionais.

- **Opções de proteínas sintéticas** : Estão a surgir fontes de proteínas cultivadas em laboratório ou em cultura, oferecendo opções nutricionalmente adaptadas e amigas do ambiente. A investigação está a explorar métodos para produzir estas proteínas de forma económica e em grande escala.

Sistemas de alimentação de precisão

- **Alimentação automatizada Technologies:** Sistemas de alimentação automatizados e baseados em sensores fornecem alimentos com base no apetite, comportamento e fase de crescimento dos peixes . Sistemas de monitorização em tempo real , tais como câmaras e sensores subaquáticos , evitam a sobrealimentação, reduzem o desperdício e optimizam a utilização da ração. Estes sistemas permitem às explorações monitorizar as reacções dos peixes, reduzindo os custos de alimentação e o impacto ambiental .
- **Estratégias de Nutrição de Precisão:** A nutrição de precisão personaliza a composição da ração com base na espécie, na fase do ciclo de vida e nas condições específicas de cultivo. As ferramentas avançadas de análise de dados permitem ajustar a composição da ração, assegurando que os peixes recebem os nutrientes exactos necessários para uma saúde e um crescimento óptimos .

Implicações da investigação nutricional para as práticas da indústria

- **Reformulação das práticas de alimentação:** Os avanços na nutrição e na tecnologia de alimentação estão a transformar os padrões da indústria , encorajando uma menor dependência da farinha de peixe e aumentando a eficiência. A investigação nutricional também apoia a redução da pegada ambiental da aquacultura , minimizando a poluição por nutrientes , promovendo fontes de alimentação sustentáveis e melhorando o bem-estar dos peixes . Por exemplo, a nutrição de precisão melhora a eficiência dos recursos , enquanto a alimentação de alta qualidade contribui para populações de peixes mais saudáveis e resistentes.

37,0 Aquicultura e Biodiversidade Conservação

A conservação da biodiversidade é essencial na aquacultura , assegurando que as práticas agrícolas não prejudicam os ecossistemas locais e que a aquacultura contribui para a preservação da diversidade das espécies aquáticas .

Importância da Biodiversidade em Aquacultura

- **Apoiar a saúde dos ecossistemas e a resiliência** : A biodiversidade fornece serviços ecossistémicos , incluindo a purificação da água , o ciclo de nutrientes e o controlo natural de doenças , que são fundamentais para a saúde da aquicultura . Os sistemas aquáticos diversificados são mais resistentes às doenças e às pressões ambientais, o que torna a biodiversidade essencial para uma aquicultura sustentável .
- **Recursos genéticos:** A diversidade genética dentro das espécies utilizadas na aquacultura é essencial para os programas de melhoramento , uma vez que proporciona adaptabilidade a ambientes em mudança e resiliência contra doenças, contribuindo para a sustentabilidade a longo prazo da indústria.

Conservação Práticas em Aquacultura

- **Biodiversidade -Técnicas de cultivo amigáveis:** Técnicas como a policultura e a aquacultura multitrófica integrada (IMTA) combinam espécies que utilizam diferentes partes do ecossistema, imitando os processos naturais. Esta abordagem aumenta a biodiversidade, proporcionando habitat para várias espécies e reduzindo o impacto ecológico da agricultura monoespecífica.
- **Restauração e Preservação de Habitats:** Algumas práticas de aquacultura centram-se na preservação de habitats naturais, como os mangais, que são cruciais para a biodiversidade . As operações de aquacultura sustentável evitam a limpeza de áreas sensíveis e utilizam a restauração ecológica para mitigar qualquer impacto no habitat s.

Diversidade genética e conservação das espécies

- **Proteção da genética das espécies selvagens** : Conservação -focada na aquacultura enfatiza a importância da diversidade genética nas espécies cultivadas. Por exemplo, os programas de reprodução selectiva que têm em conta a diversidade genética podem evitar a depressão endogâmica, tornando as populações cultivadas mais resistentes. Evitar a homogeneização genética nas práticas de reprodução ajuda a prevenir a perda de caraterísticas únicas nas espécies selvagens, o que é vital para a conservação.
- **Conservação Programas de reprodução** : Os programas de conservação centrados em espécies ameaçadas, como certos peixes e moluscos , utilizam a aquacultura para reconstituir os stocks naturais, apoiando o equilíbrio do ecossistema e a preservação das espécies.

Normas regulamentares para a biodiversidade Conservação

- **Conformidade e Boas Práticas** : As normas regulamentares em aquacultura visam proteger a biodiversidade estabelecendo limites à introdução de espécies, à gestão de resíduos e à conservação de habitats .

As políticas exigem frequentemente avaliações de impacto para avaliar o potencial impacto ambiental s, e muitas regiões estabeleceram certificações de biodiversidade para explorações que seguem práticas de conservação .

- **Diretrizes Nacionais e Internacionais** : Organizações como a FAO, juntamente com organismos nacionais, fornecem diretrizes que incentivam práticas favoráveis à biodiversidade , e os regulamentos alinham-se frequentemente com acordos internacionais de conservação para proteger ecossistemas sensíveis .

Casos de estudo da Biodiversidade -Aquicultura focalizada

- **Exemplos de Biodiversidade -Primeiros Projectos:** Projectos como as quintas IMTA no Canadá, onde são cultivadas várias espécies para imitar um ecossistema natural, demonstram práticas amigas da biodiversidade . Da mesma forma, no Brasil, o Projeto de Conservação do Arapaima utiliza métodos de reprodução sustentáveis para proteger espécies de peixes em perigo de extinção, ao mesmo tempo que gera rendimentos para as comunidades locais.

38,0 Saúde pública e aquicultura

A aquicultura contribui significativamente para a segurança alimentar e para a nutrição global, mas deve ser gerida de forma a garantir a segurança alimentar , evitar riscos para a saúde pública e promover práticas agrícolas responsáveis.

Aquicultura 's Role in Food Security and Nutrition

- **Contribuição para o abastecimento global de proteínas:** Aquicultura é uma importante fonte de proteínas, fornecendo mais de metade dos produtos do mar do mundo. Fornece alimentos acessíveis e ricos em nutrientes e satisfaz a procura crescente de proteínas, uma vez que os peixes selvagens estão cada vez mais sob pressão.
- **Nutrientes essenciais no marisco:** O marisco oferece nutrientes essenciais, incluindo ácidos gordos ómega 3 , vitaminas e minerais, que são vitais para a saúde humana . A aquacultura apoia a segurança alimentar ao tornar estes nutrientes mais acessíveis a populações com acesso limitado a marisco selvagem.

Saúde pública Riscos e medidas preventivas

- **Gestão de antibióticos e produtos químicos:** A utilização responsável de antibióticos e produtos químicos na aquicultura é fundamental para reduzir os riscos para a saúde pública . O uso excessivo de antibióticos pode levar ao aparecimento de bactérias resistentes, o que representa um risco para a saúde humana . As medidas preventivas, como a melhoria da biossegurança , as vacinas e as rações enriquecidas com probióticos, minimizam a necessidade de antibióticos.

- **Biossegurança Protocolos:** Protocolos eficazes de biossegurança previnem a propagação de doenças dentro e entre explorações, salvaguardando tanto a saúde dos peixes como a saúde pública . Os controlos sanitários regulares , o isolamento das unidades populacionais doentes e os sistemas de água controlados são práticas correntes na prevenção de surtos de doenças .

Garantir a Segurança Alimentar na Aquacultura Produtos

- **Normas de qualidade e práticas de manuseamento:** Para garantir a segurança alimentar , as operações de aquacultura devem seguir normas rigorosas de higiene e manuseamento, desde a colheita até à transformação. O sistema de Análise de Perigos e Pontos Críticos de Controlo (HACCP) e a certificação Global GAP são sistemas de segurança alimentar amplamente adoptados na aquicultura.
- **Certificação e rastreabilidade** : Certificações como o Aquaculture Stewardship Council (ASC) e o Best Aquaculture Practices (BAP) fornecem rastreabilidade, garantindo que os consumidores recebem marisco seguro e de alta qualidade. Estas certificações também validam práticas sustentáveis , reforçando a confiança do público.

Papel da aquicultura na prevenção da sobrepesca

- **Reduzir a pressão sobre as unidades populacionais selvagens:** Ao fornecer uma fonte alternativa de produtos do mar, a aquicultura alivia a pressão da pesca sobre as unidades populacionais selvagens sobreexploradas, permitindo a recuperação das populações naturais de peixes . A aquicultura sustentável reduz o impacto ambiental da sobrepesca , apoiando o equilíbrio do ecossistema e a biodiversidade .
- **Promoção de práticas sustentáveis** : Práticas como a cultura de moluscos e a produção de algas contribuem para a restauração ecológica e podem apoiar indiretamente a pesca selvagem, melhorando a qualidade da água e fornecendo estruturas de habitat .

Educação do consumidor sobre a aquicultura 's Health Benefits

- **Promover o valor nutricional do marisco de viveiro:** Educar os consumidores sobre os benefícios para a saúde do marisco cultivado pode promover a aceitação e a preferência por produtos cultivados de forma responsável. A aquacultura oferece opções alimentares ricas em nutrientes com menor impacto ambiental do que a pecuária tradicional, posicionando-a como uma opção alimentar sustentável.
- **Abordar as ideias erradas:** As iniciativas de educação pública ajudam a dissipar as ideias erradas sobre a qualidade do marisco de viveiro e o impacto ambiental s, promovendo um maior apoio dos consumidores à aquacultura sustentável . Os programas enfatizam frequentemente os

avanços na tecnologia de alimentação , biossegurança e certificação que garantem produtos seguros e nutritivos.

39.0 Governação empresarial no sector aquático

A governação empresarial na aquicultura estabelece estruturas e práticas que asseguram a transparência , a responsabilidade e o comportamento ético, que são cruciais para criar confiança junto das partes interessadas e aumentar a confiança dos investidores .

Princípios de governação empresarial na aquicultura

- **Transparência** : Práticas transparentes envolvem uma comunicação clara relativamente ao desempenho financeiro, impactos operacionais e processos de tomada de decisão . A transparência é essencial para promover a confiança dos investidores, dos reguladores e do público.
- **Responsabilidade** : Responsabilidade em aquacultura governação significa estabelecer controlos e equilíbrios que garantam que os decisores aderem às normas legais e às práticas éticas. A responsabilidade implica também a avaliação do desempenho em relação aos objectivos declarados e a garantia de que a gestão é responsável perante os acionistas e outras partes interessadas.
- **Envolvimento das partes interessadas** : O envolvimento das partes interessadas, desde os investidores às comunidades locais, é essencial no sector aquático. Estruturas de governação que incluam as perspectivas das partes interessadas, particularmente sobre o impacto ambiental e social s, ajudam a alinhar as práticas comerciais com os valores da comunidade e as expectativas regulamentares.

Construir uma cultura ética do aquabusiness

- **Códigos de Conduta e Liderança Ética** : Os códigos de conduta definem o comportamento aceitável e promovem a integridade em todos os níveis da empresa. A liderança ética na empresa incentiva uma cultura de responsabilidade e integridade, influenciando as práticas operacionais e as interações com as partes interessadas.
- **Estruturas de governação:** Estruturas de governação eficazes incluem frequentemente comités de auditoria, avaliação de riscos , e sustentabilidade , que asseguram que as orientações éticas são integradas em todas as facetas do negócio. Estas estruturas ajudam a mitigar os riscos, a manter os padrões e a reforçar a conduta ética como uma pedra angular das operações comerciais.

Governação para empresas aquáticas familiares e empresariais

- **Empresas familiares de aquacultura:** As empresas familiares dão frequentemente prioridade aos objectivos a longo prazo, ao impacto na comunidade e à reputação em detrimento dos lucros a curto prazo. As estruturas de governação podem ser menos formais, baseando-se mais na tomada de decisões e nos valores da família, o que pode trazer flexibilidade, mas também desafios com o planeamento da sucessão e a transparência operacional .

- **Empresas de aquacultura:** As empresas de aquacultura de maior dimensão e de capital aberto exigem estruturas de governação mais formais , incluindo conselhos de administração e comissões executivas. Estas empresas enfrentam maiores expectativas de transparência e responsabilidade por parte dos investidores, dos organismos reguladores e do público, pelo que devem aderir a práticas rigorosas de governação empresarial .

Governo das sociedades e confiança dos investidores

- **Impacto no interesse dos investidores:** Uma boa governação empresarial garante aos investidores o empenho da empresa em práticas éticas, gestão de riscos e previsão estratégica. As empresas com uma governação sólida estão mais bem posicionadas para atrair investidores centrados nos princípios ambientais, sociais e de governação (ESG).
- **Sustentabilidade e mitigação de riscos:** Os investidores procuram cada vez mais empresas com práticas sustentáveis , considerando a governação eficaz como um sinal de estabilidade a longo prazo. Uma informação clara sobre o impacto ambiental s, a adesão à responsabilidade social e a transparência na tomada de decisões contribuem para a confiança dos investidores .

Estudos de casos em práticas de governação eficazes

- **Exemplos de governação forte:** Empresas como a Grieg Seafood e a Mowi (Marine Harvest) são conhecidas por implementarem práticas de governação que dão ênfase à transparência e à sustentabilidade . A Grieg Seafood, por exemplo, inclui a responsabilidade ambiental como uma parte essencial da sua governação, apresentando regularmente relatórios sobre os indicadores de sustentabilidade. A Mowi dá ênfase à responsabilidade empresarial , proporcionando transparência sobre o seu impacto ambiental e social através de relatórios públicos alargados.

40.0 Igualdade de género e inclusão no aquabusiness

A indústria da aquacultura , tal como muitos sectores, enfrenta desafios para alcançar a igualdade de género . A promoção de um local de trabalho inclusivo promove perspectivas diversas, o que pode levar a uma maior inovação e a um melhor desempenho financeiro.

Dinâmica atual do género na aquacultura

- **Visão geral dos papéis e da representação:** A representação das mulheres na aquacultura varia consoante a região e o tipo de trabalho, com uma sub-representação nos cargos de liderança e nas posições técnicas. As mulheres são mais frequentemente encontradas em funções como a transformação, onde o trabalho é menos visível e frequentemente menos remunerado. A presença limitada de mulheres em posições de topo realça a necessidade de políticas mais inclusivas.

- **Variações geográficas e culturais:** As normas culturais têm um impacto significativo na participação das mulheres na aquacultura . Em regiões onde os papéis de género são tradicionalmente definidos, as mulheres podem enfrentar barreiras adicionais à entrada e à progressão na indústria.

Criar ambientes de trabalho inclusivos

- **Estratégias de contratação, formação e promoção:** As práticas de contratação inclusivas centram-se na igualdade de oportunidades e no combate a preconceitos inconscientes no recrutamento . Programas de formação que incentivam o desenvolvimento de competências em áreas como a piscicultura , aquacultura tecnologia e gestão ajudam a aumentar a representação das mulheres em todas as funções. A promoção de mulheres para cargos de liderança também serve como modelo de inclusão .
- **Políticas de apoio e disposições de trabalho flexíveis:** As políticas de equilíbrio entre a vida profissional e familiar, tais como horários flexíveis e licença parental, são essenciais para apoiar a inclusão do género . É igualmente fundamental proporcionar um ambiente de trabalho seguro e favorável, com políticas claras de combate à discriminação e ao assédio.

Benefícios Económicos da Igualdade de Género no Aquabusiness

- **Impacto na inovação e na rendibilidade** : A investigação mostra que equipas diversificadas promovem a inovação, trazendo perspectivas únicas que podem levar a uma melhor resolução de problemas e produtividade. As equipas com diversidade de género contribuem para o crescimento organizacional aumentando a criatividade , melhorando a tomada de decisões e promovendo uma cultura inclusiva que atrai e retém talentos.
- **Maior atração pelo mercado:** A diversidade de género na aquacultura também pode levar a produtos que satisfaçam melhor as necessidades de uma base de consumidores mais ampla, uma vez que as equipas diversificadas têm mais probabilidades de compreender e responder à procura variada do mercado s .

Desafios à inclusão do género

- **Barreiras culturais e disparidades salariais:** Os papéis tradicionais de género, especialmente nas zonas rurais, podem limitar a participação das mulheres na aquacultura . A disparidade salarial entre homens e mulheres continua a ser um obstáculo, ocupando as mulheres frequentemente posições menos remuneradas no sector.

- **Acesso a recursos e formação:** As mulheres podem ter menos acesso a recursos tais como capital, formação e tecnologia, o que limita a sua capacidade de avançar ou iniciar os seus próprios empreendimentos de aquacultura . Os programas que apoiam especificamente as mulheres no acesso a estes recursos podem ajudar a colmatar esta lacuna.

Estudos de caso em Aquacultura com Inclusão de Género

- **Histórias de sucesso de empresas inclusivas:** Organizações como a Women in Aquaculture defendem o envolvimento das mulheres no sector. Empresas como a Regal Springs deram passos significativos ao promover a igualdade de género , ao apoiar as mulheres na liderança e ao estabelecer a inclusão como parte da sua cultura empresarial. Estas empresas demonstram que as políticas de inclusão de género contribuem para um ambiente de trabalho positivo e para uma melhor reputação da empresa.

41,0 Áreas Marinhas Protegidas (AMP) e Aquacultura

As Áreas Marinhas Protegidas (AMP) são zonas designadas com o objetivo de conservar a biodiversidade marinha , e a sua relação com a aquicultura apresenta tanto oportunidades como desafios .

Compreender as Áreas Marinhas Protegidas

- **Definições e tipos de AMPs:** As AMP são regiões onde a atividade humana é restringida para proteger os ecossistemas marinhos e a biodiversidade . Os tipos de AMP variam, desde reservas marinhas totalmente protegidas a zonas de utilização múltipla onde são permitidas determinadas actividades, incluindo a aquicultura regulamentada . As AMP são fundamentais para manter os ecossistemas marinhos saudáveis , salvaguardar a biodiversidade e proteger os habitats da sobre-exploração.
- **Papel na conservação** : As AMP contribuem para a preservação de espécies ameaçadas, a proteção de habitats críticos como os recifes de coral e a recuperação de unidades populacionais sobreexploradas. Actuam como refúgios onde a vida marinha pode prosperar, beneficiando as zonas circundantes através do apoio à biodiversidade e à resiliência dos ecossistemas .

Coexistência de aquacultura e conservação Zonas

- **Oportunidades nas AMPs:** A aquacultura regulamentada dentro das AMP pode apoiar os esforços de conservação fornecendo opções sustentáveis de produtos do mar que reduzem a pressão da pesca sobre as unidades populacionais selvagens. Práticas sustentáveis de aquacultura , como a cultura de algas e de marisco , oferecem opções de baixo impacto que podem complementar os objectivos de conservação.
- **Desafios e conflitos:** O funcionamento da aquicultura nas AMP requer uma gestão cuidadosa para evitar a poluição , a perturbação do habitat e a

perda de biodiversidade . A aquicultura intensiva, em especial de peixes carnívoros , pode entrar em conflito com os objectivos de conservação , o que suscita a necessidade de orientações rigorosas para garantir a sustentabilidade .

Considerações regulamentares sobre a aquicultura nas AMPs

- **Conformidade com os regulamentos das AMP:** As operações de aquacultura dentro ou perto das AMP devem cumprir regulamentos rigorosos, que podem incluir limites às espécies cultivadas, gestão de resíduos e normas de qualidade da água . O cumprimento de regulamentos como a avaliação do impacto ambiental s (EIAs) garante que a aquacultura não prejudica os objectivos de conservação da AMP .
- **Certificações focadas na conservação :** Certificações como o Aquaculture Stewardship Council (ASC) e o Marine Stewardship Council (MSC) incluem frequentemente requisitos específicos para as AMPs, assegurando que as práticas de aquacultura se alinham com as prioridades de conservação. Estas certificações oferecem um enquadramento para a conformidade ambiental e práticas de aquacultura responsáveis.

Estudos de caso da aquicultura dentro ou perto das AMP

- **Exemplos e lições aprendidas:** Na Noruega, as explorações de salmão regulamentadas perto das AMP implementam práticas rigorosas de gestão de resíduos e de monitorização para proteger a biodiversidade marinha local . Outro exemplo é o da Austrália, onde a cultura de algas nas zonas de AMP ajuda a absorver nutrientes, reduzindo a poluição e beneficiando o ecossistema.
- **Histórias de Sucesso e Conservação Benefícios:** Estudos de caso demonstram que, com regulamentação e gestão adequadas, a aquacultura dentro ou perto de AMPs pode coexistir com objectivos de conservação. As parcerias entre agências governamentais, grupos de conservação e empresas de aquacultura são essenciais para a gestão de operações que respeitem os limites ambientais e proporcionem benefícios económicos .

42,0 Iniciativas de educação e sensibilização dos consumidores

1. Importância de educar os consumidores sobre a aquicultura

- **Abordar as ideias erradas e promover os benefícios**: O conhecimento dos consumidores sobre a aquacultura é frequentemente afetado por ideias erradas, incluindo preocupações sobre o impacto ambiental , a segurança alimentar e a qualidade do produto . A educação pode desempenhar um papel fundamental na resolução destes equívocos, enfatizando os benefícios ambientais da aquacultura sustentável práticas , tais como a redução da dependência da pesca de captura selvagem e a diminuição da pegada de carbono . Educar os consumidores sobre os benefícios para a saúde , como o elevado teor de ómega 3 dos peixes de viveiro , e o papel da aquicultura na satisfação da procura global de alimentos pode ajudar a mudar as percepções e a criar apoio para os produtos da aquicultura .

2. Conceber programas de educação do consumidor

- **Mensagens-chave, canais e métodos de envolvimento**: Programas eficazes de educação do consumidor devem comunicar claramente os benefícios da aquacultura , as práticas sustentáveis , as garantias de segurança alimentar e o impacto ambiental . As principais mensagens podem incluir a sustentabilidade , o valor nutricional e os esforços para minimizar os danos ambientais. Os canais podem ir desde as redes sociais campanhas, blogues e conteúdos de vídeo, até eventos públicos e quiosques de informação nas lojas. O envolvimento dos consumidores através de métodos interactivos como testes de sabor, demonstrações culinárias e sessões de perguntas e respostas com especialistas em aquacultura pode ter impacto na mudança de percepções e na promoção da compreensão.

3. Aproveitamento dos meios de comunicação social para a aquicultura Sensibilização

- **Papel das redes sociais, documentários e divulgação pública**: As plataformas de redes sociais são inestimáveis para partilhar os benefícios da aquacultura e abordar mitos comuns através de conteúdos facilmente acessíveis e partilháveis. Os documentários fornecem uma visão aprofundada, explicando questões complexas como a sustentabilidade práticas, considerações éticas , e os impactos positivos da aquacultura nas economias locais. Iniciativas de sensibilização do público - tais como eventos comunitários , dias abertos à indústria e visitas públicas às explorações - podem proporcionar transparência e criar confiança entre os consumidores, mostrando em primeira mão como a aquacultura funciona de forma responsável.

4. Parcerias educativas e colaborações

- **Trabalhar com escolas, ONGs e parceiros da indústria alimentar**: As parcerias com instituições de ensino, ONGs e empresas da indústria alimentar podem alargar o alcance da educação dos consumidores . A colaboração com as escolas para incluir tópicos de aquacultura em estudos científicos ou ambientais pode educar as gerações futuras sobre práticas sustentáveis . As ONGs centradas na sustentabilidade podem dar credibilidade e ajudar a reforçar as mensagens sobre o papel da aquacultura na conservação . A parceria com actores da indústria alimentar, como restaurantes ou cadeias de supermercados, permite que os esforços de educação vão ao encontro dos consumidores onde estes fazem as suas escolhas alimentares.

5. **Avaliação do impacto das campanhas de sensibilização**
    - **Métricas para o sucesso e exemplos de campanhas com impacto**: Avaliar a educação do consumidor iniciativas envolve a definição de objectivos claros e o acompanhamento de métricas como o envolvimento do consumidor, mudanças no comportamento de compra e mudanças na opinião pública. As métricas podem incluir respostas a inquéritos, análises de redes sociais e dados de vendas de produtos de aquacultura . Exemplos de sucesso incluem campanhas que aumentaram a procura de produtos de aquacultura sustentável ou melhoraram a perceção pública através de rotulagem transparente e programas de rastreabilidade .

43.0 Segurança alimentar Normas e garantia de qualidade

1. **Segurança Alimentar Global Normas para a Aquacultura**
    - **Visão geral das normas ISO , HACCP , e outras normas de segurança alimentar** : As principais normas globais como a ISO 22000 e a Análise de Perigos e Pontos Críticos de Controlo (HACCP) fornecem uma estrutura para gerir os riscos de segurança alimentar na aquacultura . Estas normas garantem que os produtores seguem as melhores práticas em áreas como a qualidade da água , a segurança dos alimentos e a prevenção da contaminação. A conformidade com estas normas é essencial para aceder aos mercados internacionais , e requerem frequentemente auditorias regulares para verificar as práticas de segurança alimentar.
2. **Implementação de programas de garantia de qualidade**
    - **Passos para a criação de sistemas eficazes de gestão da qualidade**: Programas eficazes de garantia de qualidade em aquacultura incluem a criação de procedimentos para monitorização regular, documentação e acções corretivas. O controlo de qualidade começa com a avaliação das entradas, como a qualidade da água e da alimentação, e estende-se a todo o processo de produção. A formação contínua dos funcionários, protocolos claros e auditorias de qualidade regulares são fundamentais para manter padrões elevados e identificar potenciais riscos antes que estes afectem a segurança alimentar .
3. **Conformidade regulamentar em segurança alimentar**
    - **Navegando pela conformidade em diferentes regiões**: A conformidade com os regulamentos de segurança alimentar varia consoante a região, com os países a terem frequentemente diretrizes específicas para a importação e exportação de produtos de aquacultura . Os produtores devem manter-se informados sobre as normas regulamentares de cada região que servem, incluindo requisitos de rotulagem, utilização permitida

de produtos químicos e limites de agentes patogénicos. Além disso, manter-se a par das actualizações das normas internacionais e dos acordos comerciais é crucial para manter o acesso aos mercados globais.

4. **Rastreabilidade nos programas de segurança alimentar**
   - **Garantir a qualidade através da cadeia de abastecimento**: Rastreabilidade sistemas, que acompanham o percurso dos produtos desde a incubadora até ao consumidor, são essenciais para identificar a fonte de qualquer contaminação e para garantir a qualidade em toda a cadeia de abastecimento . Tecnologias como blockchain , códigos QR e etiquetas de identificação por radiofrequência (RFID) permitem o rastreamento em tempo real, o que ajuda a manter a transparência , garantir a responsabilidade e aumentar a confiança do consumidor nos produtos da aquicultura .
5. **Estudos de caso em Segurança Alimentar Excelência**
   - **Exemplos de empresas conhecidas pelas suas práticas de segurança alimentar** : As empresas que se destacam na segurança alimentar incluem aquelas que implementam sistemas inovadores de rastreabilidade ou medidas rigorosas de controlo de qualidade . Por exemplo, algumas fazendas de aquicultura utilizam blockchain para transparência , permitindo que os consumidores acessem informações detalhadas sobre as origens do produto. Estudos de caso de práticas exemplares de segurança alimentar ajudam a estabelecer referências no sector e demonstram a importância de aderir a padrões elevados .

44.0 Empreendedorismo em espécies aquáticas emergentes

1. **Oportunidades no domínio das espécies aquáticas emergentes**
   - **Potencial de espécies subutilizadas (por exemplo, tilápia , perca-gigante)**: Existe um potencial significativo na criação de espécies subutilizadas , como a tilápia, a perca-gigante e certos mariscos , que são bem adaptadas à aquacultura e têm uma procura crescente. Estas espécies podem ser cultivadas em diversos ambientes e oferecem alternativas proteicas sustentáveis, proporcionando oportunidades para diversificar a oferta de aquacultura e reduzir a pressão sobre as espécies tradicionais.
2. **Desafios da cultura de novas espécies**
   - **Desafios tecnológicos, ecológicos e de mercado** : A criação de novas espécies apresenta desafios como a adaptação de tecnologias para um crescimento optimizado condições, a abordagem de potenciais impactos ambientais s e a superação do desconhecimento do mercado. É necessário desenvolver protocolos de alimentação específicos para cada espécie, tecnologias de reprodução e gestão de doenças , bem como estratégias de

entrada no mercado adaptadas às preferências dos consumidores e aos quadros regulamentares .

3. **Investigação e desenvolvimento de espécies emergentes**
   - **Importância da inovação e da experimentação**: A investigação e o desenvolvimento são essenciais para compreender as necessidades específicas das novas espécies e aumentar a sua viabilidade na aquicultura . As inovações nas técnicas de reprodução, como a reprodução selectiva e o melhoramento genético , , bem como o desenvolvimento de alimentos rentáveis, são fundamentais para aumentar a eficiência e a rentabilidade das espécies emergentes .

4. **Desenvolvimento de mercados para novas espécies**
   - **Estratégias de marketing e educação do consumidor**: A criação de procura de novas espécies envolve estratégias de marketing direcionadas e educação do consumidor para realçar a sua versatilidade culinária, benefícios nutricionais e produção sustentável. O envolvimento de chefes e influenciadores, bem como o fornecimento de receitas e demonstrações culinárias, pode ajudar a aumentar o interesse do consumidor e estabelecer estas espécies no mercado.

5. **Histórias de sucesso de empresários de espécies emergentes**
   - **Perfis de pioneiros na aquicultura de novas espécies** : Histórias de sucesso de empresários que introduziram novas espécies, como a tilápia ou a perca-gigante, mostram o potencial de rentabilidade e sustentabilidade neste domínio. Estes pioneiros tiram frequentemente partido do marketing de nicho , de uma marca forte e de redes de distribuição sólidas para estabelecer novos produtos no mercado da aquicultura.

45.0 Tecnologia e inovação futuras Horizontes

1. **Fronteiras da Aquacultura Tecnologia**
   - **Inteligência Artificial, Robótica , e Biotecnologia Inovações**: As tecnologias emergentes , incluindo a inteligência artificial (IA) e a robótica, estão a transformar a aquicultura , permitindo uma agricultura de precisão, optimizando as práticas de alimentação e monitorizando a qualidade da água em tempo real. Os avanços biotecnológicos, como as estirpes resistentes a doenças e a otimização da alimentação, aumentam ainda mais a produtividade e a sustentabilidade .

2. **Avanços nas tecnologias de reprodução**
   - **Edição genética, CRISPR , e hibridação Avanços**: As tecnologias de reprodução como o CRISPR e a hibridação selectiva estão a tornar possível melhorar as taxas de crescimento , a resistência a doenças e a resiliência ambiental nas espécies cultivadas. Estas inovações são

promissoras para criar espécies de aquacultura mais robustas e eficientes , o que é crucial para aumentar a produção de forma sustentável.

3. **Aquicultura da próxima geração Sistemas**
   - **Aquacultura offshore , agricultura vertical e sistemas integrados:** Os sistemas de aquacultura da próxima geração incluem a agricultura offshore, que tira partido dos recursos do oceano aberto; a agricultura vertical , que optimiza a utilização do espaço e dos recursos; e a aquacultura multitrófica integrada , em que espécies como os peixes e as algas são cultivadas em conjunto para criar ecossistemas simbióticos e redutores de resíduos .
4. **Análise preditiva e ferramentas de tomada de decisão**
   - **Ferramentas baseadas em dados para planeamento estratégico e operações:** A análise preditiva , utilizando dados de sensores e padrões históricos, ajuda os operadores de aquacultura a tomar decisões mais informadas relativamente a horários de alimentação , colheita e gestão de riscos . Estas ferramentas melhoram a eficiência operacional , reduzem os custos e minimizam a pegada ambiental.
5. **Implicações das futuras tecnologias para o sector aquático**
   - **Impacto na rendibilidade , na sustentabilidade , e na eficiência:** As tecnologias do futuro prometem aumentar a rendibilidade através da redução dos custos dos factores de produção, da melhoria da qualidade dos produtos e da criação de novas oportunidades de mercado. Promovem igualmente a sustentabilidade, melhorando a eficiência dos recursos e reduzindo o impacto ambiental s. No entanto, requerem investimentos e conhecimentos significativos, o que sublinha a necessidade de mão de obra qualificada e de uma transferência de tecnologia eficaz.

46,0 Aquicultura de precisão e agricultura inteligente

1. **Introdução à Aquacultura de Precisão**
   - **Definição e importância da agricultura de precisão na aquicultura** : A aquacultura de precisão é uma abordagem tecnológica que optimiza a produção através da utilização de ferramentas avançadas para monitorizar e gerir vários aspectos do ambiente de cultivo. Centra-se na tomada de decisões baseada em dados e na monitorização em tempo real para aumentar a eficiência dos recursos , melhorar o bem-estar dos animais e aumentar a rentabilidade . A agricultura de precisão na aquicultura ajuda os agricultores a otimizar a alimentação, a qualidade da água , e as condições de crescimento , conduzindo a um aumento da produtividade e da sustentabilidade ambiental .
2. **Tecnologias-chave para a aquicultura de precisão**

- **Sensores , Drones , Análise de dados , e Monitorização por satélite** : Várias tecnologias desempenham um papel central na aquacultura de precisão . Os sensores são utilizados para monitorizar continuamente parâmetros ambientais como a temperatura , o pH , o oxigénio dissolvido e os níveis de amoníaco, que são críticos para a saúde dos peixes . Os drones fornecem informações aéreas sobre as condições dos tanques e recintos, enquanto a análise de dados e os algoritmos de aprendizagem automática analisam os dados recolhidos para identificar padrões e prever resultados. A monitorização por satélite ajuda a avaliar zonas maiores de aquacultura , garantindo condições óptimas em todas as áreas de cultivo.

3. Implementação de sistemas de monitorização em tempo real

- **Aplicações para a qualidade da água , comportamento dos peixes e rastreio da saúde** : Os sistemas de monitorização em tempo real são essenciais para garantir a qualidade ideal da água , observar o comportamento dos peixes e acompanhar os indicadores de saúde. Esses sistemas usam sensores habilitados para IoT e câmeras que alimentam dados em plataformas centralizadas, permitindo que os agricultores monitorem remotamente e respondam a mudanças na qualidade da água ou na saúde dos peixes imediatamente. Dados em tempo real sobre o comportamento dos peixes, como padrões de alimentação e movimento, permitem uma alimentação precisa, reduzindo o desperdício e melhorando o crescimento eficiência.

4. Otimização das operações agrícolas com dados

- **Utilização de análises para eficiência alimentar, taxas de crescimento e colheita** : A análise de dados permite aos agricultores tomar decisões informadas relativamente à gestão da alimentação , que afecta diretamente as taxas de crescimento e a rentabilidade da operação. Ao analisar os dados sobre o consumo de ração e os rácios de conversão, os agricultores podem ajustar os horários de alimentação e as quantidades para melhorar as taxas de crescimento e minimizar o desperdício. A análise também ajuda a determinar os melhores momentos de colheita com base em dados de crescimento, procura do mercado , e projecções de rentabilidade , maximizando o rendimento e as receitas.

5. Estudos de caso em Aquacultura de Precisão

- **Exemplos de explorações que utilizam tecnologias inteligentes para aumentar a produtividade**: Numerosas explorações de aquacultura em todo o mundo adoptaram tecnologias de precisão com resultados significativos. Por exemplo, as explorações de salmão na Noruega utilizam sistemas de alimentação orientados por IA que reduzem o desperdício e aumentam a eficiência do crescimento . Do mesmo modo, as explorações de camarão no Sudeste Asiático utilizaram a monitorização em tempo real da qualidade da água para prevenir surtos de doenças , o que resultou em taxas de sobrevivência e rentabilidade mais elevadas .

47.0 Dinâmica e regulamentação do comércio transfronteiriço

1. Compreender o comércio transfronteiriço no sector da aquicultura

- **Principais rotas comerciais e principais centros de importação/exportação** : Aquacultura Os produtos são comercializados internacionalmente, com volumes significativos a circular entre a Ásia, a América do Norte e a Europa. A Ásia é um grande exportador, com países como a China, o Vietname e a Tailândia a liderarem a produção de marisco, enquanto os Estados Unidos e a União Europeia são grandes importadores. Compreender estas rotas e a logística envolvida é essencial para os exportadores acederem eficazmente a mercados de elevada procura .

2. Navegar nas pautas e nos acordos comerciais

- **Perspectivas sobre pautas , zonas de comércio livre e acordos bilaterais**: As tarifas e os acordos comerciais têm um grande impacto na rentabilidade do comércio transfronteiriço na aquicultura . Acordos como o USMCA (Acordo Estados Unidos-México-Canadá) e o CPTPP (Acordo Abrangente e Progressivo para a Parceria Trans-Pacífico) reduzem as tarifas e abrem novas oportunidades de mercado. Para os exportadores, é crucial compreender os calendários pautais e utilizar os acordos comerciais que oferecem tratamento preferencial para mercados específicos, reduzindo as barreiras comerciais e aumentando a competitividade.

3. Logística do comércio internacional de produtos do mar

- **Transporte, gestão da cadeia de frio , e conformidade aduaneira** : O sucesso do comércio de produtos do mar depende de uma logística eficiente e da gestão da cadeia de frio para manter a qualidade do produto . Os modos de transporte variam consoante o destino e o prazo de validade dos produtos, e a manutenção de uma cadeia de frio robusta é essencial para evitar a deterioração. A conformidade aduaneira é outra componente crítica, exigindo documentação adequada , rotulagem e adesão às normas de segurança alimentar , que podem variar consoante os países importadores.

4. Barreiras comerciais e incentivos à exportação

- **Enfrentar os desafios e capitalizar os incentivos**: As barreiras comerciais , tais como regulamentos rigorosos e tarifas elevadas , podem limitar o acesso ao mercado para as empresas de aquacultura . No entanto, os incentivos, como os subsídios à exportação e os benefícios fiscais, encorajam as empresas de aquicultura a participar nos mercados internacionais . Enfrentar estes desafios e tirar partido dos programas governamentais pode ser benéfico para reduzir os custos e facilitar o crescimento em novos mercados.

5. Estudos de casos sobre o sucesso do comércio internacional

- **Perfis de empresas de aquacultura que navegam com sucesso no comércio global**: Empresas como a Marine Harvest (atualmente Mowi) conseguiram navegar com sucesso nos mercados internacionais aderindo a normas elevadas e gerindo eficazmente a cadeia de abastecimento s . Os exportadores vietnamitas também conseguiram cumprir as rigorosas normas de segurança alimentar da UE, o que lhes permitiu estabelecer uma forte presença no mercado europeu.

48.0 Analisar o comportamento do consumidor em Aquacultura Mercados

1. Importância do comportamento do consumidor Análise

- **Papel no desenvolvimento de produtos e marketing Estratégia**: Compreender o comportamento do consumidor ajuda as empresas de aquacultura a adaptar os seus produtos e estratégias de marketing para satisfazer as necessidades dos consumidores. Ao analisar factores como as preferências de sustentabilidade , benefícios para a saúde , e abastecimento ético , as empresas podem diferenciar os seus produtos e desenvolver campanhas que ressoem com o público-alvo, aumentando assim a quota de mercado.

2. Principais factores que influenciam as escolhas dos consumidores

- **Qualidade, preço, sustentabilidade , e benefícios para a saúde** : Os consumidores dão prioridade a diferentes factores quando escolhem produtos de aquacultura . A qualidade do produto e a frescura são fundamentais, enquanto a sensibilidade ao preço varia consoante a demografia. Cada vez mais, a sustentabilidade é um fator significativo, com muitos consumidores a preferirem produtos cultivados de forma responsável. Os benefícios para a saúde , nomeadamente o perfil nutricional dos produtos do mar, também influenciam as decisões de compra.

3. Tendências comportamentais no consumo de produtos do mar

- **Tendências como as alternativas à base de plantas e os rótulos "limpos"**: As tendências actuais incluem uma mudança para alternativas de marisco à base de plantas e uma procura de rótulos "limpos" que indiquem um processamento mínimo e transparência no abastecimento. Os consumidores, especialmente os mais jovens, estão a optar cada vez mais por produtos produzidos de forma sustentável e com uma pegada ambiental reduzida, impulsionando a inovação na aquacultura e alternativas ao marisco.

4. **Recolha de dados e segmentação do mercado**

- **Técnicas de recolha de informações sobre o consumidor e segmentação**: Os dados sobre o comportamento dos consumidores são recolhidos através de inquéritos, grupos de discussão e análise das redes sociais , permitindo às empresas identificar segmentos específicos com base em preferências, padrões de compra e dados demográficos. A segmentação do mercado permite que as empresas desenvolvam estratégias de marketing direcionadas , quer se concentrem em consumidores preocupados com a saúde , compradores sensíveis ao preço ou clientes preocupados com o ambiente.

5. **Estudos de caso em Aquabusinesses centrados no consumidor**

- **Exemplos de empresas que se adaptaram com sucesso ao comportamento do consumidor** : Empresas como a BlueNalu e a Finless Foods adaptaram-se com sucesso à procura de produtos do mar à base de plantas por parte dos consumidores, desenvolvendo produtos inovadores que imitam o sabor e a textura do peixe tradicional . Outras marcas centram-se no abastecimento transparente e na certificação para apelar aos consumidores com consciência ambiental, provando que a adaptação às preferências dos consumidores pode conduzir a um forte posicionamento no mercado .

49.0 Liderança e gestão da mudança no sector aquático

1. **A Importância da Liderança em Aquacultura**

- **Liderança Eficaz Qualidades para a Aquacultura Indústria**: Os líderes no sector da aquacultura necessitam de uma combinação de conhecimentos técnicos, visão estratégica e capacidade de adaptação . Uma liderança eficaz em aquacultura enfatiza as práticas sustentáveis , a gestão ética e a capacidade de navegar em ambientes regulamentares complexos s. São também essenciais fortes capacidades de comunicação , uma vez que os líderes têm de interagir com uma série de partes interessadas, incluindo empregados, investidores e organismos reguladores.

2. **Estratégias de gestão da mudança**

- **Técnicas para implementar a mudança, seja na tecnologia ou nas operações**: A gestão da mudança no negócio do aquário envolve uma abordagem estruturada que inclui a definição clara de objectivos, o envolvimento das partes interessadas e um processo de implementação faseado. Técnicas como o Processo de 8-Passos de Kotter e o Modelo de Gestão da Mudança de Lewin fornecem estruturas para uma mudança efectiva, ajudando as empresas do sector aquático a fazer uma transição suave através de actualizações tecnológicas, mudanças operacionais ou pivôs estratégicos.

3. **Construir uma cultura organizacional resiliente**
   - **Promover a adaptabilidade , a inclusão e o empenhamento dos trabalhadores**: Resiliência na cultura do aquabusiness permite que as empresas se adaptem às condições de mercado em mudança, aos requisitos regulamentares e aos desafios ambientais . Ao promover a inclusão e encorajar a inovação , as empresas podem criar um ambiente onde os empregados se sintam valorizados e motivados para contribuir para o sucesso da empresa. A construção de uma cultura que privilegie a adaptabilidade e o envolvimento dos empregados ajuda as empresas do sector aquático a manterem-se competitivas numa indústria em rápida evolução.
4. **Liderança Desafios em Aquabusiness**
   - **Desafios comuns e soluções para os líderes da aquacultura** : Os líderes enfrentam desafios como a falta de competências da força de trabalho, preocupações ambientais e pressões regulamentares. As soluções incluem investir na formação dos trabalhadores, implementar práticas sustentáveis e manter-se informado sobre os regulamentos. Os líderes também têm de gerir o risco operacional s , desde surtos de doenças a perturbações na cadeia de abastecimento , que exigem estratégias proactivas de gestão do risco .
5. **Estudos de caso de Liderança Transformacional**
   - **Histórias de líderes que inovaram ou deram a volta aos negócios da aquacultura**: Líderes transformacionais na aquacultura , como Alf-Helge Aarskog, ex-CEO da Mowi, foram pioneiros em iniciativas de sustentabilidade e expandiram o alcance do mercado ao abraçar a inovação . Outro exemplo é o de Thiraphong Chansiri, da Thai Union, que liderou os esforços de sustentabilidade e melhorou a presença global da empresa, demonstrando como uma liderança eficaz e estratégias com visão de futuro podem conduzir ao sucesso a longo prazo.

50,0 Serviços Ecossistémicos e Aquacultura

1. **Definição dos Serviços Ecossistémicos em Aquacultura**
   - **Os benefícios dos sistemas de aquacultura para os ecossistemas circundantes** : Os serviços ecossistémicos referem-se aos benefícios diretos e indirectos que os ecossistemas proporcionam à humanidade, incluindo serviços como a purificação da água , o ciclo de nutrientes , a disponibilização de habitats e o sequestro de carbono . Na aquicultura, os serviços ecossistémicos podem envolver a utilização de processos naturais

nos sistemas de exploração para beneficiar o ambiente em geral. Por exemplo, as explorações de algas e de crustáceos prestam serviços essenciais, filtrando a água, sequestrando carbono e aumentando a biodiversidade local . Os sistemas de aquicultura multitrófica integrada (IMTA) incorporam várias espécies (por exemplo, peixes , algas, mariscos) num ambiente simbiótico, imitando os ecossistemas naturais e promovendo o equilíbrio ecológico .

2. Integração dos serviços ecossistémicos na conceção das explorações agrícolas

- **Criação de sistemas que apoiam a purificação da água e a melhoria do habitat**: Conceber explorações de aquacultura que incorporem serviços ecossistémicos envolve a implementação de práticas que apoiem os ambientes circundantes. Uma abordagem comum é a utilização da policultura, em que várias espécies são cultivadas em conjunto de forma a melhorar a saúde de cada uma . As explorações agrícolas também podem ser concebidas para purificar naturalmente a água através de espécies como os mexilhões e as ostras, que filtram as partículas, melhorando assim a qualidade da água e reduzindo a necessidade de utilizar produtos químicos. A melhoria dos habitats é conseguida através da construção de habitats, como recifes artificiais, nas explorações agrícolas, que proporcionam abrigo às espécies locais e apoiam a biodiversidade .

3. Avaliação Económica dos Serviços Ecosistémicos

- **Quantificação do valor das contribuições dos ecossistemas na aquicultura** : A avaliação económica dos serviços ecossistémicos ajuda a ilustrar os benefícios financeiros das práticas sustentáveis da aquicultura , atraindo investimento e apoio político. Ao quantificar serviços como o sequestro de carbono ou a filtragem de água, as explorações podem demonstrar o valor adicional que fornecem para além da produção de peixe . Por exemplo, a capacidade de uma exploração de algas para absorver carbono pode ser quantificada em termos de créditos de carbono, proporcionando um potencial fluxo de receitas. Do mesmo modo, as capacidades de purificação da água das explorações de moluscos podem ser valorizadas através da avaliação dos custos economizados no tratamento da água .

4. Apoiar a Biodiversidade e os Habitats Naturais

- **Práticas que incentivam a saúde e a resiliência dos ecossistemas** : A biodiversidade desempenha um papel vital na estabilidade e resiliência dos ecossistemas, especialmente na aquacultura . Práticas como evitar o uso excessivo de produtos químicos, proteger as linhas costeiras naturais e minimizar a perturbação dos habitats locais apoiam a biodiversidade.

Além disso, as explorações de aquacultura podem contribuir para a recuperação de habitats através da replantação de ervas marinhas ou da criação de zonas-tampão de mangais, que servem de locais críticos de reprodução para numerosas espécies marinhas. As práticas favoráveis à biodiversidade não só beneficiam o ambiente, como também reduzem os riscos de doença e melhoram a sustentabilidade a longo prazo .

5. Exemplos de aquacultura orientada para os serviços ecossistémicos

- **Explorações agrícolas que dão prioridade aos serviços ecossistémicos e aos seus resultados**: Os exemplos incluem as explorações de ostras na Baía de Chesapeake, que contribuem significativamente para a qualidade da água filtrando grandes quantidades de água diariamente, e os sistemas IMTA no Canadá que reduzem os resíduos através do ciclo de nutrientes entre espécies. Além disso, as explorações de algas na Ásia são reconhecidas pela sua capacidade de absorver nutrientes das águas circundantes, combatendo assim a eutrofização e apoiando a vida marinha local. Estes exemplos realçam a viabilidade das práticas orientadas para os serviços ecossistémicos na obtenção de resultados económicos e ambientais.

51.0 Adaptação às alterações climáticas e resiliência Building

1. Impacto das alterações climáticas no sector do aquacultura

- **As Vulnerabilidades da Aquacultura a Factores Relacionados com o Clima**: A aquicultura é altamente vulnerável às alterações climáticas , com riscos que incluem o aumento da temperatura da água, a acidificação dos oceanos , a alteração dos níveis de salinidade e o aumento da frequência de fenómenos meteorológicos extremos . Estes factores podem ter um impacto direto na saúde e nas taxas de crescimento das espécies cultivadas e perturbar a cadeia de abastecimento s . Por exemplo, temperaturas mais quentes podem levar à proliferação de algas que esgotam o oxigénio na água, afectando a saúde dos peixes . A subida do nível do mar e as tempestades ameaçam as explorações costeiras, e as alterações nos padrões de precipitação podem afetar a disponibilidade de água doce para a aquicultura interior.

2. Estratégias de adaptação às alterações climáticas

- **Implementação de medidas de adaptação à temperatura , às tempestades e à seca** : As operações de aquicultura podem implementar estratégias de adaptação ao clima , como a mudança para espécies resistentes ao clima que toleram uma gama mais ampla de condições ou a adoção de sistemas de recirculação de aquacultura (RAS) para reduzir a dependência de massas de água naturais. A resiliência a tempestades e inundações pode ser melhorada através de modificações nas infra-estruturas , tais como a elevação das paredes dos tanques ou a relocalização das instalações para áreas mais protegidas. Os agricultores também podem adotar práticas para conservar a água e gerir os recursos de forma eficiente, especialmente em zonas com escassez de água .

3. **Avaliação de riscos para a resiliência climática**
   - **Identificar os riscos climáticos e conceber estratégias de adaptação** : A avaliação de riscos envolve a análise dos riscos específicos relacionados ao clima enfrentados por cada fazenda, incluindo condições climáticas extremas, riscos de doenças e mudanças no ecossistema. Depois de identificar os riscos, as explorações agrícolas podem desenvolver planos de adaptação abrangentes que incluam modificações nas infra-estruturas , protocolos de resposta a emergências e estratégias para gerir a qualidade da água . As avaliações regulares permitem aos agricultores manterem-se proactivos, aperfeiçoando as suas medidas de adaptação à medida que as condições climáticas evoluem.
4. **Estudos de caso em Aquacultura Resiliente ao Clima**
   - **Exemplos de explorações agrícolas que se adaptam com êxito aos desafios climáticos** : Estudos de caso demonstram a resiliência das explorações agrícolas que adoptam proactivamente medidas de adaptação ao clima . Por exemplo, as explorações de ostras na Austrália ajustaram as suas práticas agrícolas em resposta ao aumento das temperaturas, adaptando os horários de colheita para evitar perdas. Além disso, as explorações de tilápia no Egito implementaram com sucesso técnicas de poupança de água para se adaptarem a condições propensas à seca, provando que as abordagens eficientes em termos de recursos podem assegurar operações sustentáveis apesar das pressões ambientais.

52.0 Seguros e redução de riscos no sector aquático

1. **O papel dos seguros na aquicultura**
   - **Visão geral dos seguros Tipos de seguros para aquaculturas (por exemplo, culturas, responsabilidade civil)**: Os seguros desempenham um papel fundamental na mitigação dos riscos na aquacultura , com apólices que cobrem riscos como a perda de colheitas, danos no equipamento, responsabilidade civil e interrupção do negócio. O seguro de colheitas , especificamente concebido para a aquacultura, compensa os agricultores por perdas devidas a doenças, factores ambientais , ou ataques de predadores. O seguro de responsabilidade civil cobre as responsabilidades legais se a exploração causar danos ambientais, enquanto o seguro de interrupção de atividade garante a proteção dos rendimentos durante encerramentos inesperados, como os devidos a surtos de doenças ou a condições meteorológicas adversas.

2. **Avaliação do seguro Opções**
   - **Considerações chave na seleção de apólices**: A escolha das apólices de seguro corretas exige que as empresas de aquacultura avaliem o seu perfil de risco específico e as suas necessidades de cobertura. Factores como a localização da exploração, os tipos de espécies cultivadas e as condições climáticas regionais têm impacto nos tipos de riscos que uma exploração pode enfrentar. É importante considerar os limites de cobertura, os custos dos prémios e os processos de reclamação, bem como as exclusões. Trabalhar com seguradoras com experiência em aquacultura ajuda a garantir que as apólices satisfazem as necessidades específicas do sector.
3. **Estratégias de atenuação dos riscos para além dos seguros**
   - **Gestão de doenças , biossegurança , e planeamento de contingência**: Para além dos seguros , as estratégias eficazes de atenuação dos riscos incluem a implementação de protocolos de gestão de doenças , medidas de biossegurança e planos de contingência . A gestão de doenças envolve exames de saúde regulares, vacinas e a implementação de protocolos de higiene rigorosos para evitar a propagação de agentes patogénicos . As medidas de biossegurança, como o isolamento de novos animais e a monitorização da qualidade da água , protegem ainda mais as explorações de ameaças externas. Planos de contingência preparam as explorações para os piores cenários, assegurando capacidades de resposta rápida para minimizar as perdas.
4. **Melhores práticas para minimizar os riscos operacionais**
   - **Identificar e abordar os riscos críticos na aquacultura** : Para minimizar os riscos operacionais s , as empresas de aquacultura devem dar prioridade a práticas proactivas como a monitorização regular, a manutenção das infra-estruturas e a formação dos funcionários. As estratégias de gestão de riscos incluem a inspeção regular do equipamento para evitar falhas mecânicas, o emprego de um controlo de qualidade rigoroso e a formação do pessoal em protocolos de emergência. Ao promover uma cultura de consciencialização e preparação para o risco, as empresas de aquacultura podem reduzir a probabilidade e o impacto das perturbações.
5. **Estudos de casos sobre a gestão eficaz dos riscos**
   - **Exemplos de empresas aquícolas com estruturas de mitigação de risco bem sucedidas**: Alguns negócios de aquacultura se destacaram na gestão de riscos através de estruturas abrangentes. Por exemplo, as explorações de salmão na Noruega implementam protocolos rigorosos de prevenção de doenças e de monitorização da água, reduzindo significativamente as taxas de mortalidade dos peixes . Outro exemplo é uma fazenda de camarão da Indonésia que adotou sistemas avançados de biossegurança e de gestão da

água , permitindo mitigar os riscos de doenças de forma eficaz e manter rendimentos estáveis mesmo em condições ambientais desafiadoras.

53.0 Propriedade intelectual na aquicultura

1. Compreender a propriedade intelectual (PI) no sector aquático

- **Patentes , Marcas registadas , Direitos de autor , e Segredos comerciais**: A propriedade intelectual (PI) em aquacultura engloba várias formas de proteção legal para inovações, ideias e elementos de marca . As patentes conferem direitos exclusivos a invenções específicas, como novas tecnologias de aquacultura ou técnicas de reprodução, permitindo aos inventores proteger as suas inovações contra a utilização não autorizada. As marcas registadas protegem nomes de marcas, logótipos e slogans, promovendo o reconhecimento e a diferenciação da marca no mercado. Os direitos de autor protegem as obras originais, como as publicações de investigação ou os materiais de formação, enquanto os segredos comerciais incluem processos ou métodos exclusivos que são mantidos confidenciais para manter uma vantagem competitiva .

2. Proteção da PI para a aquicultura Inovações

- **Como garantir a PI para novas tecnologias, raças ou métodos**: Garantir a PI na aquacultura envolve o registo das protecções adequadas com base no tipo de inovação . Por exemplo, se uma empresa desenvolver uma nova espécie de peixe geneticamente melhorada , pode solicitar patentes para o processo de criação e marcas registadas para o nome do produto. O registo de uma patente requer uma descrição pormenorizada da inovação, prova de novidade e passos para ilustrar a sua singularidade. A proteção da PI estende-se aos avanços tecnológicos tais como sistemas de recirculação, composições de alimentos para animais ou métodos de prevenção de doenças , que podem ser patenteados para impedir a sua reprodução pelos concorrentes.

3. Aspectos jurídicos da propriedade intelectual no comércio internacional

- **Navegar pela proteção da PI através das fronteiras**: O comércio internacional coloca desafios únicos para a proteção da PI , uma vez que as leis variam de país para país. Embora a Organização Mundial da Propriedade Intelectual (OMPI) facilite os padrões de PI globalmente, as empresas de aquacultura ainda precisam navegar pelas regulamentações específicas de cada país. Em algumas regiões, a aplicação dos direitos de PI pode ser difícil devido à infraestrutura jurídica insuficiente , o que torna essencial que as empresas trabalhem com especialistas jurídicos e considerem patentes internacionais , como o sistema do Tratado de Cooperação em matéria de Patentes (PCT), que proporciona processos simplificados de pedido de patentes em vários países.

4. **Licenciamento e Colaboração para a PI na Aquacultura**

- **Oportunidades de licenciamento de PI , parcerias e receitas**: O licenciamento de PI permite às empresas de aquacultura gerar receitas, concedendo direitos a terceiros para utilizarem as suas inovações em troca de royalties ou taxas de licenciamento. Esta abordagem fomenta as parcerias e a colaboração, promovendo a divulgação da tecnologia e protegendo simultaneamente os direitos de propriedade. Por exemplo, uma empresa que patenteia um sistema de filtragem de alta eficiência pode licenciá-lo a outras explorações a nível mundial, expandindo o seu impacto no mercado sem a necessidade de envolvimento direto em todos os mercados.

5. **Estudos de caso sobre os êxitos da PI na aquicultura**

- **Casos em que a PI contribuiu para o crescimento das empresas** : A PI revelou-se fundamental nas histórias de sucesso das empresas de aquacultura . Por exemplo, o salmão geneticamente modificado da AquaBounty, conhecido pelo seu crescimento acelerado, está protegido por várias patentes , permitindo à empresa manter uma vantagem competitiva . Além disso, as empresas especializadas em fórmulas avançadas de alimentos para aquacultura protegeram as suas receitas através de segredos comerciais , ajudando-as a conquistar quotas de mercado através da manutenção de ofertas de produtos exclusivas e de base científica.

54.0 Capital de risco e ecossistema de arranque na aquicultura

1. **A ascensão da aquacultura Startups**

- **Tendências de crescimento em startups de aquacultura apoiadas por capital de risco** : As startups de aquacultura registaram um crescimento significativo à medida que a procura global de produtos do mar sustentáveis aumenta e os avanços tecnológicos facilitam a expansão das operações. As empresas em fase de arranque centradas em alternativas inovadoras de alimentos para animais, como as proteínas de insectos ou os alimentos à base de algas , bem como as empresas que desenvolvem sistemas avançados de aquicultura , atraíram um capital de risco considerável . O impulso para a sustentabilidade ambiental e a segurança alimentar posicionou a aquacultura como um sector atrativo para os investidores que procuram apoiar empresas com impacto.

2. **Atrair capital de risco na aquicultura**

- **Apresentar-se aos investidores e compreender as prioridades do capital de risco**: Para atrair capital de risco , as startups de aquacultura precisam de uma forte proposta de valor , demonstrando como a sua tecnologia ou modelo de negócio aborda os pontos problemáticos do sector, como a eficiência alimentar ou a prevenção de doenças . Os investidores estão particularmente interessados na escalabilidade, na sustentabilidade e no potencial de perturbação do mercado. Uma apresentação convincente inclui projecções claras de crescimento , um mercado bem definido e provas da vantagem competitiva da empresa , muitas vezes reforçada por tecnologia própria ou propriedade intelectual única .

3. **Inovação e perturbação na aquacultura**
   - **Tecnologia emergente e cultura de startups no sector**: O sector da aquacultura tornou-se um terreno fértil para a inovação , com as startups a explorarem tudo, desde sistemas de monitorização orientados por IA a novas fontes de alimentação e métodos de produção com biossegurança. As tecnologias disruptivas, como os sistemas automatizados de alimentação e as ferramentas de monitorização em tempo real , estão a transformar as práticas tradicionais, permitindo que empresas mais pequenas entrem no mercado com ofertas únicas. Estas empresas em fase de arranque trazem para o sector uma cultura moderna e orientada para a tecnologia, centrada na iteração rápida, na responsabilidade ambiental e em informações baseadas em dados.
4. **Construir um negócio aquático escalável**
   - **Como aumentar a escala das operações e atrair mais investimento**: A expansão de uma startup de aquacultura envolve a expansão da capacidade de produção, o aumento da presença no mercado e, muitas vezes, a garantia de rondas adicionais de financiamento. Para se manterem atractivas para os investidores, as empresas devem equilibrar o crescimento com a utilização eficiente dos recursos e práticas sustentáveis . Ao investir em infraestrutura e tecnologia, como sistemas de recirculação de alta capacidade ou soluções de alimentação automatizada , as startups podem aumentar a produtividade e reduzir os custos operacionais, atraindo investidores focados em modelos de negócios sustentáveis e de alta margem s .
5. **Perfis de Aquacultura de Sucesso Startups**
   - **Histórias de startups notáveis que estão a fazer ondas na indústria**: Startups como a Finless Foods e a BlueNalu foram pioneiras no espaço do marisco cultivado, chamando a atenção e investindo no desenvolvimento de alternativas ao marisco cultivado em laboratório. Entretanto, empresas como a XpertSea, que utiliza IA para otimizar a criação de camarões, e a eFishery, uma startup indonésia centrada em sistemas de alimentação inteligentes , demonstram o potencial de sucesso através da inovação . Estas empresas ilustram como a tecnologia disruptiva e o posicionamento

claro no mercado podem impulsionar o crescimento e captar o interesse dos investidores na aquacultura .

55.0 Transparência e Marketing Ético no Aquabusiness

1. Importância da Transparência na Aquacultura Moderna

- **Criar a confiança dos consumidores através de práticas éticas**: Transparência tornou-se essencial na aquacultura , uma vez que os consumidores exigem garantias sobre a qualidade, a origem e o impacto ambiental dos seus alimentos. Ao partilhar abertamente informações sobre as práticas agrícolas, as empresas podem criar confiança e credibilidade junto dos consumidores. A transparência inclui a revelação de informações sobre a origem, a descrição pormenorizada dos impactos ambientais e a manutenção de linhas abertas de comunicação com os consumidores sobre questões como a rastreabilidade e a segurança alimentar , contribuindo para uma imagem de marca positiva.

2. Marketing Ético Estratégias

- **Publicidade Verdadeira, Alegações Responsáveis e Confiança do Consumidor** : O marketing ético envolve a promoção de produtos da aquacultura de forma honesta e responsável, evitando afirmações exageradas sobre a sustentabilidade ou benefícios para a saúde . As empresas responsáveis certificam-se de que a publicidade se alinha com as práticas reais e cumpre as normas da indústria , uma vez que os consumidores examinam cada vez mais os rótulos dos produtos e a linguagem de marketing . O marketing ético ajuda as empresas a evitar reacções adversas e promove a lealdade a longo prazo, dando prioridade à educação dos consumidores e à transparência .

3. Comunicar a sustentabilidade Esforços

- **Melhores Práticas para a Transparência Sobre Práticas Sustentáveis** : A sustentabilidade é um ponto de venda significativo na aquacultura , e as empresas podem diferenciar-se comunicando eficazmente as suas iniciativas ambientais. Isto pode incluir a publicação de relatórios de sustentabilidade, a participação em programas de certificação (por exemplo, certificação ASC ou MSC) e o acesso a dados de rastreabilidade . Utilizando uma linguagem clara e formatos acessíveis, as empresas podem informar os consumidores sobre as acções específicas que tomam para reduzir o seu impacto ambiental , como a redução dos resíduos de alimentos para animais ou a utilização de métodos agrícolas ecológicos.

4. Estudos de caso sobre Marketing Ético Sucessos

- **Empresas que construíram marcas com base na transparência ética** : Empresas como a Verlasso e a Regal Springs criaram marcas baseadas na transparência e na sustentabilidade . A Verlasso, um produtor de salmão, partilha abertamente informações sobre as suas práticas de alimentação, centrando-se na redução das entradas de peixe selvagem para manter o equilíbrio ecológico . A Regal Springs, conhecida pela tilápia cultivada de forma sustentável , fornece informações pormenorizadas sobre o abastecimento e demonstra o seu empenhamento em práticas éticas, aderindo a normas ambientais e sociais rigorosas . Estas empresas construíram a lealdade e a confiança dos clientes fazendo da transparência uma pedra angular da sua estratégia de marketing .

56,0 Aquacultura para nichos de mercado e mercados de luxo

1. Compreender os mercados de nicho e de luxo da aquacultura

- **Definição de produtos de aquacultura de luxo, orgânicos e de alta qualidade** : Os mercados de nicho e de luxo na aquacultura destinam-se a consumidores que procuram produtos do mar de alta qualidade, muitas vezes cultivados de forma sustentável, que tenham um preço superior . Estes mercados incluem produtos de aquacultura biológica , certificados para um impacto ambiental mínimo e normas elevadas de bem-estar animal , e espécies exóticas ou raras, como o atum rabilho ou o esturjão produtor de caviar. A aquicultura de luxo também inclui produtos especializados, como marisco capturado em linha, cultivado ou artesanal, que oferecem um sabor, qualidade ou sustentabilidade excepcionais credenciais.

2. Desafios e oportunidades nos mercados de gama alta

- **Responder às expectativas dos consumidores e à dinâmica dos preços**: A entrada nos mercados de gama alta implica satisfazer as expectativas dos consumidores em termos de qualidade, exclusividade e práticas sustentáveis . Estes consumidores estão frequentemente bem informados e esperam transparência sobre os métodos de abastecimento e produção. Embora os mercados de topo de gama ofereçam margens de lucro substanciais s, os desafios incluem a manutenção de uma qualidade consistente e a justificação de preços mais elevados através da diferenciação da marca e da narração de histórias . Certificações regulamentares , rotulagem orgânica e credenciais claras de sustentabilidade podem ajudar a reforçar o posicionamento premium e justificar o custo para compradores exigentes.

3. Desenvolvimento de produtos para mercados de luxo

- **Ênfase na qualidade, singularidade e história da marca**: O desenvolvimento de produtos para mercados de luxo requer atenção aos pormenores, centrando-se na qualidade em todas as fases, desde a alimentação e a qualidade da água até à colheita e à transformação. A exclusividade pode ser alcançada através de métodos tradicionais, seleção de espécies únicas , ou técnicas agrícolas inovadoras que melhorem o sabor ou a textura. Para além disso, a história da marca desempenha um papel crucial; realçar a origem da marca, a gestão ambiental , ou os métodos artesanais ressoa junto dos consumidores de luxo, que valorizam a autenticidade e a exclusividade.

4. Marketing e posicionamento para consumidores topo de gama

- **Alavancar a Marca , Exclusividade e Qualidade Excecional**: O marketing para consumidores de alto nível requer uma marca que transmita exclusividade, tradição e excelência. Isso pode incluir ofertas de edição limitada, embalagens personalizadas e narrativas que enfatizem os métodos de produção artesanal. O marketing de luxo eficaz também envolve a distribuição selectiva , favorecendo frequentemente os retalhistas de luxo, os restaurantes finos ou os canais diretos ao consumidor . O posicionamento da marca em torno da qualidade, do luxo e da ética ambiental , e a utilização de endossos de chefs ou defensores da sustentabilidade , podem aumentar o prestígio da marca.

5. Estudos de caso na aquacultura de luxo

- **Exemplos de marcas de marisco de luxo e as suas estratégias**: Marcas como a Kingfish Zeeland e a Stolt Sea Farm criaram uma reputação no mercado de marisco de luxo dando prioridade à qualidade e à sustentabilidade . A Kingfish Zeeland, conhecida pela sua cauda amarela de primeira qualidade, dá ênfase a práticas amigas do ambiente e posiciona o seu produto como uma escolha de primeira qualidade em restaurantes de luxo. O foco da Stolt Sea Farm no caviar cultivado de forma sustentável permitiu-lhe competir no mercado de luxo, utilizando ofertas limitadas e de alta qualidade para apelar a uma clientela de elite.

57.0 Cibersegurança e proteção de dados na aquicultura

1. Importância da cibersegurança no sector aquático

- **Proteção dos dados sensíveis e das operações agrícolas**: Com a adoção da IoT , da análise de dados , e de sistemas automatizados, a aquacultura tornou-se mais conectada, aumentando a sua vulnerabilidade a ciberameaças . A cibersegurança é fundamental para proteger os dados operacionais sensíveis, como as formulações de rações, as métricas de crescimento e os sistemas de monitorização das explorações , contra os cibercriminosos. Uma violação da tecnologia operacional de uma exploração pode perturbar os processos de produção, afetar o bem-estar dos peixes e até provocar perdas financeiras significativas ou danos à reputação.

2. Tipos de ameaças cibernéticas na aquicultura

- **Riscos cibernéticos comuns em sistemas conectados e automatizados**: As ciberameaças à aquacultura incluem ataques de malware, ransomware e phishing . Estes riscos visam sistemas automatizados que controlam a alimentação, a qualidade da água , e o equipamento de monitorização, podendo causar falhas que afectam a produtividade e o bem-estar dos animais . Além disso, o roubo de dados pode comprometer informações exclusivas, afectando a competitividade. As ameaças externas podem explorar as vulnerabilidades do sistema, enquanto as ameaças internas, muitas vezes não intencionais, resultam de funcionários mal formados que desconhecem as melhores práticas de cibersegurança .

3. Melhores práticas para a cibersegurança no sector aquático

- **Implementação de sistemas seguros e formação dos trabalhadores**: As melhores práticas de cibersegurança na aquacultura incluem o estabelecimento de redes seguras, actualizações regulares do software e sistemas de deteção de intrusão. O controlo do acesso, em que apenas o pessoal autorizado pode aceder a sistemas críticos, aumenta ainda mais a segurança. A formação dos funcionários sobre como reconhecer o phishing e seguir protocolos de palavras-passe seguras é crucial para minimizar o erro humano. Auditorias regulares e testes de penetração ajudam a identificar pontos fracos, e os planos de resposta a emergências permitem uma ação rápida em caso de violações.

4. Proteção de dados e conformidade com a privacidade

- **GDPR e outros regulamentos de privacidade de dados que afectam o negócio da aquacultura**: A conformidade com os regulamentos de privacidade de dados , como o Regulamento Geral de Proteção de Dados da UE (RGPD), é essencial para as empresas de aquacultura que operam a nível mundial. O RGPD exige que as empresas protejam os dados pessoais e dêem aos indivíduos controlo sobre os seus dados, exigindo um tratamento seguro das informações dos clientes, funcionários e fornecedores. O incumprimento pode resultar em multas significativas, tornando crucial para as empresas de aquacultura a implementação de políticas e procedimentos de proteção de dados que cumpram as leis de privacidade globais.

5. Estudos de casos de incidentes de cibersegurança

- **Exemplos de violações e de como as empresas reagiram**: Aquacultura empresas enfrentaram violações que sublinham a importância da cibersegurança . Por exemplo, uma empresa de aquacultura norueguesa enfrentou ataques de ransomware que interromperam temporariamente as operações, levando-a a investir em protocolos de segurança mais robustos. Noutro caso, uma empresa australiana foi vítima de roubo de dados, o que levou a uma revisão e atualização do seu quadro de segurança. Estes casos ilustram a necessidade de medidas proactivas de cibersegurança para proteger dados sensíveis e manter a continuidade operacional.

58,0 Cobertura financeira na aquicultura

1. Introdução à cobertura financeira para a aquacultura

- **Definição e benefícios da cobertura de riscos em mercados voláteis**: A cobertura financeira é uma estratégia utilizada para gerir os riscos associados às flutuações dos preços das mercadorias, da moeda e de outras variáveis do mercado. Na aquacultura , a volatilidade dos preços dos alimentos para animais, da energia e de outros factores de produção pode afetar a rentabilidade . A cobertura proporciona uma forma de estabilizar o fluxo de caixa s através da fixação de preços ou da troca de moeda a taxas pré-determinadas, reduzindo a incerteza financeira e protegendo as margens contra a volatilidade do mercado .

2. Tipos de instrumentos de cobertura

- **Futuros, opções , e swaps Relevantes para a aquicultura Produtos** : Os instrumentos de cobertura mais comuns incluem contratos de futuros , que permitem às empresas fixar os preços de factores de produção como a ração, opções que proporcionam a flexibilidade de comprar ou vender activos a um preço específico, e swaps, que podem estabilizar o fluxo de caixa s trocando taxas de juro variáveis por taxas fixas. Estas ferramentas ajudam as empresas de aquacultura a gerir os custos relacionados com factores de produção essenciais, como as rações e o combustível, e a reduzir os riscos cambiais quando exportam produtos internacionalmente.

3. Desenvolvimento de uma estratégia de cobertura

- **Avaliar a tolerância ao risco e as condições de mercado**: O desenvolvimento de uma estratégia de cobertura requer a avaliação da exposição de uma empresa ao risco de mercado s, tais como flutuações cambiais, preços de mercadorias ou alterações nas taxas de juro. As empresas devem avaliar a sua tolerância ao risco para determinar o nível apropriado de cobertura e escolher os melhores instrumentos para as suas necessidades. As condições e tendências do mercado também influenciam as decisões de cobertura, assim como a estabilidade financeira da empresa, que deve equilibrar o custo da cobertura com os potenciais benefícios da redução do risco.

4. Estudos de casos em coberturas bem sucedidas

- **Exemplos de empresas que beneficiaram de estratégias de cobertura**: Várias empresas de aquacultura utilizaram com sucesso a cobertura de riscos para mitigar os riscos financeiros s . Por exemplo, uma empresa de criação de camarões no Sudeste Asiático utilizou contratos de futuros para fixar os preços da ração, protegendo-os de aumentos de preços durante períodos de volatilidade. Outra empresa que exporta salmão para a Europa utilizou coberturas cambiais para gerir as flutuações das taxas de câmbio, permitindo ganhos estáveis apesar da instabilidade do mercado cambial. Estes casos mostram como uma cobertura eficaz pode proteger a rentabilidade e criar resultados financeiros mais previsíveis.

59.0 Aquacultura no trabalho humanitário e de desenvolvimento

1. Papel da Aquacultura no Alívio da Pobreza

- **Aquicultura 's Contribuição para a Segurança Alimentar e Redução da Pobreza**: A aquacultura emergiu como um fator significativo no combate à pobreza e à insegurança alimentar, particularmente nas regiões em desenvolvimento. Oferece uma fonte fiável de proteínas, nutrientes essenciais e rendimentos, ajudando a melhorar a saúde e a estabilidade económica. Ao criar postos de trabalho na piscicultura , na transformação e na distribuição , a aquacultura dá poder às comunidades locais, proporcionando uma fonte de rendimento sustentável que pode tirar as famílias da pobreza. A aquicultura em pequena escala tem um impacto especial, pois requer um investimento reduzido e pode ser integrada noutras actividades agrícolas, permitindo aos agricultores diversificar os fluxos de rendimento e reduzir o risco financeiro .

2. Aquacultura Humanitária Projectos

- **Aquacultura Projectos em regiões em desenvolvimento e áreas de crise** : Organizações humanitárias e ONGs implementaram projectos de aquacultura em áreas afectadas pela pobreza, catástrofes naturais , ou conflitos, reconhecendo o papel da aquacultura na manutenção dos meios de subsistência. Por exemplo, as iniciativas na África Subsariana centram-se na formação dos habitantes locais para a criação de tilápia e de peixe-gato , proporcionando uma fonte de nutrição e de rendimento. Em regiões com elevados níveis de insegurança alimentar, a aquacultura pode ser uma tábua de salvação, oferecendo sistemas de produção alimentar locais e auto-sustentáveis . A aquicultura humanitária também inclui intervenções de emergência, como as explorações temporárias de peixe nos campos de refugiados, onde fornecem proteínas às populações vulneráveis e servem de centros de formação para futuros empregos.

3. Aquicultura orientada para o desenvolvimento Iniciativas

- **Programas centrados na transferência de competências e na capacitação da comunidade** : Iniciativas de aquacultura focadas no desenvolvimento têm como objetivo criar mudanças duradouras através da formação das populações locais em práticas de aquacultura sustentáveis , encorajando o desenvolvimento liderado pela comunidade. Estes programas dão ênfase à transferência de competências , capacitando os indivíduos para gerir, cultivar e operar sistemas de aquacultura de forma independente. A formação inclui frequentemente a gestão sustentável dos recursos , a otimização da alimentação e a prevenção de doenças , bem como competências comerciais para ajudar as comunidades a criar empresas viáveis. Programas apoiados por agências internacionais e governos ajudaram a estabelecer cooperativas de aquacultura , que fornecem recursos partilhados e uma voz colectiva nos mercados locais.

4. Estudos de caso em Aquacultura de Desenvolvimento

- **Histórias de sucesso da aquacultura no trabalho humanitário**: Vários estudos de caso realçam o impacto da aquacultura no desenvolvimento das comunidades. No Bangladesh, a criação de peixes em pequena escala tem sido um instrumento de redução da pobreza, com projectos centrados na capacitação das mulheres como criadoras de peixes. Estes projectos não só melhoraram os rendimentos das famílias, como também reforçaram a posição social das mulheres nas suas comunidades. Outro exemplo é o projeto "Fish for All" em África, que combina formação técnica, recursos e acesso ao mercado , conduzindo a uma maior segurança alimentar e à resiliência da comunidade .

60.0 O futuro do ensino e da investigação no domínio do aquacultura

1. Evolução da Aquacultura Educação

- **Perspetiva Histórica e Tendências Emergentes em Aquacultura Educação** : A educação em aquacultura evoluiu dos tradicionais estudos de pesca para programas especializados que abordam a complexidade do negócio moderno da aquacultura. Inicialmente centrado na biologia e nas ciências ambientais, o ensino da aquacultura inclui agora cursos de sustentabilidade , tecnologia, gestão empresarial e bem-estar animal . Os programas actuais integram formação prática e prática com tecnologia avançada, como a qualidade da água monitorização , investigação genética e técnicas de cultivo eficientes em termos de recursos, equipando os estudantes para enfrentarem os desafios da indústria de formas inovadoras.

2. Papel da investigação académica na inovação da indústria

- **Colmatar o fosso entre a investigação e a aplicação na indústria**: A investigação académica desempenha um papel vital na promoção da inovação na aquacultura , explorando tópicos como a gestão de doenças , a otimização da alimentação e métodos de produção sustentáveis. Os investigadores trabalham em avanços como tratamentos probióticos para a saúde dos peixes , fontes alternativas de alimentação e programas de reprodução para melhorar a resiliência . No entanto, para colmatar o fosso entre o meio académico e a indústria, são necessários mecanismos que traduzam a investigação em aplicações práticas, promovendo a colaboração entre instituições de investigação e aquaculturas comerciais para testar e dimensionar eficazmente as inovações.

3. **Aprendizagem em linha e educação à distância**

- **Crescimento de Programas Virtuais para Aquacultura Educação** : A expansão do ensino online tornou a formação em aquacultura mais acessível, permitindo que estudantes de regiões remotas ou carenciadas adquiram conhecimentos especializados. As plataformas virtuais oferecem certificados e diplomas em aquacultura, com cursos que abrangem conceitos fundamentais, bem como técnicas avançadas. Estes programas são especialmente benéficos na promoção da inclusão , permitindo que os estudantes aprendam sem a necessidade de se deslocarem. Os avanços na aprendizagem digital, como as simulações em laboratórios virtuais e os estudos de casos interactivos , estão a melhorar a qualidade do ensino remoto da aquicultura .

4. **Colaborações entre o mundo académico e a indústria**

- **Parcerias Fomento da inovação e transferência de conhecimentos** : As colaborações entre o meio académico e a indústria da aquacultura são essenciais para promover a inovação e responder às necessidades práticas da indústria. As iniciativas de investigação conjuntas, financiadas por subvenções governamentais ou por parcerias com o sector privado, permitem às universidades testar novas tecnologias em contextos reais, acelerando o processo de introdução dos avanços científicos no mercado. Estas parcerias incluem frequentemente estágios, em que os estudantes adquirem experiência na indústria e estabelecem ligações profissionais, beneficiando tanto o meio académico como o sector da aquacultura ao criarem uma reserva de licenciados qualificados e prontos a trabalhar.

5. **Estudos de caso de programas educativos influentes**

- **Perfis das principais instituições e o seu impacto no sector**: Instituições líderes como a Universidade Norueguesa de Ciências da Vida e a Universidade de Stirling estabeleceram padrões na educação em aquacultura , oferecendo programas especializados que combinam investigação de ponta com parcerias industriais . Estas instituições colaboram frequentemente a nível internacional, realizando investigação sobre desafios globais , tais como fontes sustentáveis de alimentação e gestão de doenças . Os licenciados destes programas estão bem equipados para contribuir para a indústria global da aquacultura , com competências práticas e uma forte compreensão das responsabilidades ambientais da indústria.

61.0 Estratégias financeiras avançadas para a aquicultura Empresas

Planeamento financeiro avançado e estrutura de capital

- **Desenvolvimento de planos financeiros sofisticados para a viabilidade a longo prazo** : Um planeamento financeiro eficaz é fundamental para alcançar um crescimento sustentável nas empresas de aquacultura , uma vez que requer um equilíbrio entre as necessidades operacionais imediatas e o investimento a longo prazo em inovação e infra-estruturas . Um plano financeiro sofisticado inclui projecções detalhadas do fluxo de tesouraria , orçamentação de capital , avaliação de riscos e análise de cenários para prever os estados financeiros futuros em várias condições económicas. O planeamento de um crescimento sustentável implica a utilização de modelos preditivos para avaliar o impacto que as futuras tendências ambientais e de mercado terão nas receitas e nos custos. Ferramentas de previsão financeira , tais como previsões contínuas, permitem às empresas ajustar continuamente as suas perspectivas financeiras com base em factores de mercado e ambientais em mudança .
- **Estrutura de capital Otimização**: Aquacultura As empresas beneficiam de uma combinação óptima de financiamento por dívida e capital próprio , procurando um equilíbrio para minimizar o custo do capital e maximizar a flexibilidade financeira. Dada a natureza de capital intensivo da aquacultura (para instalações, alimentação, equipamento e mão de obra), é crucial gerir cuidadosamente o endividamento. Elevados rácios de endividamento aumentam o risco financeiro , enquanto que demasiados capitais próprios podem diluir a propriedade. As estratégias podem incluir a consideração de opções de financiamento não tradicionais como o investimento de impacto , em que os investidores financiam projectos de aquacultura com um enfoque na sustentabilidade , ou o aluguer de equipamento especializado para distribuir os custos de capital .

Investimento de capital Análise

- **Avaliação do ROI para aquacultura de elevado valor Investimentos**: A análise do ROI ajuda as empresas de aquacultura a decidir sobre investimentos de alto risco em tecnologia, infra-estruturas , ou reprodutores. Técnicas como o Valor Atual Líquido (VAL), a Taxa Interna de Rendimento (TIR) e os períodos de retorno são aplicadas para determinar a viabilidade dos projectos de capital. Dadas as complexidades da aquacultura, devem ser tidos em conta factores específicos como os custos operacionais , a variabilidade do rendimento e o risco de doença. Análise do investimento ferramentas, como as simulações de Monte Carlo, podem ajudar a avaliar os potenciais resultados do investimento em vários cenários de risco, melhorando a tomada de decisões confiança para projectos de elevado valor.

Otimização do fluxo de caixa e redução de custos

- **Técnicas para racionalizar as finanças e maximizar as reservas de caixa**: A otimização do fluxo de caixa é vital para as empresas de aquacultura devido à sazonalidade dos ciclos de produção e de receitas. As técnicas de otimização do fluxo de caixa incluem a gestão eficiente dos inventários de rações, a renegociação de contratos com fornecedores e o aumento da produtividade através da tecnologia (por exemplo, sistemas automatizados de alimentação para reduzir a mão de obra e o desperdício de rações). A programação eficaz da dívida e as opções de refinanciamento podem melhorar o fluxo de caixa, reduzindo as obrigações a curto prazo. Além disso, as estratégias de redução de custos tais como práticas de eficiência energética e sistemas de reciclagem de resíduos podem reduzir os custos operacionais , permitindo uma reserva de tesouraria mais estável e ciclos de reinvestimento mais rápidos.

Aquaculture Rácios financeiros e métricas

- **Utilização de KPIs específicos do sector para monitorizar a saúde financeira** : Os rácios financeiros, como o rácio atual, o rácio rápido e o rácio dívida/capital próprio, fornecem informações sobre a liquidez e a alavancagem. Rentabilidade rácios, como a margem operacional, ajudam as empresas de aquacultura a avaliar a eficiência das operações. Os KPIs específicos do sector, como o rácio de conversão alimentar (FCR), as taxas de sobrevivência e o rendimento por metro quadrado, oferecem informações adicionais. Ao correlacionar estes KPIs operacionais com o desempenho financeiro, as empresas podem identificar os factores de custo e as oportunidades de eficiência. A monitorização regular destes indicadores permite uma gestão proactiva e ajustes atempados para preservar a saúde financeira.

Estudos de caso no sucesso da estratégia financeira

- **Exemplos de empresas que alcançaram a estabilidade através de estratégias financeiras**: Aquacultura de sucesso empresas como a norueguesa Mowi ASA (anteriormente Marine Harvest) e a canadiana Cooke Aquaculture demonstraram o poder de uma estratégia financeira sólida para alcançar a estabilidade e o crescimento . A Mowi ASA utiliza previsões financeiras avançadas e estratégias de redução de custos, o que lhe permite manter rácios de conversão alimentar competitivos e gerir as flutuações dos preços do salmão. A sua sólida estrutura de capital apoia investimentos consistentes em I&D , conduzindo a inovações que melhoram a eficiência operacional . Estes exemplos ilustram o impacto do planeamento financeiro , da otimização da estrutura de capital e da gestão estratégica dos custos na construção de empresas de aquacultura resilientes.

62,0 Aquicultura Genética e tecnologia de reprodução

Avanços genómicos em aquacultura

- **Explorar os avanços da genómica para a aquicultura** : Os avanços na genómica transformaram os programas de melhoramento da aquicultura , permitindo uma seleção precisa de caraterísticas desejáveis, como a taxa de crescimento , a resistência a doenças e a eficiência alimentar . A sequenciação do genoma e a bioinformática permitem aos investigadores identificar os genes ligados a estas caraterísticas. Tecnologias como a seleção assistida por marcadores (MAS) e a seleção genómica aceleraram o desenvolvimento de raças de alto rendimento. Por exemplo, os estudos genómicos sobre o salmão revelaram marcadores específicos que aumentam a resistência às doenças , ajudando os criadores a desenvolver animais mais saudáveis.

Reprodução selectiva para resistência a doenças

- **Técnicas de seleção genética para aumentar a resistência das unidades populacionais** : A reprodução selectiva para resistência a doenças é fundamental para reduzir a mortalidade e assegurar uma produção estável em aquacultura . Esta abordagem envolve a seleção e a criação de indivíduos com resistência genética a agentes patogénicos comuns , como o piolho do mar no salmão ou doenças virais no camarão. A implementação de programas de reprodução selectiva requer uma abordagem a longo prazo, uma vez que as caraterísticas de resistência podem levar várias gerações a estabelecer-se. Ao reduzir a necessidade de tratamentos químicos, a reprodução selectiva também apoia práticas agrícolas mais sustentáveis.

Hibridação e cruzamento Inovações

- **Estratégias para o desenvolvimento de raças robustas e de alto rendimento** : A hibridação combina as vantagens genéticas de diferentes espécies ou estirpes, resultando frequentemente em descendentes com taxas de crescimento mais elevadas, robustez e resistência a doenças . Cruzamento pode produzir vigor híbrido, ou heterose, que melhora a aptidão geral do stock. Por exemplo, o cruzamento de certas estirpes de tilápia deu origem a híbridos mais resistentes às flutuações ambientais . A aplicação destas práticas exige uma gestão genética cuidadosa para evitar a consanguinidade e manter a diversidade genética .

CRISPR e edição de genes em aquacultura

- **Considerações éticas, práticas e regulamentares sobre a edição de genes** : As ferramentas de edição de genes como o CRISPR oferecem o potencial de introduzir ou melhorar diretamente caraterísticas específicas. Por exemplo, a edição de genes associados à resistência a doenças pode levar a melhorias mais rápidas nas raças. No entanto, a edição de genes levanta questões éticas, como o potencial impacto ecológico s se as espécies editadas interagirem com populações selvagens. Os quadros regulamentares variam a nível mundial, com alguns países a proibirem os organismos editados geneticamente, enquanto outros os permitem em condições específicas. A utilização responsável da edição genética exige transparência , análise ética e envolvimento das partes interessadas .

Estudos de caso sobre programas de reprodução bem sucedidos

- **Exemplos de iniciativas de reprodução que melhoram a qualidade do stock:** Programas de melhoramento notáveis , como o projeto GIFT (Genetically Improved Farmed Tilapia), melhoraram as caraterísticas da tilápia para a aquacultura global . Iniciado pela WorldFish e por organizações parceiras, a tilápia GIFT apresenta melhores taxas de crescimento e resistência a doenças , o que leva a um aumento da produtividade. Do mesmo modo, as iniciativas de reprodução em aquacultura de salmão conduziram a estirpes com maior resistência aos piolhos do mar, um desafio significativo para a indústria. Estes casos demonstram os efeitos transformadores dos avanços genéticos na qualidade das unidades populacionais.

63.0 Ligação em rede global e colaboração no sector do aquabusiness

Benefícios da colaboração internacional

- **Partilha de conhecimentos, acesso a recursos e inovação Parcerias** : A colaboração internacional em aquacultura permite às empresas aceder a uma gama mais vasta de recursos, partilhar conhecimentos e promover a inovação através de parcerias transfronteiriças . Ao trabalhar com parceiros globais, as empresas podem adaptar técnicas bem sucedidas de diferentes regiões e aplicá-las localmente, acelerando a produtividade e a sustentabilidade objectivos. A colaboração também apoia a inovação através da partilha de recursos e conhecimentos em matéria de I&D , o que é especialmente valioso em domínios como a gestão de doenças e a inovação em matéria de alimentos para animais .

Principais organizações internacionais de aquacultura

- **Visão geral de instituições como a FAO, NACA e WAS**: Organizações-chave como a Organização para a Alimentação e Agricultura (FAO) , a Rede de Centros de Aquacultura na Ásia-Pacífico (NACA) e a Sociedade Mundial de Aquacultura (WAS) desempenham papéis fundamentais na promoção da aquacultura sustentável a nível global. A FAO fornece orientações, investigação e apoio político para o desenvolvimento da aquicultura, enquanto a NACA se concentra em projectos de colaboração na Ásia. A WAS promove o intercâmbio científico e a criação de redes através de conferências e publicações. Cada organização ajuda a colmatar as lacunas de conhecimento e estabelece normas para promover práticas responsáveis .

Criar e potenciar as parcerias transfronteiriças

- **Como construir e beneficiar de parcerias globais** : A criação de parcerias transfronteiriças envolve a identificação de pontos fortes complementares entre as organizações parceiras e o estabelecimento de objectivos mútuos. As parcerias estratégicas podem incluir joint ventures , colaborações de investigação , ou alianças na cadeia de abastecimento . Através destas alianças, as empresas obtêm muitas vezes acesso a reprodutores avançados, a tecnologias de ponta ou a novos mercados. O sucesso das parcerias requer uma comunicação clara , um compromisso partilhado com os objectivos e adaptabilidade a diferentes contextos regulamentares e culturais.

Conferências e Eventos em Aquacultura

- **Principais reuniões para actualizações do sector e criação de redes** : As principais conferências como a AquaNor, a Global Aquaculture Alliance 's GOAL conference, e a Asian-Pacific Aquaculture conference são eventos essenciais para estabelecer contactos e manter-se informado sobre as tendências da indústria . Estes encontros permitem aos profissionais trocar ideias, descobrir novas tecnologias e explorar potenciais parcerias . A participação em eventos internacionais também ajuda as empresas a manterem-se competitivas, ao obterem informações antecipadas sobre as tendências emergentes , as alterações regulamentares s e as preferências dos consumidores .

Estudos de casos em colaboração transnacional

- **Profiles of Successful International Aquaculture Collaborations** : Exemplos dignos de nota incluem a colaboração entre a indústria norueguesa do salmão e empresas asiáticas para tratar da saúde e da eficiência na criação de peixes . A Iniciativa Crescimento Azul da FAO também fomentou parcerias em regiões como a África e as Caraíbas, promovendo práticas sustentáveis e reforçando a segurança alimentar . Outro exemplo é o trabalho entre o Chile e a Noruega no domínio da criação de salmão, em que a colaboração na gestão de doenças e a investigação reduziram significativamente as perdas de animais. Estes casos ilustram os benefícios de longo alcance das colaborações transnacionais na promoção do crescimento sustentável e da resiliência na aquicultura.

64.0 Aquacultura Restauração de ecossistemas e habitats

Compreender o papel da aquacultura nos serviços do ecossistema

- **Como a aquacultura pode contribuir para a restauração dos ecossistemas**: A aquacultura tem um potencial significativo para contribuir para os serviços ecossistémicos , que são os benefícios que os seres humanos recebem de ecossistemas saudáveis , tais como água limpa , biodiversidade , e sequestro de carbono . Ao contrário da agricultura tradicional, as práticas de aquicultura responsáveis podem melhorar a qualidade da água e apoiar a biodiversidade através da presença de filtradores como os mexilhões e as ostras, que melhoram a clareza da água e o ciclo de nutrientes . A aquicultura reparadora, uma abordagem que inclui a reflorestação de mangais ou a recuperação de zonas húmidas , beneficia os ecossistemas ao proporcionar habitat para peixes , aves e outros animais selvagens, ao mesmo tempo que reduz a erosão do solo e atenua as tempestades. Além disso, os sistemas de aquicultura podem ser concebidos para melhorar a resiliência dos ecossistemas , actuando como sumidouros de carbono, ajudando assim nos esforços contra as alterações climáticas .

Técnicas para a recuperação de habitats in Aquaculture Settings

- **Práticas para a restauração de mangais, recifes de coral , e zonas húmidas** : A recuperação de habitats em aquacultura centra-se na reconstrução de ecossistemas que tenham sido degradados por actividades humanas ou catástrofes naturais **. A restauração de mangais** envolve a plantação de mangais em zonas costeiras degradadas, o que ajuda a melhorar a qualidade da água , a proteger as linhas costeiras e a fornecer habitats de viveiro para peixes **. A restauração dos recifes de coral** utiliza frequentemente estruturas como recifes artificiais para promover o crescimento dos corais , o que apoia a biodiversidade marinha e o turismo. As técnicas de **recuperação de zonas húmidas** incluem o restabelecimento de plantas nativas e de padrões de fluxo de água, que aumentam a disponibilidade de habitat e a filtragem da água. A aquicultura multitrófica integrada (IMTA) é outra abordagem em que diferentes espécies (como peixes, mariscos e algas) são cultivadas em conjunto de forma a imitar os ecossistemas naturais, melhorando a qualidade da água e reduzindo os resíduos.

Parcerias com organizações ambientais

- **Colaboração para um maior impacto na saúde dos ecossistemas** : As parcerias com organizações ambientais podem amplificar o impacto positivo da aquacultura nos ecossistemas . Organizações como a The Nature Conservancy , a WWF e ONGs ambientais locais trazem conhecimentos especializados em gestão de ecossistemas, recursos financeiros e capacidades de defesa . Os esforços de colaboração podem incluir projectos de investigação conjuntos, iniciativas de recuperação de habitats ou campanhas de sensibilização do público sobre aquacultura sustentável . As parcerias podem também apoiar a defesa de políticas para melhores enquadramentos regulamentares e criar oportunidades para os operadores de aquacultura obterem certificações , aumentando o impacto ambiental e o valor de mercado.

Benefícios económicos e ambientais da restauração

- **Quantificação dos Impactos Positivos da Restauração de Habitats** : Os projectos de recuperação de habitats trazem benefícios económicos através de serviços ecossistémicos que contribuem para a pesca, o turismo e a proteção da linha costeira. Por exemplo, os mangais restaurados podem aumentar as populações de peixes e melhorar a sustentabilidade da pesca local , proporcionando segurança económica às comunidades dependentes da pesca. A restauração também melhora a reputação da indústria da aquacultura , atraindo investimentos de impacto s e aumentando a demanda dos consumidores por produtos cultivados de forma sustentável. Os benefícios ambientais incluem a melhoria da qualidade da água , o aumento da biodiversidade e o reforço da resiliência aos impactes climáticos. A quantificação destes impactos através de modelos de avaliação de serviços ecossistémicos ajuda a demonstrar o valor económico da restauração, o que pode encorajar mais investimentos.

Estudos de caso on Aquaculture -Driven Habitat Restoration

- **Exemplos de explorações agrícolas que contribuem para a recuperação dos ecossistemas**: Um exemplo notável é a **restauração de manguezais da Sociedade Cooperativa de Produtores Placencia de Belize** . Em colaboração com ONGs ambientais , esta cooperativa realizou a plantação de mangais para estabilizar as linhas costeiras e melhorar os habitats dos viveiros, beneficiando tanto a pesca local como o turismo. Outro exemplo são **as iniciativas de restauração de recifes de moluscos da Austrália** , onde as fazendas de aquicultura trabalham com o governo e grupos ambientais para restaurar os recifes de ostras que melhoram a qualidade da água e apoiam a biodiversidade . Estes estudos de caso realçam o papel da aquacultura na recuperação de ecossistemas e apresentam modelos de colaboração bem sucedidos .

65.0 Biossegurança e Vigilância de Doenças em Aquacultura

Biossegurança Fundamentos para a aquicultura

- **Importância da biossegurança para a prevenção de doenças** : A biossegurança é essencial na aquacultura para evitar a introdução e a propagação de doenças, que podem levar a taxas de mortalidade elevadas e a perdas económicas significativas. Os protocolos de biossegurança eficazes incluem o controlo do acesso às explorações, a esterilização do equipamento e a implementação de medidas de quarentena para as novas unidades populacionais. Um programa robusto de biossegurança é vital na prevenção de agentes patogénicos , incluindo infecções bacterianas, virais e parasitárias, que podem perturbar a produção e levar à contaminação ambiental. Para além de melhorar o bem-estar dos peixes , a biossegurança ajuda as operações de aquacultura a manter a conformidade com as normas regulamentares e a criar confiança nos consumidores .

Criação de sistemas de vigilância eficazes

- **Ferramentas e técnicas para o rastreio de doenças em tempo real** : Os sistemas de vigilância são cruciais para a deteção precoce de doenças, permitindo uma resposta e contenção rápidas. **Ferramentas de monitorização em tempo real** tais como sensores de qualidade da água , monitorização remota por vídeo e controlos de saúde automatizados fornecem dados contínuos sobre as condições de saúde e ambientais numa instalação de aquacultura . Os diagnósticos moleculares, como os testes PCR, podem identificar agentes patogénicos antes do aparecimento de sintomas , permitindo a adoção de medidas preventivas. As plataformas digitais para a comunicação de doenças e a análise de dados facilitam a tomada rápida de decisões e são especialmente eficazes em operações em grande escala ou em zonas com várias explorações.

Controlo de agentes patogénicos contagiosos em ambientes aquáticos

- **Gestão de doenças Protocolos para o controlo de agentes patogénicos** : O controlo dos agentes patogénicos em aquacultura requer uma combinação de abordagens preventivas, de diagnóstico e terapêuticas. A troca regular de água, a desinfeção do equipamento e o controlo da densidade do povoamento reduzem a carga de agentes patogénicos. As vacinas profilácticas, sempre que possível, melhoram a resistência contra doenças comuns . Os protocolos de gestão das doenças incluem frequentemente antibióticos ou tratamentos alternativos, embora estes devam ser utilizados de forma responsável para evitar problemas de resistência e respeitar as normas ambientais . As estratégias de gestão integrada das pragas (IPM), que utilizam uma combinação de controlos biológicos, químicos e mecânicos, estão também a tornar-se populares.

Formação e sensibilização para a biossegurança Boas práticas

- **Educar o pessoal e a comunidade em matéria de biossegurança Medidas** : Garantir que todos os funcionários sejam treinados em biossegurança é essencial para manter um ambiente livre de doenças . Os programas de formação incluem práticas de higiene, protocolos de manuseamento e planos de resposta a surtos de doenças . Muitas empresas de aquacultura participam em acções de sensibilização da comunidade para educar as comunidades circundantes, prevenindo a introdução acidental de agentes patogénicos de fontes externas. Seminários de rotina e oportunidades de aprendizagem contínua ajudam a manter o pessoal informado sobre as práticas de biossegurança mais recentes , reduzindo os riscos e promovendo uma cultura proactiva.

Estudos de casos na gestão bem sucedida de doenças

- **Perfis de explorações agrícolas com programas eficazes de biossegurança** : **A aquicultura de salmão da Noruega** implementou medidas rigorosas de biossegurança , incluindo sistemas de confinamento fechados e controlos sanitários regulares para controlar os piolhos do mar e evitar a propagação de doenças. Outro exemplo é a **indústria do camarão da Tailândia**, que sofreu graves perdas devido à Síndrome da Mortalidade Precoce (EMS). Em resposta, as explorações tailandesas adoptaram práticas de biossegurança tais como reprodutores isentos de agentes patogénicos , tratamento da água e conceção de instalações biosseguras, o que resultou numa redução das taxas de infeção e na estabilização da produção . Estes casos demonstram o papel fundamental da biossegurança na resiliência às doenças e na estabilidade operacional.

66.0 Aquicultura sustentável Certificação e normas

Tipos de Aquacultura Certificação s

- **Certificação ASC, MSC, BAP e Orgânica** : Os programas de certificação são fundamentais para estabelecer referências de sustentabilidade na aquacultura . O **Aquaculture Stewardship Council (ASC)** certifica práticas agrícolas responsáveis, centrando-se em critérios ambientais e sociais. O **Marine Stewardship Council (MSC)** oferece certificação para peixe selvagem , mas colabora frequentemente com o ASC em operações mistas de aquacultura e peixe selvagem. A certificação de **Melhores Práticas de Aquacultura (BAP)** aborda a responsabilidade ambiental , o bem-estar animal , a segurança alimentar , e a responsabilidade social **. A certificação biológica s** também está disponível para determinadas espécies, com normas que abrangem a alimentação, os antibióticos e os impactos no ecossistema. Cada certificação destina-se a segmentos de mercado específicos e garante que os produtos cumprem normas de sustentabilidade reconhecidas .

Processo e benefícios da certificação

- **Etapas, custos e vantagens a longo prazo das práticas certificadas**: A obtenção da certificação exige a conformidade com normas específicas , que é verificada através de auditorias e avaliações efectuadas por organizações acreditadas. Embora a obtenção da certificação acarrete custos (para avaliações, ajustes e conformidade contínua), os benefícios geralmente superam essas despesas. As explorações agrícolas certificadas têm acesso a mercados de primeira qualidade , beneficiam da confiança dos consumidores e podem obter preços mais elevados pelos seus produtos. As vantagens a longo prazo incluem uma maior eficiência operacional , um menor impacto ambiental e melhores relações com as partes interessadas e os organismos reguladores.

Manter a conformidade com as normas de certificação

- **Estratégias para manter padrões elevados nas operações**: A manutenção da certificação exige uma adesão contínua às normas, o que implica uma monitorização contínua, a manutenção de registos e auditorias internas regulares. Estratégias operacionais para o cumprimento incluem a implementação de melhores práticas de gestão (BMPs) para alimentação, gestão de resíduos e densidade de animais . Muitas explorações também investem em sistemas de gestão de certificação, que simplificam a documentação de conformidade e os processos de auditoria. A formação do pessoal sobre os requisitos de certificação garante que todos compreendem as normas, minimizando os riscos de conformidade e mantendo a validade da certificação.

Comercialização Produtos de aquacultura certificados

- **Aproveitar a certificação para obter preços mais elevados e uma imagem de marca** : A certificação proporciona uma valiosa vantagem de marketing ao diferenciar os produtos da aquacultura no mercado. Muitos consumidores estão dispostos a pagar um prémio por produtos certificados, uma vez que a certificação garante um compromisso com a sustentabilidade e a qualidade. As marcas certificadas utilizam frequentemente rótulos ecológicos e marcas de certificação nas embalagens e nos materiais promocionais, o que ajuda os consumidores a fazerem escolhas informadas. O envolvimento em histórias sobre práticas sustentáveis reforça ainda mais a identidade da marca e a lealdade.

Estudos de caso na certificação Sucesso

- **Exemplos de operações certificadas Ganhar quota de mercado**: **Verlasso**, um produtor de salmão no Chile, obteve sucesso ao obter a certificação ASC , o que lhe permitiu entrar em mercados de alto valor nos EUA e na Europa. A empresa destaca as suas práticas ecológicas e a alimentação sustentável para diferenciar a sua marca. **A parceria da Blueyou Consulting com a Tilapia Aquaculture Dialogue** é outra história de sucesso, pois ajudou a estabelecer explorações de tilápia com certificação ASC no Sudeste Asiático, satisfazendo a procura de tilápia sustentável nos mercados ocidentais. Esses casos ilustram o impacto da certificação no posicionamento da marca , no apelo ao consumidor e no acesso ao mercado .

67.0 Turismo aquático e a recreação como modelo de negócio

Introdução ao Turismo Aquático em Aquacultura

- **Potencial da Aquacultura Instalações para o Turismo e a Educação**: A aquacultura oferece oportunidades únicas para combinar a produção alimentar com o turismo e a educação, proporcionando uma plataforma para as pessoas aprenderem sobre práticas agrícolas sustentáveis, biologia marinha e conservação ambiental . O turismo baseado na aquacultura pode envolver actividades como visitas a explorações , experiências educativas interactivas e sessões de degustação de marisco, em que os visitantes adquirem experiência prática com as operações de aquacultura. Este modelo não só diversifica os fluxos de receitas das explorações aquícolas, como também promove a sensibilização do público para a produção sustentável de marisco , os esforços de conservação e os contributos da indústria da aquicultura para a segurança alimentar global .

Desenvolvimento de operações de aquacultura orientadas para o turismo

- **Criação de programas para visitantes , excursões e experiências educativas**: O desenvolvimento de uma aquacultura centrada no turismo requer um planeamento cuidadoso para garantir que as instalações são seguras e atraentes para os visitantes. Os programas para visitantes podem incluir visitas guiadas que mostram vários aspectos do processo de aquacultura, desde as maternidades até à produção de ração e colheita . Componentes educativos, como workshops sobre pesca sustentável, aulas de biologia marinha ou demonstrações de cultivo de moluscos acrescentam profundidade à experiência. Para atender a públicos diversificados, algumas instalações também oferecem actividades interactivas como a alimentação de peixes , a manipulação prática de espécies marinhas ou passeios de caiaque pelas áreas de cultivo, tornando a aquicultura uma experiência de aprendizagem imersiva.

Marketing Aquacultura -Based Tourism

- **Atingir públicos interessados em experiências sustentáveis e únicas**: O marketing do turismo de aquacultura envolve a segmentação de turistas eco-conscientes, famílias, escolas e entusiastas da culinária que valorizam a sustentabilidade e experiências de viagem únicas. As principais estratégias de marketing incluem o desenvolvimento de parcerias com conselhos de turismo, usando as mídias sociais para mostrar aspectos visualmente atraentes da aquicultura e listando passeios em plataformas de ecoturismo . Colaborações com hotéis, linhas de cruzeiro e agências de viagens expandem o alcance, enquanto a oferta de eventos sazonais (como festivais de ostras ou aulas de culinária de frutos do mar) cria um interesse recorrente do visitante.

Impacto ambiental e económico do turismo aquático

- **Equilíbrio entre o turismo e a sustentabilidade ambiental** : Embora o turismo possa proporcionar benefícios económicos , é essencial gerir o impacto dos visitantes para proteger os ecossistemas aquáticos . As práticas de turismo sustentável incluem a limitação do número de visitantes, o estabelecimento de zonas interditas em áreas agrícolas para proteger habitats sensíveis e a educação dos visitantes para um comportamento responsável. Do ponto de vista económico, o turismo aquático pode criar emprego nas zonas rurais, apoiar as empresas locais e proporcionar às explorações aquícolas fontes de rendimento adicionais, aumentando a sua estabilidade financeira . O equilíbrio entre o turismo e a gestão ambiental promove ganhos económicos a curto prazo e a saúde ecológica a longo prazo .

Estudos de caso in Aquaculture Tourism Success

- **Exemplos de empresas aquícolas que integram o turismo**: O **Loch Fyne Oyster Bar**, na Escócia, combina a aquacultura com uma experiência gastronómica de alta qualidade, permitindo aos visitantes visitar as explorações de ostras e saborear marisco cultivado localmente num restaurante no local. Do mesmo modo, o **Kualoa Ranch, no Havai,** oferece visitas guiadas às suas explorações de ostras, ensinando os visitantes sobre aquacultura sustentável ao mesmo tempo que lhes proporciona uma experiência prática de descasque de ostras. Estes exemplos demonstram como a integração do turismo na aquacultura não só gera receitas adicionais, como também promove a sensibilização para a sustentabilidade dos produtos do mar .

68.0 Aquicultura multitrófica integrada (IMTA) Sistemas

Visão geral do IMTA e das suas vantagens

- **Definição, princípios e benefícios ecológicos da IMTA**: Aquacultura multitrófica integrada (IMTA) é um sistema em que espécies de diferentes níveis tróficos são cultivadas em conjunto num ecossistema equilibrado , em que os resíduos de uma espécie servem de nutrientes para outra. Esta abordagem imita os ecossistemas naturais , aumentando a eficiência dos recursos e minimizando o impacto ambiental . Numa configuração típica do IMTA, os peixes produzem resíduos orgânicos, que podem ser absorvidos por filtradores como os mexilhões ou as ostras, enquanto as algas absorvem os nutrientes dissolvidos, reduzindo a poluição por nutrientes nas águas circundantes. A IMTA proporciona benefícios ecológicos, como a melhoria da qualidade da água , o aumento da biodiversidade e uma maior resistência a surtos de doenças .

Conceção e gestão de um sistema IMTA

- **Seleção de espécies, configuração do sistema e gestão**: A conceção eficaz do sistema IMTA começa com a escolha de espécies que interagem harmoniosamente e prosperam em diferentes níveis do ecossistema aquático. Por exemplo, peixes como o salmão ou a tilápia podem ser combinados com bivalves como os mexilhões e algas como as algas. A configuração envolve a disposição espacial das espécies para otimizar o fluxo de nutrientes e a facilidade de gestão. A monitorização regular da qualidade da água e a manutenção do sistema são essenciais para manter níveis equilibrados de nutrientes e taxas de crescimento saudáveis . Os sistemas IMTA requerem ajustamentos contínuos para otimizar as condições de crescimento de cada espécie, gerir as taxas de alimentação e evitar o excesso de povoamento.

Economia da Aquacultura Multitrófica

- **Análise Custo-Benefício da Integração de Múltiplas Espécies**: Do ponto de vista económico, a IMTA oferece a vantagem de diversificar os produtos e maximizar a utilização dos recursos, o que pode aumentar a rentabilidade e reduzir o risco operacional s . Ao produzir múltiplas espécies comercializáveis no mesmo sistema, as operações de aquacultura podem mitigar o impacto económico das flutuações do mercado para um único produto. No entanto, a IMTA requer um investimento inicial s na configuração do sistema, conhecimentos especializados e equipamento de monitorização. Os benefícios a longo prazo superam muitas vezes os custos, uma vez que a IMTA pode levar a uma maior produtividade e a uma menor gestão de resíduos despesas, bem como dar acesso a nichos de mercado interessados em produtos do mar ecológicos.

IMTA em ambientes costeiros e interiores

- **Adaptação do IMTA a vários ambientes aquáticos**: O IMTA é adaptável a diferentes ambientes, incluindo sistemas costeiros marinhos, salobros e de água doce interior. Os sistemas IMTA costeiros são comuns para espécies como o salmão, as ostras e as algas, aproveitando os fluxos naturais das marés para ajudar o ciclo de nutrientes . No interior, os sistemas IMTA de água doce podem envolver espécies como a tilápia , o peixe-gato e as plantas aquáticas, utilizando sistemas de aquacultura de recirculação (RAS) para controlar a qualidade da água . A adaptação da IMTA às condições específicas de cada ambiente permite às explorações maximizar a eficiência, mantendo o equilíbrio ecológico .

Estudos de caso do sucesso da IMTA

- **Exemplos de explorações agrícolas que obtiveram sucesso com a IMTA: A Cooke Aquaculture no Canadá** implementou práticas IMTA com salmão do Atlântico, mexilhões azuis e algas, reduzindo a descarga de resíduos e aumentando a produtividade global. Da mesma forma, **a AquaRock em Portugal** desenvolveu sistemas IMTA com camarão, tilápia , e algas , conseguindo melhorar a qualidade da água e a eficiência dos recursos . Estes casos ilustram como a IMTA pode conduzir a práticas de aquacultura sustentáveis e economicamente viáveis, com impactos positivos no ecossistema circundante.

69,0 Política pública e aquicultura Regulamento

Papel do Governo na Aquacultura Desenvolvimento

- **Políticas governamentais que moldam a aquicultura** : Os governos desempenham um papel crucial na regulação da aquacultura para garantir a sustentabilidade , a proteção ambiental e o crescimento da indústria . As políticas abordam normalmente aspectos como a utilização da água , o povoamento das espécies, a avaliação do impacto ambiental s, e a gestão dos resíduos . As agências reguladoras podem também conceder subsídios , bolsas de investigação e programas de formação para apoiar o sector da aquicultura. Além disso, os governos estabelecem frequentemente diretrizes para a saúde dos peixes , a biossegurança e a segurança alimentar normas , assegurando que os produtos da aquicultura são seguros para os consumidores e os ecossistemas .

Equilíbrio entre a regulamentação e o crescimento do sector

- **Assegurar que os quadros regulamentares apoiam a expansão do sector** : Embora a regulamentação seja essencial para uma aquacultura sustentável , políticas demasiado restritivas podem travar o crescimento . O equilíbrio entre a regulamentação e as necessidades do sector implica a criação de quadros flexíveis que permitam a inovação e a expansão, salvaguardando simultaneamente as normas ambientais . Muitos governos estão a mudar para regulamentos adaptáveis, que se ajustam com base na evolução da indústria e nas condições ambientais. Políticas de apoio, tais como processos de licenciamento simplificados e acesso a subsídios para o desenvolvimento permitem que as empresas de aquacultura cresçam ao mesmo tempo que cumprem as normas ambientais e de segurança .

Políticas públicas Advocacia para o sector do aquacultura

- **Formas efectivas de influenciar a política para benefício da indústria**: As empresas de aquacultura podem defender políticas favoráveis colaborando com associações industriais, grupos de pressão e organizações ambientais . A defesa eficaz inclui a apresentação de estudos baseados em dados que demonstrem os benefícios económicos da aquacultura , a responsabilidade ambiental , e as contribuições para a segurança alimentar . O envolvimento em fóruns públicos, o fornecimento de informações durante os processos de elaboração de políticas e o apoio à investigação científica sobre práticas sustentáveis são também estratégias eficazes para influenciar as decisões regulamentares e promover um ambiente favorável ao crescimento da indústria .

Comparação de políticas globais para análise competitiva

- **Analisar os regulamentos nas principais regiões produtoras de aquacultura** : Compreender os quadros regulamentares internacionais ajuda as empresas de aquacultura a operar em mercados globais. Por exemplo, os regulamentos ambientais rigorosos da Noruega para a criação dc salmão conduziram a práticas inovadoras de gestão de resíduos e estabeleceram um elevado padrão para o bem-estar dos peixes , atraindo mercados de topo. Em contrapartida, as políticas da China centram-se no aumento da produção para satisfazer a procura interna, o que conduz a prioridades regulamentares diferentes. A comparação das políticas globais ajuda as empresas a identificar as melhores práticas e a compreender as vantagens competitivas s em vários mercados, permitindo-lhes definir estratégias mais eficazes para a expansão internacional .

Estudos de caso no impacto das políticas na aquicultura

- **Exemplos de alterações regulamentares s que afectam o sector da aquicultura**: Nos EUA, a Lei da Aquacultura foi introduzida para estabelecer um quadro nacional para a aquacultura sustentável , apoiando a expansão da indústria enquanto protege os ecossistemas costeiros . Outro exemplo é a **Autoridade do Parque Marinho da Grande Barreira de Coral da Austrália**, que implementou políticas que permitem actividades de aquacultura de baixo impacto no parque, equilibrando a preservação ecológica com o crescimento económico . Estes casos demonstram o papel fundamental da política na definição do âmbito, da sustentabilidade e do sucesso das operações de aquicultura.

70.0 Inovação Gestão em Aquabusiness

1. Impulsionar a inovação em aquacultura

- **A importância da inovação para uma aquicultura sustentável Crescimento** : A inovação é crucial para a aquacultura, uma vez que impulsiona o crescimento sustentável , melhora a eficiência operacional , e aborda os desafios ambientais . Ao promover avanços em áreas como as fontes alternativas de alimentação, a gestão de doenças e sistemas de cultivo eficientes do ponto de vista energético, a aquicultura pode responder de forma responsável à crescente procura mundial de produtos do mar. A inovação tecnológica s também ajuda a aquicultura a adaptar-se às alterações climáticas , a reduzir os resíduos e a aumentar a rentabilidade através de processos optimizados. Com um enfoque na inovação, as empresas de aquacultura podem liderar a criação de sistemas ecológicos que melhoram o rendimento, reduzem os custos e melhoram a qualidade do produto .

2. **Inovação Processos e I&D Gestão**
   - **Abordagens estruturadas para promover a criatividade e a I&D** : Uma gestão eficaz da I&D requer uma inovação estruturada processos, tais como o sistema Stage-Gate, que divide o desenvolvimento em fases com pontos de controlo de avaliação. Na aquicultura , a I&D pode centrar-se na melhoria das técnicas de reprodução, das fórmulas de alimentação e dos sistemas de monitorização . O design thinking e as metodologias ágeis fomentam a criatividade, incentivando o desenvolvimento iterativo, o trabalho em equipa multifuncional e o envolvimento das partes interessadas. Laboratórios de investigação, instalações de prototipagem e parcerias com instituições académicas permitem às empresas testar e aperfeiçoar ideias. A gestão de I&D em aquacultura enfatiza os investimentos a longo prazo em áreas como a genética , a gestão da água e a resiliência ambiental .
3. **Colaboração com parceiros tecnológicos**
   - **Criar parcerias para impulsionar a inovação em aquacultura** : A colaboração com empresas de tecnologia, universidades e instituições de investigação pode acelerar a inovação, trazendo conhecimentos e recursos externos para o negócio da aquacultura. As parcerias com fornecedores de tecnologia podem facilitar o acesso à robótica , IoT e ferramentas de análise de dados , melhorando a automação e as capacidades de monitorização. As joint ventures com instituições académicas ajudam a enfrentar desafios específicos do sector , tais como alternativas sustentáveis de alimentação e práticas avançadas de reprodução. A colaboração com parceiros tecnológicos também apoia o intercâmbio de conhecimentos e fornece às empresas de aquicultura informações sobre os mais recentes avanços tecnológicos , promovendo a inovação contínua.
4. **Ultrapassar as barreiras à inovação**
   - **Abordar os desafios regulamentares, financeiros e de mercado** : A inovação na aquacultura enfrenta frequentemente desafios, incluindo restrições regulamentares , elevados custos de I&D e barreiras à aceitação do mercado . As políticas regulamentares que regem as normas ambientais , o bem-estar dos peixes e a utilização da água podem limitar a velocidade a que as novas tecnologias são adoptadas. Os condicionalismos

financeiros, como o acesso limitado ao financiamento, podem dificultar os esforços de I&D. Desafios de mercado incluem convencer os consumidores dos benefícios de inovações como espécies geneticamente melhoradas ou fontes alternativas de alimentação. Para ultrapassar estas barreiras, as empresas podem procurar subsídios governamentais , explorar subsídios para práticas sustentáveis e participar em campanhas de sensibilização do público para aumentar a aceitação dos novos produtos pelos consumidores .

5. Casos de estudo em Aquicultura Inovação Sucesso

- **Perfis de Empresas Líderes em Aquacultura Inovação** : Empresas como a AquaBounty e a XpertSea demonstram uma inovação bem sucedida na aquacultura . A AquaBounty foi pioneira no salmão geneticamente modificado, centrando-se em peixes de crescimento mais rápido com uma pegada ambiental mais pequena. A XpertSea desenvolveu ferramentas baseadas em IA para otimizar a criação de camarões, melhorando a eficiência da alimentação e a monitorização da qualidade da água . Estas empresas exemplificam a forma como a inovação pode melhorar a produção e, ao mesmo tempo, dar resposta a preocupações de sustentabilidade , mostrando que, com I&D orientada e parcerias de colaboração , as empresas de aquacultura podem liderar os avanços globais do sector.

71.0 Financiamento Crescimento e expansão na aquicultura

1. Planeamento para o crescimento do negócio em Aquacultura

- **Planeamento estratégico e gestão financeira para o crescimento** : O crescimento da aquacultura requer um planeamento estratégico cuidadoso , envolvendo estudos de mercado , atribuição de recursos e escalonamento operacional. A gestão financeira é fundamental, uma vez que as empresas necessitam de orçamentar investimentos de capital intensivo em infra-estruturas , tecnologia e mão de obra qualificada. O planeamento do crescimento também envolve a definição de objectivos mensuráveis, a previsão da procura e a garantia de conformidade com as normas da indústria . O planeamento estratégico ajuda as empresas de aquacultura a maximizar a rentabilidade , a minimizar os riscos e a expandir-se de forma sustentável, alinhando os seus objectivos de crescimento com os recursos financeiros disponíveis.

2. Fontes de crescimento Financiamento

- **Financiamento de capital próprio , dívida, subvenções , e empréstimos do governo** : As empresas de aquacultura dispõem de várias opções de financiamento para crescer , incluindo o financiamento de capital próprio , em que os investidores fornecem capital em troca de propriedade. O financiamento da dívida através de empréstimos permite às empresas aceder a fundos sem diluir a propriedade, mas exige uma forte disciplina financeira para gerir os reembolsos. As subvenções governamentais e os empréstimos, em especial os centrados na sustentabilidade , oferecem financiamento não dilutivo, muitas vezes com condições favoráveis. Para as empresas mais pequenas, os microempréstimos e o capital de risco são fontes viáveis. O recurso a múltiplas fontes de financiamento ajuda a diversificar o risco e a garantir um financiamento adequado para os objectivos de expansão a curto e a longo prazo .

3. Fusões e Aquisições em Aquacultura

- **Oportunidades e considerações sobre a consolidação**: As fusões e aquisições (F&A) oferecem oportunidades às empresas de aquacultura para expandir o seu alcance, aceder a novos mercados e melhorar as economias de escala. As F&A podem também trazer conhecimentos tecnológicos, reconhecimento da marca e acesso a redes de distribuição estabelecidas . No entanto, uma consolidação bem sucedida requer uma diligência cuidadosa para avaliar a compatibilidade em termos de cultura da empresa, processos operacionais e estabilidade financeira . As empresas de aquacultura envolvidas em F&A devem também navegar pelas aprovações regulamentares e considerar o impacto nos ecossistemas locais , assegurando que a expansão se alinha com os objectivos de sustentabilidade .

4. Gestão do risco na expansão

- **Avaliação e gestão dos riscos durante o crescimento Fases**: A expansão em aquacultura envolve riscos financeiros, operacionais e ambientais s . A avaliação de riscos inclui a avaliação da procura do mercado , requisitos regulamentares e factores ambientais como a disponibilidade de água e a estabilidade da temperatura . As estratégias de gestão do risco podem incluir a diversificação da oferta de produtos, a introdução de flexibilidade na cadeia de abastecimento s e a manutenção da conformidade com os regulamentos locais e internacionais . As empresas também podem proteger o risco financeiro s através de seguros e instrumentos de cobertura, enquanto o risco operacional s é minimizado através de investimentos em tecnologia fiável e pessoal qualificado.

5. Estudos de caso in Successful Aquaculture Expansion

- **Perfis de empresas que escalaram eficazmente**: Empresas como a Mowi (antiga Marine Harvest) e a Grieg Seafood conseguiram escalar as suas operações através de aquisições estratégicas e de uma gestão eficiente dos recursos . A Mowi expandiu a sua presença global através da aquisição de pequenas empresas de aquacultura , aumentando a capacidade de produção ao mesmo tempo que mantinha normas rigorosas de sustentabilidade . A Grieg Seafood investiu em tecnologias avançadas de monitorização remota e gestão de doenças , o que lhe permitiu expandir as operações, minimizando o impacto ambiental . Estas empresas ilustram como o planeamento estratégico , a prudência financeira e as práticas sustentáveis podem facilitar um crescimento bem sucedido na aquicultura.

72,0 Aquicultura Robótica e automatização

1. Papel emergente da robótica na aquacultura

- **Aplicações da Robótica para Alimentação, Monitorização e Limpeza**: A robótica está a transformar a aquacultura através da automatização de tarefas repetitivas e de mão de obra intensiva, como a alimentação, a monitorização do comportamento dos peixes e a limpeza de tanques ou redes. Os alimentadores automatizados garantem uma distribuição precisa e atempada da ração , o que reduz o desperdício e melhora as taxas de crescimento dos peixes . Os robôs de monitorização equipados com câmaras e sensores podem inspecionar a saúde dos peixes e a qualidade da água em tempo real, permitindo uma intervenção imediata quando necessário. Os robôs de limpeza ajudam a manter as condições ideais do aquário, removendo detritos e biofilme, melhorando a qualidade da água e reduzindo os riscos de doença.

2. Automação Tecnologias na gestão agrícola

- **Sistemas automatizados para operações quotidianas**: A automatização na aquacultura vai para além da robótica , com sistemas baseados na IoT que permitem o controlo em tempo real das operações agrícolas. Os sistemas automatizados de controlo ambiental ajustam os parâmetros da água, como a temperatura e o pH , com base no feedback do sensor , criando condições ideais para a saúde dos peixes . Os sistemas de automatização da alimentação monitorizam o consumo dos peixes e adaptam os horários de alimentação em conformidade. Com a automatização, as explorações podem funcionar eficientemente com custos de mão de obra reduzidos e menos erros humanos, permitindo aos gestores concentrarem-se em tarefas estratégicas.

3. Impactos financeiros e operacionais da robótica

- **Análise custo-benefício da automatização em aquacultura** : A implementação da robótica e da automação pode ser de capital intensivo, mas os benefícios a longo prazo incluem custos operacionais mais baixos , maior produtividade e maior bem-estar dos peixes . A automatização reduz a dependência do trabalho manual, especialmente em ambientes remotos ou perigosos, e minimiza o desperdício através de uma alimentação precisa. O investimento inicial na automatização pode ser compensado pelo aumento dos rendimentos, pela redução das taxas de mortalidade e pela melhoria da qualidade do produto . Em termos financeiros, a robótica pode melhorar a rentabilidade ao aumentar a eficiência operacional e reduzir o consumo de recursos.

4. **Integração da robótica com o trabalho humano**
   - **Modelos de colaboração entre tecnologia e pessoal**: A integração da robótica com o trabalho humano requer uma abordagem colaborativa, em que os robôs executam tarefas repetitivas ou fisicamente exigentes, enquanto os trabalhadores humanos se concentram na supervisão , na análise de dados e na tomada de decisões . Os programas de formação garantem que os trabalhadores compreendem como operar e manter sistemas automatizados, tornando-os parceiros na integração tecnológica. Os modelos colaborativos melhoram a produtividade, uma vez que os conhecimentos humanos complementam a precisão e a eficiência da robótica, conduzindo a uma operação de aquacultura simplificada, reactiva e altamente produtiva.
5. **Estudos de casos in Robotics in Aquaculture**
   - **Exemplos de explorações agrícolas que aumentam a produtividade com a robótica** : As explorações de salmão na Noruega foram pioneiras na utilização de drones subaquáticos e de alimentadores automatizados para simplificar as operações. Estes robôs monitorizam a saúde dos peixes , efectuam a manutenção e reduzem o desperdício de ração. Da mesma forma, as explorações de camarão na Ásia adoptaram sistemas de alimentação automatizados , que ajustam a distribuição da ração com base no comportamento do camarão, reduzindo os custos e melhorando as taxas de crescimento . Estes estudos de caso realçam o potencial da robótica para aumentar a produtividade, a eficiência e a sustentabilidade na aquacultura .

73,0 Empreendedorismo social em aquacultura

1. **Definição de Empreendedorismo Social em Aquacultura**
   - **Modelos de negócio centrados no impacto social e ambiental** : O empreendedorismo social na aquacultura combina a geração de lucros com objectivos sociais e ambientais significativos. Estes modelos de negócio s dão prioridade a práticas sustentáveis , tais como a utilização responsável dos recursos, o envolvimento da comunidade , e a saúde do ecossistema , ao mesmo tempo que pretendem fornecer alimentos nutritivos e acessíveis ou criar empregos para comunidades marginalizadas. Exemplos de empreendedorismo social em aquacultura incluem pisciculturas centradas na comunidade , produção sustentável de algas para recuperação ambiental e projectos de aquacultura que oferecem formação profissional a

populações carenciadas. Esta abordagem cria valor para além do lucro, abordando questões como a segurança alimentar , o emprego local e a recuperação ambiental.

2. **Criar um negócio aquático socialmente responsável**
   - **Incorporação da RSE e dos objectivos sociais nas operações**: Os aquaciclos socialmente responsáveis integram a responsabilidade social das empresas (RSE) e os objectivos sociais diretamente nas suas operações, centrando-se frequentemente no impacto na comunidade local, na gestão ambiental e em práticas laborais justas. Os esforços de RSE podem incluir o abastecimento transparente, a minimização da poluição , e o apoio às comunidades locais através da criação de emprego ou de iniciativas educativas. As práticas operacionais podem envolver a utilização de fontes de alimentação ecológicas, a implementação de sistemas de reciclagem de água , ou o apoio a pequenos agricultores através de modelos cooperativos . Estas iniciativas melhoram a reputação da empresa, fomentam a lealdade dos consumidores socialmente conscientes e ajudam a enfrentar os desafios socioeconómicos locais .
3. **Financiamento e apoio às empresas sociais**
   - **Subsídios , Investidores de Impacto e Parcerias para Empreendimentos Sociais**: As empresas sociais no sector da aquacultura têm acesso a várias fontes de financiamento que dão prioridade ao impacto social e ambiental . Investidores de impacto fornecem capital a empreendimentos que demonstrem retornos financeiros e resultados sociais mensuráveis. Além disso, as subvenções de governos, ONG e fundações ambientais apoiam projectos que visam a conservação , o desenvolvimento comunitário ou a produção alimentar sustentável . As parcerias com organizações sem fins lucrativos, instituições educativas e agências internacionais de desenvolvimento podem também trazer recursos, conhecimentos e credibilidade, ajudando as empresas de aquacultura social a atingir os seus objectivos.
4. **Estudos de caso de Impacto Social na Aquacultura**
   - **Perfis de empresas aquícolas com contributos sociais significativos**: Organizações como a Fishers & Changemakers no Sudeste Asiático e as pisciculturas apoiadas pela Kiva em África exemplificam o empreendedorismo social na aquacultura . A Fishers & Changemakers apoia as comunidades piscatórias locais com formação em aquacultura sustentável , aumentando as oportunidades de rendimento e preservando os ecossistemas locais . Do mesmo modo, as explorações piscícolas financiadas pela Kiva concedem microempréstimos a pequenos agricultores, permitindo-lhes criar operações de aquacultura sustentáveis.

Estas empresas sociais ilustram o potencial da aquacultura para contribuir para o desenvolvimento económico local , melhorar a segurança alimentar e promover a conservação ambiental .

74,0 Desenvolvimento dos recursos humanos e gestão dos talentos

1. Recrutamento e desenvolvimento de talentos na aquicultura

- **Competências necessárias e boas práticas para o recrutamento** : À medida que a aquacultura se moderniza, o sector requer uma mão de obra especializada em biologia, ciências ambientais, tecnologia e gestão empresarial. As competências-chave incluem a gestão da qualidade da água , a saúde dos peixes monitorização , análise de dados e manuseamento de equipamento. As práticas de recrutamento eficazes envolvem a seleção de indivíduos com conhecimentos técnicos e interesse pela sustentabilidade . As parcerias com instituições de ensino, a participação em feiras de carreiras e a promoção de estágios são métodos comuns para atrair jovens talentos para o sector. O recrutamento deve centrar-se em candidatos empenhados em práticas sustentáveis e na inovação .

2. Programas de formação e desenvolvimento

- **Criar formação estruturada para o pessoal da aquacultura** : Os programas de formação estruturada em aquacultura abrangem competências técnicas e soft skills, tais como métodos de cultivo sustentáveis, protocolos de saúde e segurança e gestão ambiental. Estes programas podem também incluir formação tecnológica, centrada na robótica , na análise de dados e em sistemas automatizados, bem como nas relações com os clientes para funções de vendas e serviços. A formação tem frequentemente lugar no local, combinando a aprendizagem em sala de aula com experiências práticas. Para se manterem actualizados com os avanços da indústria, os programas de desenvolvimento profissional contínuo são essenciais, mantendo os empregados actualizados com as novas práticas e tecnologias.

3. Retenção de empregados Estratégias

- **Criar uma cultura positiva e proporcionar oportunidades de crescimento** : A retenção de funcionários na aquacultura beneficia de uma cultura de trabalho favorável, de uma remuneração competitiva e de oportunidades de progressão na carreira. Ao promover um local de trabalho inclusivo e orientado para objectivos e ao dar ênfase ao bem-estar dos empregados , as empresas podem criar lealdade e reduzir a rotatividade. A oferta de percursos de carreira claros, programas de orientação e promoções internas encorajam os empregados a crescer dentro da empresa. A retenção também melhora através de incentivos como acordos de trabalho flexíveis, bónus ligados a realizações de sustentabilidade e programas de reconhecimento.

4. **Futuro dos RH na Aquicultura**

- **Adaptação à evolução das necessidades da mão de obra e das tecnologias**: O futuro dos recursos humanos na aquacultura inclui a adaptação aos avanços tecnológicos e à evolução demográfica da mão de obra. Com o aumento da automatização , as estratégias de RH centrar-se-ão no recrutamento de trabalhadores com conhecimentos tecnológicos e na melhoria das competências do pessoal existente. À medida que a aquacultura cresce a nível mundial, as empresas poderão ter de gerir equipas multiculturais e aderir a normas laborais diversas , tornando a competência intercultural um ativo valioso. Além disso, os departamentos de RH darão provavelmente prioridade à sustentabilidade no recrutamento para atrair talentos alinhados com os objectivos ambientais da empresa.

5. **Estudos de casos sobre a gestão eficaz dos recursos humanos**

- **Perfis de explorações agrícolas com práticas de RH bem sucedidas**: Empresas como a Cermaq e a Thai Union investiram em estratégias de RH que aumentam o envolvimento dos funcionários e o desenvolvimento. A Cermaq, uma empresa de aquacultura centrada na criação sustentável de salmão, implementou programas de formação em práticas sustentáveis e segurança . A Thai Union, um gigante do sector do marisco, centra-se em práticas laborais justas e em iniciativas de melhoria de competências para os trabalhadores das instalações de transformação. Estas empresas ilustram como uma gestão eficaz dos recursos humanos pode apoiar o crescimento sustentável , a retenção de trabalhadores e uma cultura positiva no local de trabalho.

75.0 Economia Circular Princípios na Aquacultura

1. **Introdução à Economia Circular em Aquacultura**

- **Princípios de uma economia circular e minimização de resíduos**: Uma economia circular tem como objetivo eliminar o desperdício através da reciclagem contínua , da reutilização e da recuperação de recursos, em contraste com o modelo linear tradicional de "pegar, fazer, descartar". Na aquacultura , isto envolve a minimização dos resíduos através da utilização eficiente dos recursos, como a água e a alimentação, e a reciclagem de produtos residuais, como as lamas ricas em nutrientes. Os princípios da economia circular ajudam a transformar os resíduos em factores de produção valiosos, reduzindo o impacto ambiental e criando um modelo de produção sustentável.

2. **Conceção de operações de aquacultura sem resíduos**

- **Abordagens para Reciclagem Água, Nutrientes e Energia**: Aquacultura sem resíduos sistemas incorporam processos de reciclagem que permitem que a água, os nutrientes e a energia sejam reutilizados na exploração. Por exemplo, os sistemas de aquacultura de recirculação (RAS) filtram e recirculam a água, minimizando a necessidade de nova entrada de água e reduzindo a descarga de resíduos. A reciclagem de nutrientes pode transformar os resíduos de peixe em fertilizantes para a agricultura ou para o cultivo de algas . A integração de fontes de energia renováveis , como a solar ou a eólica, ajuda a reduzir a dependência de energia externa e apoia os objectivos de desperdício zero.

3. **Benefícios económicos da economia circular Modelos**
   - **Poupança de custos e benefícios de mercado das práticas de desperdício zero**: A adoção de modelos de economia circular pode reduzir os custos operacionais na aquacultura ao diminuir o consumo de água, ração e energia. A reciclagem e a reutilização de recursos minimizam os custos de entrada, enquanto as iniciativas de valorização de resíduos , como a produção de fertilizantes ou biogás a partir de resíduos de peixe , geram fluxos de receitas adicionais. Os consumidores preocupados com o ambiente favorecem frequentemente as empresas com práticas sustentáveis , aumentando a atração do mercado e reforçando a reputação da marca. As práticas de desperdício zero proporcionam assim benefícios económicos ao mesmo tempo que satisfazem a procura crescente de produtos sustentáveis.
4. **Parcerias com a Economia Circular Iniciativas**
   - **Colaborações com empresas de gestão de resíduos e de reciclagem** : O sucesso da economia circular na aquacultura depende frequentemente de parcerias com organizações de gestão de resíduos e de reciclagem que possam fornecer conhecimentos especializados em tecnologias de recuperação e reciclagem de recursos. As colaborações com empresas especializadas na transformação de resíduos em energia ou na produção de fertilizantes orgânicos permitem às empresas de aquacultura gerir os resíduos de forma eficiente e transformar os subprodutos em recursos valiosos. Estas parcerias também ajudam as empresas de aquacultura a manterem-se actualizadas com os métodos e tecnologias de reciclagem mais recentes, melhorando a eficiência dos recursos e a sustentabilidade resultados.
5. **Estudos de caso on Circular Economy Success**
   - **Exemplos de aquacultura de desperdício zero Businesses**: Empresas como a BioFishency e a Kingfish Zeeland são exemplos importantes de aquacultura de desperdício zero. A BioFishency é especializada em

tecnologia RAS, permitindo que as explorações de peixes reutilizem quase toda a água, reduzindo drasticamente o desperdício de água. A Kingfish Zeeland centra-se na produção sustentável de cauda amarela, utilizando sistemas de circuito fechado e energia renovável . Estas empresas exemplificam como os princípios da economia circular podem ser aplicados à aquacultura, provando que as práticas sem resíduos aumentam a sustentabilidade ambiental e a eficiência operacional .

76,0 Inteligência Artificial (IA) no sector do Aquabusiness

1. O papel da IA na transformação da aquicultura

- **Introdução à IA Aplicações específicas do sector aquícola**: A inteligência artificial (IA) está a remodelar a aquacultura , automatizando processos, melhorando a tomada de decisões , e melhorando a eficiência. As aplicações de IA no sector aquícola incluem sistemas de alimentação automatizados , análise preditiva e monitorização ambiental em tempo real. Estas tecnologias ajudam a otimizar a gestão das explorações, fornecendo informações baseadas em dados sobre a saúde dos peixes , as condições de crescimento e a qualidade da água , reduzindo a dependência da monitorização manual e permitindo respostas mais rápidas a potenciais problemas. Com a IA, as operações de aquacultura podem melhorar a produtividade, reduzir o desperdício e apoiar os objectivos de sustentabilidade gerindo os recursos de forma mais eficaz.

2. Aprendizagem automática para análise preditiva

- **Utilização da IA para a saúde dos peixes , previsão de crescimento e prevenção de doenças** : Os algoritmos de aprendizagem automática analisam grandes conjuntos de dados recolhidos a partir de sensores , câmaras e registos históricos para identificar padrões de comportamento, saúde e condições ambientais dos peixes. Ao prever factores como as taxas de crescimento, a IA pode otimizar os horários de alimentação e as épocas de colheita, conduzindo a um melhor rendimento e eficiência de custos . Para a prevenção de doenças , os modelos de aprendizagem automática podem detetar sinais precoces de doença, permitindo aos agricultores tomar medidas preventivas antes da ocorrência de surtos, reduzindo assim as taxas de mortalidade e a necessidade de antibióticos . Esta capacidade de previsão aumenta a produtividade e o bem-estar dos animais na aquicultura .

3. AI -Alimentação de precisão e monitorização

- **Sistemas de alimentação inteligentes e monitorização em tempo real com IA** : Os sistemas de alimentação baseados em IA utilizam dados em tempo real para ajustar as quantidades e os horários da alimentação com base no apetite e no comportamento dos peixes , minimizando o desperdício de ração e assegurando uma nutrição óptima. Estes sistemas monitorizam a atividade dos peixes através de câmaras e sensores , analisando os dados para determinar com precisão as necessidades de alimentação, o que melhora as taxas de crescimento e reduz o impacto ambiental dos alimentos não consumidos. A monitorização em tempo real com IA também monitoriza a qualidade da água métricas como os níveis de oxigénio, pH e temperatura , permitindo ajustes imediatos para manter as condições ideais para a saúde dos peixes .

4. Desafios e considerações éticas com a IA

- **Abordar a privacidade dos dados, a exatidão e as preocupações éticas**: Embora a IA ofereça benefícios significativos, a sua utilização na aquacultura levanta desafios , tais como preocupações com a privacidade dos dados , especialmente quando se recolhem informações de sistemas ligados à nuvem. É fundamental garantir a exatidão dos dados, uma vez que dados não fiáveis podem levar a decisões mal informadas com consequências potencialmente prejudiciais para o bem-estar dos peixes e a rentabilidade das explorações . As considerações éticas incluem o impacto da automatização no emprego e a necessidade de transparência nos processos de tomada de decisão baseados na IA . O desenvolvimento de diretrizes para uma utilização responsável da IA pode ajudar a resolver estas questões, promovendo práticas éticas na aquacultura.

5. Casos de estudo da IA Sucesso no sector do aquabusiness

- **Exemplos de explorações agrícolas que utilizam a IA para melhorar as operações**: Empresas como a XpertSea e a SmartOysters implementaram com sucesso a IA para otimizar as operações. A XpertSea utiliza a aprendizagem automática para acompanhar o crescimento do camarão e a saúde , permitindo um controlo preciso da alimentação e do momento da colheita. A SmartOysters utiliza a IA para o cultivo de ostras, utilizando dados ambientais para ajudar os agricultores a monitorizar e a ajustar-se às condições em mudança. Estes estudos de caso destacam a eficácia da IA na redução de custos, no aumento do rendimento e na melhoria da sustentabilidade , demonstrando como a tecnologia pode transformar a aquacultura numa indústria mais eficiente e orientada para os dados.

77,0 Aquicultura internacional Diplomacia

1. Importância das relações diplomáticas na aquicultura

- **Como a Diplomacia pode melhorar a partilha de recursos e o comércio**: As relações diplomáticas desempenham um papel crucial na aquacultura ao promoverem a cooperação internacional , a partilha de recursos e o acesso ao mercado . Os países com laços diplomáticos sólidos podem negociar melhores condições de utilização dos recursos, como os direitos de pesca e o acesso à água , promovendo simultaneamente práticas sustentáveis . A diplomacia também facilita o intercâmbio de conhecimentos e a inovação , permitindo que os países colaborem na investigação e desenvolvimento em áreas como a prevenção de doenças e a alimentação sustentável . Estes esforços de cooperação reforçam a segurança alimentar global e promovem a gestão ambiental .

2. Desenvolvimento da aquicultura Relações comerciais

- **Criar parcerias produtivas através da diplomacia** : Relações comerciais sólidas apoiadas pela diplomacia permitem que os países acedam a mercados maiores, expandam as oportunidades de exportação e assegurem a cadeia de abastecimento s para insumos de aquacultura , como rações e equipamentos. Os acordos diplomáticos sobre direitos aduaneiros e políticas comerciais proporcionam às empresas de aquicultura condições de mercado estáveis, promovendo o crescimento e a competitividade. Por exemplo, os acordos de comércio livre podem reduzir as barreiras à importação/exportação, facilitando a entrada dos produtos da aquicultura em mercados com elevada procura , estimulando assim o desenvolvimento económico e promovendo parcerias internacionais .

3. Aquicultura 's Role in International Agreements

- **Análise do impacto de acordos como o Acordo de Paris na aquicultura** : Os acordos globais, como o Acordo de Paris, influenciam a aquacultura ao estabelecerem normas ambientais que os países membros devem cumprir, promovendo práticas sustentáveis e reduzindo as emissões de carbono. As empresas de aquacultura estão cada vez mais alinhadas com estes objectivos, adoptando práticas de eficiência energética e reduzindo as emissões de gases com efeito de estufa. Os acordos internacionais também abordam questões como a acidificação dos oceanos e a biodiversidade , motivando as indústrias da aquacultura a investir em tecnologias e práticas sustentáveis que se alinham com os objectivos ambientais globais.

4. Estudos de caso da Aquicultura Diplomacia

- **Perfis de iniciativas diplomáticas bem sucedidas no domínio da aquacultura** : A colaboração da Noruega com outras nações em matéria de práticas sustentáveis de criação de peixe é um exemplo de diplomacia de aquacultura bem sucedida . Através de parcerias com países como o Chile e o Japão, a Noruega partilha conhecimentos sobre a criação de salmão, contribuindo para o conhecimento global sobre sustentabilidade e bem-estar dos peixes . Do mesmo modo, a cooperação da ASEAN para o desenvolvimento da aquicultura regional demonstra como os esforços diplomáticos podem melhorar a gestão dos recursos , a colaboração na investigação e a integração comercial transfronteiriça, aumentando a segurança alimentar e o crescimento económico no Sudeste Asiático.

78.0 Resiliência contra os riscos geopolíticos no sector aquático

1. Compreender os riscos geopolíticos para a aquacultura

- **Guerras comerciais, sanções e conflitos regionais**: A aquicultura é vulnerável a riscos geopolíticos , tais como guerras comerciais , que podem perturbar o acesso a mercados-chave, ou sanções, que limitam a capacidade de exportar produtos ou de obter factores de produção essenciais. Os conflitos regionais podem ter impacto na cadeia de abastecimento s , afectando a disponibilidade de alimentos para animais, o transporte e outros elementos essenciais operacionais. Estes riscos podem levar à volatilidade dos preços, à escassez da oferta e à redução do acesso ao mercado , tornando crucial para as empresas de aquacultura compreender e monitorizar o panorama geopolítico.

2. Desenvolver um plano de gestão do risco geopolítico

- **Planeamento estratégico para gerir as perturbações internacionais**: Para mitigar os riscos geopolíticos , as empresas de aquacultura necessitam de planos sólidos de gestão do risco que incluam a análise de cenários , planos de contingência e estratégias de diversificação. Avaliações regulares das condições políticas e económicas ajudam as empresas a prepararem-se para potenciais perturbações. As empresas podem desenvolver medidas de contingência, tais como fornecedores alternativos, rotas de transporte diversificadas e gestão de stocks para manter a resiliência durante crises geopolíticas. Um plano de gestão de risco abrangente ajuda as empresas de aquacultura a manterem-se ágeis e a responderem às incertezas globais.

3. Diversificação dos mercados e das cadeias de abastecimento

- **Reduzir a dependência de um único mercado ou fornecedor**: A diversificação é uma estratégia crítica para as empresas de aquacultura para reduzir a dependência de mercados ou fornecedores específicos. Ao expandirem-se para várias regiões, as empresas podem mitigar o impacto das restrições comerciais ou da recessão económica numa única área. A diversificação dos fornecedores de rações, equipamentos e outros bens essenciais reduz a vulnerabilidade à cadeia de abastecimento perturbações causadas por questões geopolíticas. O estabelecimento de redes de abastecimento alternativas e a exploração de mercados regionais garantem que as operações podem continuar mesmo que os fornecedores primários sejam afectados.

4. Estudos de caso em Resiliência Geopolítica

- **Exemplos de empresas de aquacultura que mitigam com sucesso os riscos geopolíticos**: Empresas como a Thai Union demonstraram resiliência ao diversificar a sua presença no mercado, exportando para vários países para mitigar os riscos das tensões comerciais. Do mesmo modo, a indústria norueguesa do salmão estabeleceu diversos canais de exportação , assegurando o acesso a vários mercados internacionais apesar das restrições regionais. Estes exemplos ilustram a forma como o planeamento estratégico e a diversificação de mercados podem ajudar as empresas de aquacultura a enfrentar os riscos geopolíticos , mantendo a estabilidade e o crescimento num ambiente global imprevisível.

79.0 Abordagens inovadoras para a criação de novas espécies de aquicultura

1. Expansão da diversidade de espécies em aquicultura

- **O Potencial de Novas Espécies em Aquacultura** : A expansão da diversidade de espécies em aquacultura abre novas oportunidades de mercado e reduz a dependência de algumas espécies tradicionais. Ao introduzir novas espécies de peixe e de marisco , a aquacultura pode satisfazer as exigências específicas dos consumidores, diversificar os fluxos de rendimento e contribuir para uma produção alimentar sustentável . Espécies como a perca-gigante, o peixe-espada e alternativas ao marisco estão a ganhar interesse devido à sua adaptabilidade , perfis nutricionais e resiliência às alterações ambientais. A diversidade de espécies reduz a pressão sobre as unidades populacionais de peixes selvagens e pode melhorar o equilíbrio do ecossistema em sistemas multitróficos de aquacultura . Com o aumento da procura de produtos do mar, a expansão das espécies disponíveis para cultura pode aumentar a segurança alimentar e proporcionar uma vantagem competitiva aos produtores que possam oferecer produtos únicos.

2. Reprodução experimental e seleção de espécies

- **Programas de reprodução para espécies emergentes**: A criação de novas espécies envolve a seleção de peixes ou mariscos com base na taxa de crescimento , resistência a doenças e adaptabilidade a várias condições de cultivo. Os programas experimentais de reprodução centram-se no cultivo de espécies que possam prosperar em ambientes controlados de aquacultura mantendo, ao mesmo tempo, caraterísticas desejáveis, tais como um elevado teor de proteínas e atratividade para o mercado. A reprodução selectiva , a hibridação e a seleção genética são utilizadas para melhorar caraterísticas específicas de novas espécies, tornando-as mais adequadas para a aquicultura. Os programas de seleção e reprodução de espécies são frequentemente conduzidos em colaboração com instituições de investigação, onde são realizados ensaios para determinar os melhores protocolos de reprodução, necessidades alimentares e ambientes de crescimento.

3. **Desafios e preocupações regulamentares**

- **Questões regulamentares e aceitação de novas espécies pelo mercado**: A criação e a introdução de novas espécies enfrentam desafios regulamentares e de mercado , uma vez que os organismos reguladores exigem avaliações exaustivas do impacto ambiental e sanitário para garantir a segurança do ecossistema . Por exemplo, as preocupações com a potencial invasividade, a transmissão de doenças e o equilíbrio ecológico exigem aprovações rigorosas antes de as espécies serem cultivadas comercialmente. Além disso, os consumidores podem não estar familiarizados com as novas espécies, o que leva a uma hesitação inicial e à necessidade de esforços de marketing educativos para aumentar a aceitação. A rotulagem clara, a certificação e a comunicação transparente sobre a sustentabilidade podem ajudar a ultrapassar as barreiras regulamentares e de mercado.

4. **Estudos de caso de sucesso com novas espécies**

- **Exemplos de novas espécies que ganham força no mercado**: Exemplos de novas espécies bem sucedidas na aquacultura incluem o salvelino do Ártico, que tem uma elevada resiliência para a aquacultura em águas frias, e o peixe-espada, conhecido pelo seu sabor rico e adaptabilidade a ambientes de aquacultura. A perca-gigante, uma espécie versátil tanto em ambientes de água doce como marinhos, ganhou popularidade devido ao seu sabor suave e à sua adaptabilidade, tornando-se um alimento básico nos mercados asiático e ocidental. Estes estudos de caso demonstram como a reprodução direcionada, o marketing estratégico e a educação do consumidor podem introduzir com sucesso novas espécies nos mercados da aquicultura .

80,0 Eco-Turismo e Aquacultura Educativa Iniciativas

1. **Integração do ecoturismo no aquabusiness**

- **Desenvolvimento de modelos de turismo ecológico no âmbito da aquicultura** : A integração do ecoturismo na aquacultura permite às empresas diversificar as fontes de rendimento, promovendo simultaneamente a sensibilização ambiental . O ecoturismo na aquicultura pode incluir visitas guiadas a explorações piscícolas, experiências práticas de alimentação ou apanha sustentável de peixes , e demonstrações educativas de práticas ambientais como a filtragem da água e a gestão de resíduos . O desenvolvimento de modelos de turismo ecológico envolve a criação de instalações amigáveis para os visitantes, a manutenção de altos padrões de limpeza e segurança e a ênfase na conservação e na produção responsável de frutos do mar nas excursões. Estes programas apelam frequentemente a turistas com consciência ecológica interessados em aprender sobre sistemas alimentares sustentáveis.

2. **Desenvolvimento de programas educativos**
   - **Conceção de programas para visitantes , workshops e visitas de estudantes**: As instalações de aquacultura podem melhorar a compreensão pública da produção sustentável de marisco através do desenvolvimento de programas educativos para vários públicos, incluindo grupos escolares, estudantes universitários e o público em geral. As iniciativas educativas podem consistir em workshops interactivos, áreas de demonstração e currículos adaptados que abranjam tópicos como a biologia dos peixes , a gestão da qualidade da água e técnicas de cultivo sustentáveis. A colaboração com escolas e universidades locais na conceção de programas especializados promove o envolvimento da comunidade e melhora a imagem pública da aquacultura como um negócio responsável e educativo.
3. **Impacto ambiental das iniciativas de ecoturismo**
   - **Equilíbrio entre o turismo e as práticas sustentáveis** : Embora o ecoturismo gere receitas e educa o público, pode ter impacto no ambiente se não for gerido cuidadosamente. Equilibrar o turismo com práticas sustentáveis envolve a regulação do número de visitantes, a minimização dos resíduos e a utilização de materiais ecológicos nas instalações dos visitantes. As empresas podem limitar a pegada ambiental do turismo implementando medidas de poupança de energia, educando os visitantes sobre práticas de conservação e assegurando que os habitats naturais em torno das instalações de aquacultura permanecem intactos. O ecoturismo deve reforçar a sustentabilidade como um valor fundamental da aquicultura, demonstrando um compromisso com a gestão ambiental .
4. **Marketing e promoção de programas educativos**
   - **Alavancar Parcerias e Media para Promover a Aquacultura Educação** : A promoção eficaz do ecoturismo e de programas educacionais envolve parcerias com organizações ambientais , conselhos locais de turismo e escolas para atingir públicos mais amplos. O recurso às redes sociais e aos sítios Web de ecoturismo ajuda a promover eventos , a partilhar conteúdos educativos e a atrair visitantes. Ao enfatizar a sustentabilidade e os aspectos educacionais de seus programas, as instalações de aquicultura podem atrair consumidores e famílias com consciência ecológica, gerando relações públicas positivas e reforçando seu compromisso com a produção responsável de frutos do mar.
5. **Estudos de caso em Eco-Turismo e Sucesso Educativo**

- **Exemplos de instalações de aquicultura líderes em ecoturismo** : Empresas como a Monterey Abalone Company, na Califórnia, e a Nordic Aquafarms, na Noruega, são exemplos de sucesso na integração do ecoturismo . A Monterey Abalone Company oferece visitas guiadas que ensinam os visitantes a cultivar moluscos de forma sustentável, promovendo a conservação da biodiversidade marinha local . A Nordic Aquafarms organiza programas para visitantes centrados nas práticas sustentáveis subjacentes à criação de salmão, atraindo turistas e educando o público sobre os benefícios ambientais da aquicultura. Estas instalações demonstram como o ecoturismo e a educação podem aumentar o apoio da comunidade, gerar rendimentos adicionais e sensibilizar para a sustentabilidade dos produtos do mar .

81.0 Governação Empresarial Avançada em Aquacultura

1. Normas em evolução para o governo das sociedades

- **Melhores Práticas e Tendências Emergentes na Governação para a Aquacultura** : A governação empresarial na aquacultura evoluiu para dar prioridade à transparência , à responsabilidade ambiental e à gestão ética. As melhores práticas incluem o estabelecimento de estruturas de governação claras , a nomeação de membros independentes do conselho de administração e a adesão a diretrizes de sustentabilidade . As tendências emergentes envolvem a integração de métricas ambientais, sociais e de governação (ESG) nas avaliações de desempenho, demonstrando um compromisso com a aquicultura responsável. Uma governação eficaz garante que as empresas aquícolas operam de forma ética e transparente, satisfazendo as expectativas das partes interessadas e as normas regulamentares .

2. Criar práticas de comunicação transparentes

- **Garantir a transparência com dados financeiros e operacionais**: Práticas transparentes de informação são essenciais para criar confiança junto das partes interessadas, incluindo investidores, consumidores e organismos reguladores. Para a aquacultura , isto implica a publicação de relatórios regulares sobre o desempenho financeiro, o impacto ambiental , o bem-estar dos peixes e as iniciativas de responsabilidade social . Relatórios transparentes destacam o progresso da empresa em práticas sustentáveis , tornando-a responsável pelo impacto ambiental e demonstrando o alinhamento com as normas globais , tais como as estabelecidas pela Global Reporting Initiative (GRI) ou pelo Sustainability Accounting Standards Board (SASB).

3. Estrutura do Conselho de Administração e Supervisão em Aquabusinesses

- **Desenvolvimento de estruturas de governação eficazes**: Estruturas de governação eficazes na aquacultura envolvem a criação de conselhos de administração com conhecimentos diversificados em áreas como as finanças, a sustentabilidade e a regulamentação da indústria. A nomeação de membros do conselho de administração com perspectivas independentes assegura uma tomada de decisões equilibrada e reduz os riscos associados a conflitos de interesses. O papel do conselho de administração inclui a supervisão das práticas de gestão, garantindo a conformidade com os regulamentos ambientais e definindo objectivos estratégicos que dão prioridade à sustentabilidade. Auditorias e avaliações regulares mantêm os processos de governação alinhados com as melhores práticas , promovendo operações responsáveis e éticas .

4. Equilibrar os interesses das partes interessadas

- **Gerir as relações com os acionistas, os trabalhadores e a comunidade**: A governação empresarial na aquicultura exige o equilíbrio dos interesses de diversas partes interessadas, incluindo os acionistas que procuram obter retornos financeiros, os trabalhadores que exigem condições de trabalho seguras e justas e as comunidades afectadas pelas operações agrícolas. Uma gestão eficaz das partes interessadas implica uma comunicação regular , transparência na tomada de decisões e capacidade de resposta ao feedback das partes interessadas . Dar prioridade à sustentabilidade e à responsabilidade social cria boa vontade com as comunidades e fortalece as relações a longo prazo, melhorando a reputação da empresa e assegurando a licença social para operar.

5. Estudos de caso em Governação Exemplar

- **Empresas reconhecidas pelas suas práticas de governação empresarial**: Empresas como a Mowi ASA e a Grieg Seafood são reconhecidas pela sua governação empresarial exemplar na aquacultura . A Mowi dá ênfase aos factores ESG no seu modelo de governação, publicando regularmente relatórios abrangentes sobre o impacto ambiental e iniciativas de responsabilidade social . A Grieg Seafood, conhecida pelo seu compromisso com a transparência , publica relatórios detalhados de sustentabilidade e implementou práticas de governação rigorosas para supervisionar operações éticas . Estes exemplos sublinham a forma como uma governação sólida na aquicultura contribui para a responsabilização das empresas , cria confiança nos investidores e promove os líderes do sector hip em matéria de sustentabilidade.

82,0 Parcerias intersectoriais para a inovação

1. Valor das parcerias inter-sectoriais

- **Como é que as parcerias com empresas de tecnologia, energia e biotecnologia podem fomentar a inovação** : As parcerias intersectoriais reúnem conhecimentos de diversas indústrias, impulsionando a inovação e a eficiência na aquacultura . As parcerias tecnológicas , por exemplo, introduzem ferramentas de monitorização avançadas, sistemas IoT e aplicações de aprendizagem automática , que aumentam a precisão na alimentação, na monitorização da qualidade da água e na prevenção de doenças . As colaborações com o sector da energia apoiam a utilização de energias renováveis na aquicultura, como a energia solar ou eólica , reduzindo a dependência de combustíveis fósseis e diminuindo os custos operacionais . As parcerias biotecnológicas permitem avanços na criação, otimização genética e fontes de alimentação alternativas, como as proteínas à base de algas . Ao unir forças com especialistas de outros sectores, as empresas de aquacultura podem aceder a novas ferramentas e conhecimentos, permitindo um crescimento sustentável e resiliente .

2. Exemplos de modelos colaborativos de aquacomércio

- **Histórias de sucesso da aquicultura e parcerias intersectoriais** : Exemplos bem sucedidos de modelos de aquacultura intersectoriais incluem colaborações entre empresas de aquacultura e empresas de biotecnologia que desenvolvem soluções sustentáveis para a alimentação. Por exemplo, as parcerias centradas em alimentos à base de insectos ou de algas reduziram com êxito a necessidade de peixe selvagem nas dietas de aquacultura. Outro modelo envolve parcerias com empresas de tecnologia para implementar sistemas de monitorização ambiental baseados em IA , que melhoraram o rendimento e reduziram o impacto ambiental . Os modelos de colaboração não só promovem a inovação como também alinham a aquicultura com os objectivos de sustentabilidade e eficiência.

3. Criar e gerir parcerias eficazes

- **Construindo e mantendo alianças de colaboração** : Parcerias eficazes requerem uma comunicação clara , objectivos partilhados e confiança mútua. O estabelecimento de uma base sólida envolve a identificação de parceiros com valores alinhados e conhecimentos complementares. Um quadro claro que defina as responsabilidades, contribuições e expectativas de cada parceiro promove a responsabilização e minimiza os conflitos. Reuniões regulares, relatórios transparentes e sessões de planeamento conjuntas garantem o alinhamento ao longo do projeto . Além disso, as parcerias eficazes beneficiam da adaptabilidade , com parceiros dispostos a ajustar as estratégias à medida que surgem novos desafios ou oportunidades.

4. Oportunidades de financiamento para projectos de colaboração

- **Subsídios , capital de risco e incentivos governamentais**: O financiamento de projectos trans-sectoriais em aquacultura está disponível através de vários canais, incluindo subsídios de organizações ambientais e de investigação, capital de risco destinado a inovações sustentáveis e incentivos governamentais destinados a apoiar a tecnologia verde . Os programas governamentais, particularmente os que visam reduzir a pegada de carbono s ou aumentar a segurança alimentar , fornecem apoio financeiro às empresas de aquacultura que procuram inovações sustentáveis. O capital de risco é cada vez mais direcionado para a tecnologia da aquacultura , como as proteínas alternativas e os sistemas orientados para a IA , enquanto as subvenções das ONG ou das instituições de investigação incentivam projectos que promovem benefícios ambientais e sociais.

5. Estudos de casos de colaboração intersectorial bem sucedida

- **Perfis de projectos intersectoriais que promovem a aquacultura** : Exemplos notáveis incluem a parceria da Cargill com a empresa de biotecnologia Calysta para produzir um ingrediente sustentável de proteína microbiana para rações. Esta inovação oferece uma alternativa à farinha de peixe, reduzindo a dependência do sector em relação ao peixe selvagem capturado para a alimentação. Do mesmo modo, a indústria da aquacultura norueguesa colabora com empresas tecnológicas para o desenvolvimento de pisciculturas offshore , combinando conhecimentos de aquacultura com engenharia avançada para criar explorações sustentáveis em águas profundas. Estes estudos de caso destacam a forma como as parcerias intersectoriais podem produzir inovações revolucionárias, promovendo a sustentabilidade ambiental e o crescimento da indústria .

83.0 Inteligência Emocional e Liderança em Aquacultura

1. Importância da Inteligência Emocional (IE)

- **Benefícios da IE para líderes em aquacultura** : A inteligência emocional (IE) é essencial para uma liderança eficaz na aquacultura, uma vez que aumenta a capacidade do líder para gerir relações, comunicar eficazmente e enfrentar desafios . Os líderes com elevada IE estão mais bem equipados para lidar com o stress, tomar decisões equilibradas e promover um ambiente de trabalho positivo. Competências de IE como a empatia , a auto-consciência e a gestão de conflitos ajudam os líderes a criar confiança e a motivar as equipas. No ambiente de alto risco da aquacultura, onde as operações podem ser afectadas por factores que escapam ao controlo humano, os líderes emocionalmente inteligentes mantêm a moral e a adaptabilidade da equipa , contribuindo para uma empresa mais resistente.

2. Desenvolver a IE na Liderança Roles

- **Técnicas para melhorar o auto-conhecimento e a empatia** : O desenvolvimento da inteligência emocional na liderança começa com o autoconhecimento , que envolve a compreensão das próprias emoções, pontos fortes e fracos. Técnicas como a escrita de diários reflexivos, a atenção plena e o feedback dos pares podem melhorar a auto-consciência. A empatia, outra componente essencial da IE, pode ser desenvolvida ouvindo ativamente os membros da equipa, fazendo perguntas abertas e praticando a tomada de perspetiva. Os líderes podem participar em programas de formação em IE , que incluem frequentemente exercícios de role-playing e workshops para desenvolver competências em empatia, regulação emocional e comunicação construtiva .

3. Construir uma cultura de equipa com a IE

- **Utilizar a IE para promover uma força de trabalho solidária e resiliente**: A inteligência emocional ajuda os líderes a criar uma cultura de equipa de apoio onde os colaboradores se sentem valorizados, motivados e ligados aos objectivos organizacionais. Ao mostrar empatia , os líderes promovem uma comunicação aberta , permitindo que os membros da equipa expressem as suas preocupações, peçam apoio ou ofereçam sugestões sem medo. A liderança baseada na IE incentiva a colaboração, reconhece as realizações dos funcionários e aborda os conflitos de forma construtiva, promovendo a satisfação e a retenção no emprego . Na aquacultura , onde os empregados trabalham frequentemente em ambientes remotos ou difíceis, uma cultura forte orientada para a IE pode reduzir a rotatividade e aumentar a coesão da equipa.

4. Estudos de caso da IE em ação

- **Exemplos de líderes que utilizam a IE para melhorar a dinâmica da equipa**: Os líderes da Thai Union, um dos principais intervenientes na indústria do marisco, dão ênfase à IE nos programas de formação em gestão , ensinando os gestores a promover um ambiente inclusivo e de apoio. Ao dar prioridade à IE, a Thai Union construiu uma reputação de bem-estar dos funcionários , o que levou a um aumento da produtividade e a uma redução da rotatividade. Outro exemplo é a Cermaq, onde os líderes praticam a IE envolvendo-se regularmente com os empregados, ouvindo o feedback e ajustando as políticas com base nas necessidades da equipa. Estes exemplos demonstram que a IE reforça a liderança , melhora a dinâmica da equipa e contribui para o crescimento sustentável .

84.0 Ética Ambiental e Responsabilidade Social em Aquabusiness

1. Definição de ética ambiental em aquacultura

- **As considerações éticas do impacto ambiental** : A ética ambiental na aquacultura envolve fazer escolhas responsáveis para minimizar os danos ecológicos, conservar os recursos e proteger a biodiversidade . As práticas éticas de aquacultura dão prioridade à utilização de fontes de alimentação sustentáveis , à gestão eficiente da água e à preservação do habitat. Abordar questões como a gestão de resíduos , a poluição e a perturbação do habitat é essencial para manter a saúde dos ecossistemas marinhos e de água doce . As empresas de aquicultura orientadas pela ética ambiental esforçam-se por equilibrar a produtividade com a proteção dos ecossistemas, apoiando a sustentabilidade a longo prazo para a indústria e o ambiente.

2. Responsabilidade social e envolvimento da comunidade

- **Desenvolvimento de estratégias e parcerias de RSE** : A responsabilidade social das empresas (CSR) na aquacultura inclui compromissos com o bem-estar da comunidade, desenvolvimento económico e práticas laborais justas. As iniciativas de RSE podem envolver a contratação local, o apoio à educação da comunidade sobre práticas sustentáveis , ou a contribuição para as infra-estruturas locais . As parcerias com organizações locais, ONGs , e agências governamentais podem ampliar o impacto social combinando recursos e conhecimentos para enfrentar desafios comuns . Ao concentrarem-se na RSE, as empresas de aquacultura reforçam as relações com as comunidades e melhoram a sua licença social para operar.

3. Equilíbrio entre lucro e objetivo

- **Estratégias para atingir objectivos financeiros e éticos**: O equilíbrio entre a rentabilidade e as responsabilidades éticas exige estratégias que integrem objectivos ambientais e sociais no modelo de negócio . Por exemplo, o investimento em práticas sustentáveis - tais como sistemas de aquacultura de recirculação (RAS) ou rações ecológicas - pode ter custos iniciais, mas pode levar a poupanças a longo prazo e a vantagens de mercado à medida que a procura dos consumidores se direciona para produtos produzidos de forma sustentável. A adoção de práticas transparentes , certificações (por exemplo, ASC, MSC) e mecanismos de informação podem demonstrar o empenho de uma empresa na sustentabilidade , atraindo investidores e consumidores com preocupações éticas e assegurando simultaneamente a rentabilidade.

4. Estudos de caso em Aquacultura Ética

- **Perfis de empresas socialmente e ambientalmente responsáveis**: Empresas como a Verlasso e a Regal Springs são reconhecidas pelo seu empenho em práticas éticas de aquacultura . A Verlasso, uma empresa de criação de salmão, utiliza rações ecológicas e mantém baixos rácios de peixes para peixes selvagens, promovendo uma produção responsável e minimizando o impacto ambiental . Regal Springs, um produtor de tilápia , é conhecido pela sua política de "Desperdício Zero", que reutiliza os subprodutos do peixe e segue elevados padrões ambientais e sociais . Estas empresas ilustram como as práticas éticas se podem alinhar com o sucesso empresarial, liderando o caminho para uma aquacultura sustentável e socialmente responsável .

85,0 Eficiência energética e integração de tecnologias verdes

A eficiência energética e a tecnologia verde são fundamentais na gestão do sector aquícola , uma vez que permitem poupanças significativas de custos , reduzem o impacto ambiental s, e apoiam os objectivos de sustentabilidade . A integração destas tecnologias pode aumentar a produtividade, ao mesmo tempo que promove práticas responsáveis de aquacultura .

Importância da eficiência energética na aquacultura

1. **Reduzir os custos**:
   - O consumo de energia representa um custo operacional significativo na aquacultura , especialmente em sistemas como os sistemas de recirculação de aquacultura (RAS) e as explorações de grande escala em tanques ou lagos. Ao melhorar a eficiência energética , as explorações podem reduzir as despesas operacionais, o que contribui diretamente para uma maior margem de lucro s.
   - A utilização eficiente da energia ajuda a reduzir a dependência de recursos dispendiosos, o que pode ser especialmente benéfico em regiões com preços elevados da energia ou com acesso limitado a infra-estruturas energéticas .
2. **Reduzir o impacto ambiental :**
   - As práticas e tecnologias energeticamente eficientes reduzem as emissões de gases com efeito de estufa, ajudando as explorações agrícolas a minimizar a sua pegada de carbono . Isto alinha-se com os objectivos climáticos globais e reduz a poluição .
   - As operações de aquacultura dependem de recursos como água limpa e habitats naturais, pelo que a minimização do consumo de energia ajuda a diminuir a pegada ecológica global destas actividades, o que é cada vez mais importante à medida que os organismos reguladores e os consumidores se concentram na gestão ambiental .

Opções tecnológicas ecológicas para as empresas do sector aquático

1. **Energias renováveis**:

- **Energia solar**: Podem ser instalados painéis solares para alimentar as operações de aquacultura , especialmente em explorações de lagos abertos onde a luz solar é abundante. A energia solar é rentável e particularmente útil em locais remotos ou fora da rede.
- **Energia eólica**: As turbinas eólicas offshore fornecem energia renovável para aquacultura marinha configurações, ajudando a reduzir a dependência de combustíveis fósseis.
- **Biogás e Biomassa** : As aquaculturas podem reutilizar resíduos orgânicos, tais como lamas de peixe e outros subprodutos orgânicos, para gerar biogás. Este pode ser utilizado como fonte de energia, fechando o ciclo da gestão de resíduos e da produção de energia.

2. **Equipamento de baixo consumo energético**:
   - **Bombas e aeradores eficientes** : A atualização para bombas energeticamente eficientes , arejadores e sistemas de filtragem reduz a necessidade de eletricidade, mantendo a qualidade da água e a circulação. As unidades de velocidade variável nas bombas e nos arejadores permitem ajustes automáticos com base na procura, conservando energia.
   - **Iluminação LED**: A utilização de iluminação LED em vez dos sistemas de iluminação tradicionais reduz o consumo de energia até 50%, uma vez que os LED são mais eficientes e duram mais tempo, o que reduz os custos de substituição e as necessidades de manutenção.
3. **Conservação Tecnologias**:
   - **Sistemas de recuperação de calor**: Nos RAS e noutros sistemas fechados , as unidades de recuperação de calor captam o calor residual e reutilizam-no para aquecer a água. Isto é especialmente útil em climas mais frios, pois poupa a energia necessária para manter as temperaturas óptimas da água.
   - **Reciclagem de água** : Recirculação eficiente da água sistemas reduzem a necessidade de água fresca e diminuem a energia utilizada na bombagem e tratamento da água .

Incentivos financeiros para a adoção de tecnologias verdes

1. **Créditos fiscais**:
   - Muitos países oferecem créditos fiscais às empresas que investem em energias renováveis e em tecnologias de poupança de energia. Estes créditos podem reduzir significativamente o custo líquido da implementação de tecnologias verdes, tornando-as mais acessíveis aos operadores de aquacultura .

2. **Subsídios :**
   - Os governos e as organizações ambientais concedem frequentemente subsídios para apoiar práticas agrícolas sustentáveis, incluindo tecnologias energeticamente eficientes. As subvenções podem cobrir partes substanciais dos custos do investimento inicial , nomeadamente para inovações que contribuam para a redução do carbono e para a conservação dos recursos .
3. **Descontos :**
   - As empresas de serviços públicos e os governos locais podem oferecer descontos na compra de equipamentos energeticamente eficientes. Por exemplo, as explorações agrícolas podem receber descontos pela instalação de bombas de alta eficiência, iluminação LED , ou sistemas de energia renovável , tornando estas actualizações mais viáveis do ponto de vista financeiro.

Estudos de caso em Aquabusinesses energeticamente eficientes

1. **Kvarøy Fiskeoppdrett (Noruega)**:
   - A Kvarøy Fiskeoppdrett, uma empresa de criação de salmão, incorporou painéis solares, iluminação LED e bombas de água energeticamente eficientes, o que resultou numa redução dos custos energéticos e numa maior sustentabilidade . A sua dedicação à eficiência energética também os ajudou a ganhar uma vantagem competitiva em mercados ecologicamente conscientes.
2. **Blue Ridge Aquaculture (Estados Unidos)**:
   - A Blue Ridge Aquaculture explora uma grande exploração de tilápia em recinto fechado , centrada na eficiência energética . Utilizam a tecnologia RAS combinada com sistemas avançados de recuperação de calor , que recicla o calor gerado pelo equipamento para manter a temperatura da água , reduzindo os custos de aquecimento em mais de 40%.
3. **EcoFish Farm (Suíça)**:
   - Esta exploração de peixes do interior utiliza um sistema inovador de reciclagem de água que conserva a água e minimiza a energia utilizada para bombear e filtrar a água. A quinta também utiliza energia solar para alimentar as suas operações, aumentando a sustentabilidade e reduzindo significativamente os custos.

86,0 Criação de habitats artificiais para uma aquicultura sustentável

Os habitats artificiais são uma ferramenta inovadora para a aquicultura sustentável , uma vez que reproduzem ambientes naturais, apoiando a saúde dos peixes , melhorando os rendimentos e reduzindo o impacto ambiental . Estes habitats promovem a biodiversidade e reduzem a pressão sobre os ecossistemas naturais .

Visão geral dos Habitats Artificiais

1. **Definição**:
   - Os habitats artificiais são estruturas artificiais concebidas para imitar ambientes aquáticos naturais. Proporcionam abrigo, locais de reprodução e áreas de alimentação para peixes e outros organismos aquáticos, apoiando os seus comportamentos naturais e reduzindo o stress.
2. **Tipos de Habitats Artificiais**:
   - **Recifes artificiais**: Estruturas que se assemelham a recifes naturais e apoiam as espécies marinhas, proporcionando espaços de reprodução e abrigo.
   - **Esteiras de vegetação flutuante**: Simulam a vegetação natural, proporcionando sombra, oxigénio e abrigo.
   - **Substrato artificial**: Pedras, areia ou cascalho adicionados ao habitat para incentivar comportamentos naturais de procura de alimento e abrigo.
3. **Benefícios**:
   - Os habitats artificiais reduzem o stress e melhoram o bem-estar dos peixes , permitindo-lhes exibir comportamentos naturais. Também incentivam o crescimento oferecendo oportunidades de alimentação natural, reduzem a agressividade e promovem a biodiversidade .

Conceção e construção de habitats artificiais

1. **Estruturas de Habitat**:
   - As estruturas do habitat variam consoante a espécie cultivada. Por exemplo, as estruturas de recife com fendas e esconderijos são adequadas para as espécies marinhas, ao passo que a adição de substratos simples pode ser suficiente para a aquicultura em lagos ou lagoas .
2. **Materiais**:
   - Os materiais devem ser duráveis, não tóxicos e amigos do ambiente. As opções mais comuns incluem betão reciclado, plásticos não tóxicos e fibras naturais. Os materiais ecológicos minimizam o impacto ambiental e apoiam a aquacultura sustentável .
3. **Considerações ecológicas**:
   - A conceção do habitat deve ter em conta a biodiversidade local para evitar danos não intencionais nos ecossistemas circundantes .

A colocação do habitat, o fluxo de água e o ciclo de nutrientes são essenciais para garantir a compatibilidade com as espécies locais e evitar a perturbação do ecossistema.

Monitorização do estado do habitat artificial

1. **Acompanhamento do desempenho do habitat**:
   - A monitorização regular dos habitats artificiais garante que estes estão a funcionar eficazmente e a proporcionar os benefícios pretendidos. Parâmetros como a qualidade da água , a saúde das espécies e a dinâmica das populações são indicadores importantes.
2. **Impacto ecológico** s:
   - A avaliação do impacto ecológico s dos habitats artificiais envolve o acompanhamento do comportamento e da saúde das espécies cultivadas e a análise do ecossistema circundante para detetar sinais de equilíbrio ou desequilíbrio, tais como alterações nas populações de espécies nativas.

Regulamentos para Habitats Artificiais

1. **Conformidade com as normas ambientais :**
   - Os habitats artificiais devem cumprir as normas ambientais locais e internacionais , assegurando que não prejudicam os ecossistemas naturais . A conformidade inclui a conceção do habitat , a colocação e a monitorização regular para garantir a sustentabilidade .
2. **Autorizações e aprovações**:
   - Muitas regiões exigem licenças para a instalação de habitats artificiais , especialmente em massas de água naturais. As licenças podem exigir avaliações de impacto, estudos ecológicos e planos de gestão ambiental.

Estudos de caso no sucesso do habitat artificial

1. **Catalina Sea Ranch (Califórnia, EUA)**:
   - O Catalina Sea Ranch integrou estruturas de recifes artificiais nas suas operações de aquacultura offshore . Estes recifes não só apoiam as populações de peixes como também ajudam a restaurar a biodiversidade marinha , proporcionando habitats para a vida marinha local.
2. **Kampachi Farms (Hawaii, EUA)**:
   - A Kampachi Farms utiliza habitats artificiais em jaulas offshore para reduzir o stress dos peixes e proporcionar oportunidades de alimentação natural. Os seus recifes artificiais provaram ser bem sucedidos na melhoria da saúde dos peixes e das taxas de

crescimento , conduzindo a maiores rendimentos e a peixes de melhor qualidade.

3. **Ocean Wise Sea Farm (Colúmbia Britânica, Canadá)**:
   - Esta exploração marinha utiliza algas e substrato artificial estruturas para reproduzir ambientes marinhos naturais para a criação de salmão. O habitat proporciona áreas de refúgio naturais, apoiando o bem-estar dos peixes e reduzindo o comportamento agressivo.

87,0 Compreender e navegar na mudança regulamentar

À medida que a indústria da aquacultura cresce, os regulamentos evoluem para enfrentar os desafios emergentes na sustentabilidade , impacto ambiental e segurança alimentar . As empresas aquícolas devem gerir proactivamente a conformidade regulamentar , manter-se informadas sobre os desenvolvimentos políticos e envolver-se em acções de defesa para se adaptarem eficazmente a estas mudanças.

Panorama das alterações regulamentares s in Aquaculture

1. **Tendências da regulamentação mundial**:
   - A nível mundial, a regulamentação está cada vez mais centrada na sustentabilidade e na rastreabilidade para garantir práticas ambientalmente responsáveis . Os principais domínios incluem restrições à descarga de resíduos, à composição dos alimentos e à utilização de produtos químicos. Por exemplo, a UE e os EUA têm leis ambientais rigorosas que exigem que as operações de aquacultura minimizem a poluição da água e protejam os ecossistemas marinhos .
2. **Tendências regulamentares nacionais e regionais**:
   - Os países aplicam regulamentos com base nas suas prioridades ambientais e económicas específicas. Por exemplo, a Noruega e o Chile, dois dos principais intervenientes na criação de salmão, têm normas rigorosas para o controlo de doenças e a utilização de antibióticos para garantir uma elevada qualidade do produto e a saúde do ecossistema .
   - Os regulamentos regionais abordam condições ambientais e de mercado únicas, tais como os direitos de utilização da água e as densidades de povoamento. A adesão a estas normas localizadas é essencial para que as empresas de aquacultura funcionem de forma legal e sustentável.

Adaptação às novas normas de conformidade

1. **Monitorização proactiva**:

- Manter-se à frente das alterações regulamentares s exige uma monitorização contínua dos regulamentos do sector, utilizando recursos como os sítios Web governamentais , associações comerciais e publicações do sector para se manter informado.
- A contratação ou consulta de profissionais jurídicos especializados em aquacultura regulamentos pode ajudar as empresas a antecipar as alterações e a ajustar as suas práticas para manter a conformidade .

2. **Avaliação dos riscos e adaptação :**
   - A realização de avaliações de risco regulares s permite que as empresas avaliem as suas práticas actuais e identifiquem as áreas em que os novos regulamentos podem ter impacto nas operações. Por exemplo, se forem promulgadas novas normas de qualidade da água , uma empresa aquícola poderá ter de atualizar os sistemas de filtragem para evitar sanções.

Integrar a conformidade nas operações comerciais

1. **Integrar a conformidade nos processos diários**:
   - Integrar as verificações de conformidade nas operações diárias , tais como testes de rotina à qualidade da água ou auditorias à gestão de resíduos , garante a adesão contínua aos requisitos regulamentares. Isto pode ser apoiado pela formação do pessoal para incutir uma cultura orientada para a conformidade em toda a organização.
2. **Desenvolvimento de documentação e protocolos de comunicação**:
   - A manutenção de registos precisos da produção, da utilização da água e da gestão de resíduos facilita o cumprimento dos requisitos de comunicação e simplifica o processo de auditoria. As plataformas digitais e as ferramentas de comunicação automatizadas podem simplificar a documentação , proporcionando transparência e eficiência.

Influenciar a política através da defesa de causas

1. **Colaboração no sector e associações comerciais**:
   - A adesão a grupos industriais permite que as empresas defendam coletivamente políticas favoráveis. As associações comerciais, como a Global Aquaculture Alliance (GAA), dispõem frequentemente de recursos para fazer lobby em nome da indústria, assegurando que os regulamentos são práticos e apoiam o crescimento da indústria .
2. **Envolvimento em políticas públicas :**

- As empresas do sector aquático podem contribuir para as consultas públicas e apresentar comentários sobre os regulamentos propostos. Este envolvimento direto permite que as empresas representem os seus interesses e ajudem a elaborar regulamentos que equilibrem considerações económicas, ambientais e sociais.

Estudos de casos em conformidade adaptativa

1. **Marine Harvest (Mowi ASA)**:
   - A Mowi ASA, sediada na Noruega, adaptou-se aos regulamentos noruegueses mais rigorosos em matéria de bem-estar dos peixes e de impacto ambiental investindo em tecnologias avançadas de tratamento da água e em alternativas sustentáveis de alimentação . A sua abordagem proactiva permitiu-lhes manter a conformidade e reforçar a sua marca como produtor responsável.
2. **Grupo Tassal (Austrália)**:
   - A Tassal, um dos principais produtores australianos de salmão, adaptou-se ao aumento do escrutínio regulamentar sobre o impacto ambiental através do desenvolvimento de um programa de gestão ambiental abrangente. A sua estratégia incluía programas de monitorização, iniciativas de redução de resíduos e transparência com as partes interessadas, o que os ajudou a corresponder às expectativas regulamentares e a ganhar a confiança dos consumidores .

88.0 Análise Avançada de Dados e Big Data em Aquacultura

Os grandes volumes de dados e a análise avançada oferecem um enorme potencial para as empresas de aquicultura , permitindo-lhes melhorar a eficiência operacional , prever a procura dos consumidores e gerir os riscos de forma mais eficaz. A integração de ferramentas de grandes volumes de dados na aquicultura pode dar às empresas uma vantagem competitiva, oferecendo informações baseadas em dados que melhoram a tomada de decisões .

O papel dos grandes dados na tomada de decisões no domínio do aquabusiness

1. **Informações operacionais**:
   - Ao analisar grandes conjuntos de dados de sensores IoT , dados climáticos e métricas de produção, os negócios aquáticos podem identificar padrões e otimizar a eficiência operacional . Por exemplo, dados sobre o uso de ração, taxas de crescimento e qualidade da água permitem ajustes em tempo real para maximizar os rendimentos e minimizar o desperdício.
2. **Otimização da atribuição de recursos :**

- A análise de dados ajuda a identificar áreas de poupança de custos e de eficiência de recursos , tais como o ajuste das práticas de alimentação com base nos padrões de crescimento . Esta abordagem direcionada ajuda as empresas a afetar recursos onde estes têm maior impacto, reduzindo custos e melhorando a produtividade.

Análise de dados para o comportamento do mercado e do consumidor

1. **Previsão das tendências de consumo**:
   - A análise dos dados dos consumidores permite às empresas do sector aquático prever as tendências da procura, ajudando-as a ajustar os níveis de produção e a alinhar as estratégias de marketing com a procura do mercado s . Os padrões sazonais, as preferências regionais e as tendências de saúde podem ser identificados, permitindo que as empresas atendam melhor às preferências dos consumidores .
2. **Marketing Personalizado Estratégias :**
   - As informações baseadas em dados apoiam a criação de campanhas de marketing personalizadas. Por exemplo, a segmentação de dados demográficos específicos com mensagens personalizadas sobre práticas ecológicas ou benefícios para a saúde pode aumentar a fidelidade do cliente e expandir o alcance do mercado.

Desenvolvimento de modelos preditivos para a gestão do risco

1. **Aprendizagem automática Aplicações**:
   - A análise preditiva utiliza a aprendizagem automática para identificar padrões em dados históricos, permitindo a antecipação de eventos como surtos de doenças ou falhas de equipamento. A intervenção precoce com base nestas previsões pode poupar custos e proteger a saúde dos peixes , melhorando a produtividade global.
2. **Previsão de riscos financeiros e ambientais**:
   - Algoritmos avançados podem avaliar os riscos financeiros e ambientais s analisando factores como os preços dos alimentos para animais, os padrões climáticos e as alterações regulamentares s. Modelos preditivos ajudam a desenvolver planos de emergência para mitigar os riscos associados a perturbações inesperadas.

Privacidade dos dados e utilização ética dos megadados

1. **Garantir a segurança dos dados**:
   - É essencial proteger os dados dos consumidores e os dados operacionais contra violações. A implementação de controlos seguros de armazenamento e acesso aos dados, juntamente com

auditorias de segurança regulares, salvaguarda a integridade dos dados e mantém a confiança dos consumidores .

2. **Utilização responsável dos dados**:
   - Transparência nas práticas de recolha e utilização de dados promove a confiança das partes interessadas. As empresas devem garantir uma utilização ética dos dados , em especial quando recolhem informações sobre os consumidores, para cumprirem regulamentos como o RGPD e manterem relações públicas positivas .

Estudos de caso em Big Data Sucesso

1. **Cargill Aqua Nutrition**:
   - A Cargill utiliza grandes volumes de dados e aprendizagem automática para otimizar a formulação de rações, adaptando-se às necessidades nutricionais e às condições ambientais de cada espécie. Ao tirar partido da análise de dados , a Cargill reduz o desperdício de ração e melhora as taxas de crescimento , beneficiando tanto os agricultores como o ambiente.
2. **Bluegrove (Noruega)**:
   - A Bluegrove, um fornecedor de tecnologia na Noruega, utiliza análises de grandes volumes de dados e dispositivos IoT para monitorizar o comportamento dos peixes e as condições ambientais. As suas soluções ajudam os agricultores a otimizar os horários de alimentação e a prever problemas de saúde , melhorando, em última análise, a produtividade das explorações e reduzindo o impacto ambiental .

89.0 Desenvolver a identidade da marca na aquacultura

Uma forte identidade de marca em aquacultura é crucial para diferenciar produtos, construir a lealdade do consumidor e melhorar o posicionamento no mercado . Com a crescente procura de transparência e sustentabilidade por parte dos consumidores, as empresas aquícolas beneficiam de uma marca que reflicta estes valores.

Importância da marca na aquacultura

1. **Fidelidade do consumidor**:
   - Uma marca reconhecida e fiável incentiva a repetição das compras, especialmente nos mercados em que os consumidores dão prioridade à qualidade dos produtos , à sustentabilidade e às práticas éticas.
2. **Diferenciação**:
   - A marca ajuda a distinguir uma empresa em mercados competitivos. Uma imagem de marca distinta comunica atributos

únicos do produto, como a certificação biológica ou práticas ecológicas que apelam aos consumidores-alvo.

Construir uma marca em torno da sustentabilidade

1. **Comunicar valores ambientais**:
   - O destaque dado às práticas sustentáveis , como a redução de resíduos , a utilização de energias renováveis e o tratamento ético dos animais aquáticos, atrai os consumidores preocupados com o ambiente. Esta abordagem promove a fidelidade à marca e pode justificar preços mais elevados .
2. **Transparência nas operações**:
   - Uma abordagem transparente, que forneça aos consumidores informações pormenorizadas sobre o abastecimento, os métodos de produção e o impacto, cria confiança e posiciona a marca como uma escolha responsável. As certificações , como a ASC ou a MSC, reforçam ainda mais a credibilidade.

Criar uma voz de marca e uma identidade visual únicas

1. **História da marca**:
   - Uma história de marca convincente humaniza o negócio e promove ligações emocionais. A partilha do percurso da empresa, dos seus fundadores ou do seu compromisso com a sustentabilidade ressoa com os consumidores a um nível pessoal.
2. **Logótipo e elementos visuais**:
   - Um logótipo bem concebido e uma identidade visual coerente reflectem os valores da marca. Os elementos visuais devem estar alinhados com a mensagem principal da marca e apelar ao público-alvo, criando uma imagem memorável.
3. **Marketing Materiais**:
   - A consistência da marca nos sítios Web , nas redes sociais e nas embalagens reforça a identidade da marca . Conteúdo claro e envolvente que se alinha com a voz da marca aumenta o reconhecimento e a confiança.

Tirar partido da identidade da marca para o posicionamento no mercado

1. **Produtos distintivos**:
   - Marca diferenciada , como a rotulagem de produtos como orgânicos, sem hormonas ou de criação sustentável, posiciona a marca de forma competitiva e atrai segmentos específicos de consumidores.
2. **Posicionamento Premium**:
   - A marca de alta qualidade que enfatiza a sustentabilidade e os benefícios para a saúde apoia os preços premium . A comunicação

clara destes atributos na embalagem do produto e nos materiais de marketing reforça o valor da marca.

Estudos de caso in Successful Aquaculture Branding

1. **Mowi ASA (Noruega)**:
   - A Mowi construiu uma identidade de marca global em torno da sustentabilidade , da rastreabilidade e da qualidade. Com mensagens claras sobre práticas ecológicas e a utilização de tecnologia inovadora, a Mowi posicionou-se como um fornecedor de produtos do mar de qualidade e ambientalmente responsável.
2. **LoveTheWild (Estados Unidos)**:
   - A LoveTheWild é conhecida pelo seu compromisso com o marisco sustentável e rastreável. A sua embalagem e o seu marketing realçam o abastecimento ecológico, e a sua marca dirige-se a consumidores ambientalmente conscientes que procuram opções alimentares saudáveis e sustentáveis .
3. **Blue Circle Foods**:
   - A Blue Circle Foods centra-se na transparência e nos benefícios para a saúde . A sua identidade de marca destaca o marisco sem antibióticos e cultivado de forma sustentável, atraindo consumidores preocupados com a saúde e apoiando uma forte posição de mercado na aquacultura sustentável .

90,0 Aquabusiness e Economia Circular Iniciativas

A economia circular é um modelo de negócio sustentável que se centra na minimização dos resíduos e na otimização da utilização dos recursos através da reutilização e reciclagem de materiais. Na aquacultura , a adoção dos princípios da economia circular pode transformar os resíduos em recursos valiosos, reduzir o impacto ambiental e aumentar a rentabilidade .

Integração da Economia Circular Princípios na Aquicultura

1. **Redução de resíduos**:
   - Economia circular Os princípios enfatizam a redução de resíduos em todas as fases de produção, desde a alimentação até ao processamento. Por exemplo, os resíduos da criação de peixes , como a ração não consumida e os excrementos dos peixes, podem ser reutilizados para criar fertilizantes orgânicos , ajudando a reduzir a dependência de fertilizantes sintéticos.
2. **Reutilização e Reciclagem :**
   - Materiais como sacos de alimentação para peixes , utilização de água d em sistemas de recirculação e subprodutos do processamento de peixe podem ser reutilizados e reciclados para fechar o ciclo dos recursos. Por exemplo, os sistemas de

recirculação de água filtram e reutilizam a água, minimizando o consumo de água doce e reduzindo a descarga de águas residuais.

- **Utilização de subprodutos**: Peixe partes como espinhas, pele e escamas, frequentemente descartadas durante o processamento, podem ser convertidas em produtos de valor acrescentado como o colagénio, farinha de peixe , ou bioplásticos , apoiando a eficiência dos recursos e a minimização de resíduos.

Criar uma cadeia de fornecimento sustentável s

1. **Parcerias com a Economia Circular Advocates**:
   - Colaborar com organizações e fornecedores comprometidos com a economia circular práticas fortalece a cadeia de suprimentos sustentável s . Por exemplo, a parceria com fornecedores de rações que utilizam fontes sustentáveis (por exemplo, proteínas à base de insectos ou de plantas) minimiza a pegada ambiental das rações de aquacultura .
2. **Eficiência de recursos**:
   - As cadeias de abastecimento sustentáveis envolvem a utilização de embalagens recicláveis , a redução das emissões de transporte e a minimização da utilização de energia. Ao concentrarem-se em fornecedores e logística sustentáveis, os negócios aquáticos podem criar uma cadeia de abastecimento mais resiliente e amiga do ambiente que se alinhe com os valores da economia circular .

Vantagens económicas de um modelo circular

1. **Oportunidades de poupança de custos**:
   - A redução de resíduos e a otimização de recursos traduzem-se diretamente em poupanças de custos . Por exemplo, a utilização de água reciclada reduz os custos da água e a conversão de resíduos em fertilizantes ou farinha de peixe cria fluxos de receitas adicionais.
   - A redução da dependência de materiais de utilização única e o aumento da longevidade dos produtos através da utilização de materiais recicláveis e duradouros, reduzem os custos de substituição e minimizam as despesas operacionais.
2. **Maior atração pelo mercado**:
   - A economia circular está alinhada com as expectativas dos consumidores relativamente a práticas sustentáveis e respeitadoras do ambiente . As empresas que demonstram iniciativas de economia circular podem comercializar os seus produtos como sendo ambientalmente responsáveis, atraindo preços mais elevados de consumidores preocupados com o ambiente.

Estudos de caso in Circular Economy Implementation

1. **Kingfish Zeeland (Países Baixos)**:
    - o Esta empresa utiliza um sistema de aquacultura recirculante (RAS) que recicla a água e reutiliza os resíduos como fertilizante para a agricultura local. O seu modelo de ciclo fechado reduz o consumo de água e minimiza os resíduos, tornando-os líderes em práticas de aquacultura sustentável .
2. **AquaBounty (Estados Unidos)**:
    - o Conhecida pelo seu salmão geneticamente modificado, a AquaBounty utiliza um modelo circular, minimizando os resíduos de ração e a utilização de água. As suas práticas contribuem para reduzir os rácios de conversão alimentar e aumentar a reciclagem de água , reduzindo o impacto ambiental e os custos operacionais .
3. **Atlantic Sapphire (Dinamarca)**:
    - o A Atlantic Sapphire incorpora um modelo circular ao utilizar os resíduos de peixe na produção de biogás . Esta abordagem transforma os resíduos em energia, alimentando partes das instalações e reduzindo os custos energéticos. O seu modelo mostra como a recuperação de recursos pode impulsionar a eficiência energética e a rentabilidade .

91.0 Biotecnologia marinha Aplicações em aquacultura

A biotecnologia marinha utiliza os avanços biológicos e tecnológicos para melhorar a aquicultura , otimizar a produtividade e explorar novas fontes de produtos de base biológica. Este domínio contribui para a resistência a doenças , para a produção de biocombustíveis e até para produtos farmacêuticos derivados de organismos marinhos.

Introdução à biotecnologia marinha

1. **Definição de biotecnologia marinha e sua relevância**:
    - o A biotecnologia marinha envolve a utilização de organismos marinhos e processos biológicos para criar produtos que beneficiem várias indústrias, incluindo a aquacultura . No caso da aquacultura, isto inclui a melhoria da saúde dos peixes , a criação de rações sustentáveis s e o desenvolvimento de biocombustíveis, entre outras inovações.
    - o Este domínio integra a engenharia genética , a microbiologia e o bioprocessamento, criando novas possibilidades para uma aquicultura sustentável e diversificando os fluxos de rendimento.

Engenharia genética para resistência a doenças

1. **Inovação genética s :**

- o A engenharia genética na aquacultura centra-se no aumento da resistência às doenças nas espécies cultivadas, o que reduz a necessidade de antibióticos e outros produtos químicos. Técnicas como a reprodução selectiva e a edição genética CRISPR permitem melhorar a resistência aos agentes patogénicos , o que aumenta as taxas de sobrevivência e reduz os custos de produção.

2. **Stock mais saudável**:
   - o As espécies geneticamente modificadas com respostas imunitárias melhoradas ajudam a reduzir a incidência de surtos de doenças , conduzindo a operações de aquicultura mais estáveis e produtivas . Estas unidades populacionais mais saudáveis também contribuem para a sustentabilidade , reduzindo a mortalidade e a necessidade de tratamentos químicos.

Produção de biocombustíveis a partir de espécies aquáticas

1. **Espécies aquáticas como fontes de biocombustível**:
   - o As algas e certos tipos de plantas marinhas são fontes promissoras de biocombustível. Estas espécies crescem rapidamente, absorvem CO_2 e não competem com as culturas alimentares por terras aráveis, o que as torna uma alternativa sustentável aos combustíveis fósseis.
   - o As operações de aquacultura podem cultivar algas juntamente com a criação de peixes , criando um fluxo de receitas adicional e compensando simultaneamente alguns dos impactos ambientais s da aquacultura.
2. **Produção em circuito fechado**:
   - o A integração da produção de biocombustíveis na aquicultura pode criar um modelo circular em que os subprodutos residuais da piscicultura fornecem nutrientes para o cultivo de algas . Esta sinergia apoia a economia circular e permite sistemas de aquacultura mais diversificados .

Produtos farmacêuticos derivados do mar e aquacultura

1. **Investigação de produtos farmacêuticos a partir de organismos marinhos**:
   - o A biotecnologia marinha descobriu compostos em organismos marinhos que têm aplicações farmacêuticas, incluindo propriedades antibacterianas, antivirais e anti-inflamatórias. Aquacultura As explorações que cultivam estas espécies contribuem para a investigação farmacêutica, criando novos produtos e aumentando a diversidade dos rendimentos da aquacultura .

- A bioprospecção marinha (a exploração da biodiversidade marinha para a obtenção de novos compostos) apoia a viabilidade económica da aquicultura ao expandir o seu papel na indústria farmacêutica.

Estudos de casos in Biotechnology Success

1. **AquaBounty**:
    - O salmão geneticamente modificado da AquaBounty cresce mais rapidamente do que o salmão convencional, reduzindo o tempo necessário para atingir o tamanho do mercado e diminuindo a utilização de ração. A sua abordagem inovadora reformulou a indústria da aquacultura , realçando o papel da biotecnologia na produção sustentável de alimentos .
2. **Veramaris (Estados Unidos e Países Baixos)**:
    - A Veramaris utiliza algas para produzir ácidos gordos ómega 3 , substituindo o óleo de peixe nas rações de aquacultura . Esta inovação apoia a produção sustentável de alimentos , reduz a pressão sobre as populações de peixes selvagens e fornece às explorações de aquacultura uma fonte consistente de nutrientes essenciais.
3. **Matis (Islândia)**:
    - A Matis, uma empresa de biotecnologia , explora compostos derivados do mar para produtos de saúde e cosméticos. A sua investigação sobre bioprodutos marinhos exemplifica o potencial da biotecnologia para diversificar a pegada económica da aquacultura e satisfazer a procura crescente de soluções naturais para a saúde.

92.0 Avaliação de riscos e planeamento de cenários no sector aquático

A avaliação de riscos e o planeamento de cenários são essenciais para mitigar as incertezas na aquacultura , incluindo os riscos ambientais, operacionais e de mercado s. O planeamento eficaz de cenários e o desenvolvimento de contingências aumentam a resiliência e preparam as empresas aquícolas para enfrentar potenciais perturbações.

Importância do planeamento de cenários

1. **Preparação para os desafios futuros :**
    - O planeamento de cenários envolve a exploração de possíveis eventos futuros e o desenvolvimento de respostas para os enfrentar. Para a aquacultura , isto pode incluir o planeamento de impactos climáticos, alterações regulamentares s, ou mudanças nas preferências dos consumidores . A preparação para vários cenários permite flexibilidade e adaptação rápida .

2. **Reforço da resiliência operacional :**
    - Ao identificar vulnerabilidades críticas e desenvolver estratégias alternativas, as empresas do sector aquático podem manter-se resistentes em condições de incerteza. O planeamento de cenários também ajuda as empresas a afetar recursos de forma eficiente, minimizando o impacto de perturbações inesperadas.

Criação de um quadro de gestão do risco

1. **Identificação e análise de riscos**:
    - A gestão de riscos começa com a identificação de riscos potenciais, como surtos de doenças , interrupções na cadeia de abastecimento ou perigos ambientais. A análise da probabilidade e do impacto de cada risco ajuda a dar prioridade aos recursos e a desenvolver estratégias de mitigação direcionadas .
2. **Ferramentas de avaliação de riscos**:
    - Ferramentas como a análise SWOT , as matrizes de probabilidade-impacto e os registos de risco organizam os riscos e avaliam os seus efeitos potenciais. Estas ferramentas fornecem uma abordagem estruturada para avaliar riscos e determinar estratégias de resposta , melhorando o planeamento estratégico .

Desenvolvimento de planos de contingência

1. **Planeamento baseado em cenários para a resiliência :**
    - Os planos de emergência descrevem respostas específicas a cenários de alto risco. Por exemplo, se ocorrer um surto de doença, um plano pode detalhar procedimentos de isolamento, medidas de biossegurança e protocolos de tratamento para conter e controlar o impacto nas unidades populacionais de peixes .
2. **Resposta de emergência e comunicação :**
    - Os planos de emergência eficazes incluem protocolos de comunicação claros , para que todos os membros da equipa compreendam as suas funções durante uma crise. Os planos também devem considerar parcerias com fornecedores e reguladores para acesso rápido a recursos ou apoio regulamentar.

Utilização de modelos de simulação para análise de cenários

1. **Simulações preditivas**:
    - Modelos de simulação permitem às empresas do sector aquático testar as respostas a potenciais cenários, tais como alterações de temperatura , condições de mercado ou propagação de doenças. Estes modelos utilizam dados históricos e em tempo real para prever os resultados, ajudando as empresas a aperfeiçoar as suas estratégias.

2. **Estratégias de atenuação**:
    - A realização de simulações permite que as empresas avaliem a eficácia de diferentes estratégias de mitigação , tais como densidades de povoamento alternativas ou protocolos de controlo de doenças . Esta abordagem permite a tomada de decisões com base em provas e uma melhor preparação para os riscos.

Estudos de casos na atenuação bem sucedida dos riscos

1. **Cermaq (Noruega)**:
    - A Cermaq utiliza a análise preditiva para avaliar e mitigar o risco de doenças na criação de salmão. Ao monitorizar os dados ambientais e a saúde dos peixes métricas, previnem surtos antes que estes ocorram, assegurando operações contínuas e reduzindo as perdas de stock.
2. **Marine Harvest (atualmente Mowi, Noruega)**:
    - A Marine Harvest implementou um quadro abrangente de planeamento de cenários depois de enfrentar desafios relacionados com doenças . A sua abordagem proactiva à avaliação de riscos permitiu-lhes responder rapidamente a riscos ambientais s e a alterações regulamentares s, demonstrando o valor da preparação na aquacultura .
3. **Sea6 Energy (Índia)**:
    - A Sea6 Energy, uma empresa de aquacultura de algas , utiliza o planeamento de cenários para gerir os riscos associados à alteração dos padrões climáticos e às flutuações do mercado. A sua gestão estratégica do risco apoia a resiliência face às perturbações relacionadas com o clima e à procura variável.

93.0 Gestão das partes interessadas e comunicação Estratégias

No sector aquático, a gestão das relações com as partes interessadas é fundamental para alcançar o sucesso operacional, manter a licença social e melhorar a reputação da marca. As principais partes interessadas incluem comunidades locais, reguladores, investidores, clientes e organizações ambientais . Estratégias de comunicação eficazes ajudam a alinhar os objectivos do aquabusiness com os interesses das partes interessadas , criando confiança e facilitando a resolução de conflitos .

Identificação das principais partes interessadas no sector do aquabusiness

1. **Comunidade**:
    - As comunidades locais são diretamente afectadas pelas operações do aquabusiness, especialmente no que diz respeito ao impacto ambiental s e às oportunidades de emprego. O envolvimento com estas comunidades fomenta a boa vontade, mitiga a resistência e

promove o negócio como um contribuinte positivo para a comunidade.

2. **Clientes**:
   - Os consumidores exigem cada vez mais transparência , sustentabilidade , e práticas éticas na produção de produtos do mar. Envolver os clientes através de uma comunicação clara de práticas, certificações , e informações sobre o produto cria confiança e promove a fidelidade do cliente.
3. **Reguladores**:
   - Os organismos reguladores asseguram que as práticas de aquacultura estão em conformidade com as normas ambientais, de saúde e de segurança . A manutenção de boas relações com os reguladores facilita as operações, assegura a conformidade e ajuda as empresas a manterem-se informadas sobre as alterações regulamentares s.
4. **Investidores**:
   - Os investidores são vitais para o crescimento do negócio , particularmente em sectores de capital intensivo como a aquacultura . Uma comunicação eficaz com os investidores através de relatórios, actualizações e reuniões demonstra a estabilidade do negócio, o potencial de crescimento e a adesão a práticas sustentáveis .

Construir uma comunicação transparente e eficaz

1. **Criar canais para um envolvimento contínuo**:
   - As empresas do sector aquático beneficiam da criação de canais claros, como boletins informativos, plataformas em linha e reuniões com as partes interessadas, para as manter informadas e envolvidas. Actualizações regulares sobre a produção, sustentabilidade esforços e iniciativas comunitárias reforçam a transparência .
2. **Redes sociais e plataformas digitais**:
   - As redes sociais oferecem uma forma dinâmica de interagir com um público alargado. Ao partilhar actualizações sobre práticas sustentáveis , iniciativas ambientais e qualidade dos produtos , as empresas aquícolas podem construir uma presença online positiva que chegue tanto aos clientes como aos membros da comunidade.

Resolução de conflitos e confiança das partes interessadas

1. **Resolução de conflitos**:
   - Podem surgir conflitos sobre o impacto ambiental s, a utilização de recursos ou a concorrência local . O estabelecimento de uma

abordagem estruturada para a resolução de conflitos , incluindo diálogos abertos, mediação e compromisso, ajuda a resolver litígios, protegendo simultaneamente as relações entre as partes interessadas.

2. **Manter a confiança**:
   - Construir e manter a confiança envolve transparência consistente , honestidade e capacidade de resposta. A comunicação atempada e factual durante as crises - tais como surtos de doenças ou questões ambientais - demonstra responsabilidade e pode evitar danos à reputação da empresa.

Desenvolvimento de mecanismos de feedback das partes interessadas

1. **Canais de feedback**:
   - A recolha de feedback das partes interessadas através de inquéritos, reuniões comunitárias ou entrevistas diretas permite às empresas compreender as percepções e preocupações. Os mecanismos de feedback devem ser acessíveis e genuinamente considerados para demonstrar respeito pelo contributo das partes interessadas.
2. **Utilizar o feedback para melhorar**:
   - As reacções servem de base a melhorias operacionais, desde práticas ambientais a melhorias no serviço ao cliente. Ao analisar os dados de feedback, as empresas do sector aquático podem dar prioridade a acções que aumentem a satisfação das partes interessadas e reforcem as suas relações positivas.

Estudos de caso no sucesso das partes interessadas

1. **Grupo Tassal (Austrália)**:
   - O Grupo Tassal desenvolveu um modelo exemplar de envolvimento das partes interessadas , dando prioridade à transparência com as comunidades locais e os clientes. O seu enfoque na monitorização ambiental, certificação e discussões abertas com a comunidade conduziram a uma elevada confiança das partes interessadas e a um forte apoio da comunidade.
2. **Verlasso (Chile)**:
   - A Verlasso envolve clientes e reguladores através de uma comunicação transparente sobre as suas práticas de criação de salmão de baixo impacto. O seu enfoque na sustentabilidade , a inovação nas práticas de alimentação e a colaboração com ONGs granjearam-lhes a reputação de uma marca de aquacultura responsável .

94.0 O Papel da Aquacultura na Segurança Alimentar Política

A aquicultura tem-se tornado cada vez mais importante para fazer face à insegurança alimentar mundial , fornecendo uma fonte sustentável de proteínas. Dado o aumento da população mundial e o declínio das unidades populacionais de peixes selvagens , a aquicultura posiciona-se como uma solução viável para satisfazer a procura de proteínas , apoiar o desenvolvimento económico e aumentar a segurança alimentar .

Aquacultura como solução para a insegurança alimentar mundial

1. **Satisfazer a procura de proteínas**:
   - Aquicultura fornece uma fonte rica de proteínas, gorduras essenciais e micronutrientes. Desempenha um papel fundamental na diversificação das fontes de proteínas e na redução da pressão sobre a pesca selvagem. Além disso, espécies como a tilápia , o peixe-gato e a carpa , que podem ser cultivadas de forma eficiente, oferecem proteínas acessíveis às populações com baixos rendimentos.
2. **Produção alimentar sustentável**:
   - A aquicultura pode satisfazer as necessidades alimentares globais de forma mais sustentável do que a produção animal em terra. Tem uma pegada ambiental menor, incluindo emissões de gases com efeito de estufa mais baixas e rácios de conversão alimentar, o que a torna um contribuinte fundamental para sistemas alimentares sustentáveis.

Desenvolvimento de políticas para a segurança alimentar

1. **Quadros governamentais**:
   - As políticas governamentais de apoio ao desenvolvimento sustentável da aquicultura incluem subsídios para práticas sustentáveis , programas de formação técnica e financiamento da investigação. Os quadros regulamentares incentivam a utilização responsável dos recursos, a gestão das doenças e o envolvimento da comunidade na aquicultura .
2. **Investimento em infra-estruturas :**
   - As políticas que promovem o investimento em infra-estruturas na cadeia de frio s, instalações de transformação e acesso ao mercado ajudam a reduzir as perdas pós-colheita e a melhorar a disponibilidade de alimentos. Esta infraestrutura é especialmente crucial para prolongar o prazo de validade dos produtos da aquicultura nas regiões em desenvolvimento.

Equilíbrio entre os objectivos comerciais e a segurança alimentar

1. **Garantir a rentabilidade :**

- A rendibilidade é essencial para incentivar práticas sustentáveis e assegurar a viabilidade das empresas. As políticas que apoiam a rentabilidade, como os incentivos fiscais ou os empréstimos a juros baixos , incentivam o investimento na aquicultura sustentável .

2. **Expandir o acesso a alimentos a preços acessíveis**:
   - Produtos de aquacultura acessíveis aumentam o acesso a proteínas, particularmente em áreas com insegurança alimentar. A colaboração entre governos e empresas privadas para desenvolver produtos de peixe nutritivos e de baixo custo apoia objectivos mais amplos de segurança alimentar .

Colaboração com ONGs e organismos governamentais

1. **Parcerias para a Segurança Alimentar Solutions**:
   - As ONG contribuem frequentemente com conhecimentos técnicos, ligações à comunidade e apoio financeiro para projectos destinados a melhorar a segurança alimentar . A colaboração com ONGs e agências governamentais ajuda a alargar o alcance das iniciativas de segurança alimentar e a reforçar as capacidades dos sectores locais de aquacultura .
2. **Parcerias Público-Privadas (PPP)**:
   - As parcerias público-privadas permitem a partilha de recursos, promovem a inovação e apoiam os produtores de aquacultura de pequena escala . As PPP podem proporcionar formação, recursos e acesso ao mercado , o que melhora a segurança alimentar .

Estudos de caso em Segurança Alimentar Impacto

1. **WorldFish Center (Global)**:
   - O WorldFish Center colabora com governos e comunidades para desenvolver uma aquacultura sustentável em regiões com insegurança alimentar. Os seus projectos centram-se no desenvolvimento de capacidades , na segurança alimentar e na nutrição, com êxitos notáveis em África e no Sudeste Asiático.
2. **Revolução Azul do Bangladesh :**
   - O Bangladesh melhorou significativamente a sua segurança alimentar através de programas de aquacultura apoiados pelo governo . Estas iniciativas fornecem proteínas a preços acessíveis a milhões de pessoas e apoiam os meios de subsistência rurais , demonstrando o potencial da aquacultura para ter um impacto positivo na segurança alimentar.

95.0 Cadeia de blocos para a transparência da cadeia de abastecimento

A tecnologia Blockchain está a transformar a aquacultura ao melhorar a transparência da cadeia de abastecimento e a rastreabilidade . O sistema seguro e descentralizado da Blockchain permite que as empresas acompanhem cada etapa do processo de produção, fornecendo aos consumidores informações fiáveis sobre a origem do produto e garantindo a conformidade com as normas de qualidade .

Blockchain 's Role in Aquaculture Transparency

1. **Aplicações da cadeia de blocos para rastreabilidade :**
   - A cadeia de blocos regista informações detalhadas em cada fase da cadeia de abastecimento , incluindo a colheita , o processamento, o transporte e o retalho. Isto permite que as partes interessadas verifiquem a integridade e a origem dos produtos, evitando fraudes e garantindo a conformidade com as normas de sustentabilidade .
2. **Acompanhamento do ciclo de vida do produto**:
   - Utilizando a cadeia de blocos , os consumidores podem aceder a todo o ciclo de vida de um produto através de códigos QR na embalagem , confirmando factores como a localização da colheita, os métodos de processamento e as certificações de sustentabilidade .

Criar confiança através da cadeia de blocos -Enabled Certification

1. **Fornecimento transparente de produtos**:
   - Blockchain oferece uma forma fiável de verificar o abastecimento sustentável, apoiando certificações como a ASC e a MSC. Esta transparência ajuda a criar confiança junto dos consumidores, que dão cada vez mais prioridade a produtos de origem sustentável.
2. **Redução dos riscos de contrafação**:
   - A tecnologia Blockchain reduz a probabilidade de produtos contrafeitos entrarem no mercado, ao proteger os dados num livro-razão imutável. Isto é especialmente importante para os produtos de aquacultura de primeira qualidade , que são vulneráveis à fraude e à deturpação.

Desafios da implementação da Blockchain

1. **Desafios técnicos :**
   - A integração da cadeia de blocos requer infra-estruturas significativas , literacia digital e conhecimentos técnicos. Os pequenos produtores podem enfrentar desafios na adoção da cadeia de blocos sem apoio adicional ou plataformas simplificadas.
2. **Desafios regulamentares :**
   - Os enquadramentos legais para a utilização da cadeia de blocos na rastreabilidade dos alimentos ainda estão a emergir e as diferenças de regulamentação entre países podem complicar a rastreabilidade transfronteiriça. A normalização dos requisitos regulamentares é

essencial para a adoção generalizada da cadeia de blocos na aquicultura .

Blockchain e a confiança do consumidor na aquacultura

1. **Impacto na confiança dos consumidores**:
   - A transparência da cadeia de blocos oferece uma proposta de valor única , permitindo que os consumidores verifiquem as alegações relacionadas com a sustentabilidade , o abastecimento ético e a qualidade. Esta garantia pode aumentar a confiança e a lealdade dos consumidores, nomeadamente em mercados ecologicamente conscientes.
2. **Construir a credibilidade da marca**:
   - As marcas que utilizam a tecnologia blockchain para certificar a origem e a qualidade dos produtos ganham credibilidade. Por exemplo, as empresas com sistemas de rastreabilidade certificados por blockchain podem comercializar os seus produtos como sendo de origem responsável, aumentando a diferenciação da marca .

Estudos de caso in Blockchain Success

1. **Proveniência (Reino Unido)**:
   - A Provenance usa blockchain para fornecer rastreabilidade para produtos do mar, garantindo que a jornada de cada item seja transparente da fonte ao consumidor. Ao estabelecer parcerias com produtores éticos, a Provenance ajuda as marcas a estabelecer uma forte reputação de transparência e confiança.
2. **IBM Food Trust e Norwegian Seafood Association**:
   - A plataforma blockchain da IBM foi utilizada pela Associação Norueguesa de Marisco para rastrear as exportações de marisco, permitindo aos consumidores verificar a qualidade e a origem do marisco norueguês. Esta colaboração demonstra o potencial da cadeia de blocos para apoiar uma cadeia de abastecimento transparente s na aquicultura em grande escala .
3. **Bumble Bee Foods (Estados Unidos)**:
   - A Bumble Bee Foods utiliza a cadeia de blocos para rastrear a sua cadeia de abastecimento de atum , permitindo aos consumidores digitalizar um código QR na embalagem e aceder a informações sobre as certificações de origem e sustentabilidade do atum . Esta iniciativa apoia a confiança dos consumidores e abre um precedente para a utilização da cadeia de blocos no sector da aquacultura .

96,0 Gerir os recursos hídricos de forma sustentável

A gestão sustentável da água é essencial na aquacultura para garantir a disponibilidade de água , a qualidade e a viabilidade operacional a longo prazo. A gestão eficaz dos recursos hídricos atenua o impacto ambiental e alinha-se com as normas regulamentares , apoiando simultaneamente a sustentabilidade do negócio .

Importância da gestão dos recursos hídricos na aquicultura

- **Garantir a qualidade da água e a sua disponibilidade:** Na aquacultura , a manutenção de uma água de alta qualidade é fundamental para a saúde das espécies aquáticas , uma vez que as más condições da água podem provocar doenças, um crescimento atrofiado e uma menor produtividade. A gestão dos recursos hídricos inclui a monitorização de parâmetros como o pH , os níveis de oxigénio e os poluentes para criar um ambiente ideal para a aquacultura. Além disso, garantir um abastecimento de água fiável é essencial em regiões que enfrentam variações sazonais ou secas.
- **Proteção dos ecossistemas** : A gestão responsável da água minimiza a degradação ambiental, protegendo os ecossistemas circundantes da poluição , da sobrecarga de nutrientes e de outras formas de contaminação que podem ocorrer devido às práticas de aquacultura .

Reciclagem de água e conservação Técnicas

- **Tecnologias para uma utilização eficiente da água** : Os sistemas de recirculação de aquacultura (RAS) são uma tecnologia popular, permitindo que a água seja continuamente filtrada e reutilizada, reduzindo a necessidade de água doce e minimizando os resíduos. Além disso, os sistemas de biofiltração e os processos de desinfeção por ultravioleta (UV) ajudam a limpar a água de contaminantes, assegurando a sua adequação para reutilização.
- **Métodos de conservação da água** : Técnicas como a irrigação gota a gota para as explorações de algas e os sistemas de circuito fechado na piscicultura estão a generalizar-se. Os sistemas de armazenamento de água, como reservatórios e sistemas de recolha de águas pluviais, reduzem ainda mais a dependência de fontes de água externas, aumentando a resiliência da água .

Impacto da escassez de água na aquicultura

- **Lidar com a escassez de água:** A escassez de água apresenta riscos significativos para a aquicultura , limitando a disponibilidade de água e aumentando os custos dos processos que consomem muita água. Em zonas com secas frequentes ou racionamento rigoroso da água , as empresas de aquicultura podem enfrentar perturbações operacionais que afectam a produtividade e a rentabilidade .

- **Mitigar a escassez de água Riscos:** Investir em tecnologias de poupança de água, diversificar as fontes de água e colaborar com as autoridades locais para recursos hídricos partilhados ajudam a mitigar estes riscos. As empresas estão a adotar cada vez mais planos de gestão da água que têm em conta a disponibilidade de recursos a longo prazo, as flutuações sazonais e potenciais alterações regulamentares s.

Conformidade com os regulamentos relativos à utilização da água

- **Navegando pelas Leis Locais e Internacionais da Água** : A conformidade com os regulamentos de utilização da água envolve a compreensão das leis locais e internacionais relacionadas com a extração, utilização e descarga de água. Os regulamentos geralmente incluem limites na quantidade de água retirada, requisitos de tratamento para a água descarregada e mandatos para reciclagem ou práticas de conservação .
- **Alinhamento com as normas ambientais** : Muitas regiões aplicam normas ambientais para proteger a qualidade da água , exigindo que as empresas de aquacultura realizem avaliações de impacto ambiental s (EIAs) antes de iniciarem as operações. A conformidade com estes regulamentos demonstra um compromisso com práticas sustentáveis e protege as empresas de repercussões legais.

Estudos de caso na utilização sustentável da água

- **Exemplos de gestão eficaz da água** : A Kampachi Farms, no Havai, utiliza a tecnologia RAS para a reciclagem de água , reduzindo significativamente a utilização de água doce e minimizando as águas residuais. Outro exemplo, a Nordic Aquafarms na Noruega, integra biofiltros e sistemas de tratamento de resíduos para reciclar quase toda a água utilizada d, conseguindo um sistema de gestão da água sustentável e de ciclo fechado.
- **Lições aprendidas:** Estes estudos de caso realçam a importância de investir em tecnologias avançadas de reciclagem de água e mostram como a gestão sustentável da água contribui tanto para a responsabilidade ambiental como para a eficiência operacional .

97,0 Inovação regulamentar e conformidade adaptativa

A natureza em rápida evolução da aquicultura exige quadros regulamentares adaptáveis e estratégias de conformidade que equilibrem o crescimento do sector com a sustentabilidade .

Modelos de regulamentação emergentes na aquicultura

- **Adaptação dos governos ao crescimento do sector** : Os governos de todo o mundo estão a ajustar os quadros regulamentares para acomodar a crescente indústria da aquacultura , o que inclui a definição de normas para a utilização da água , a eliminação de resíduos e a seleção de espécies

. Os modelos regulamentares emergentes centram-se em práticas ecológicas , promovendo certificações e criando diretrizes que apoiam a aquicultura sustentável .

- **Incentivar as práticas sustentáveis** : Alguns países estão a oferecer incentivos financeiros e processos de licenciamento simplificados às empresas que aderem a práticas sustentáveis . Por exemplo, reduções fiscais, subvenções e subsídios apoiam as empresas que adoptam tecnologias ecológicas, incentivando o alinhamento da indústria com as normas ambientais .

Desenvolvimento de estratégias adaptativas de conformidade

- **Criar flexibilidade para regulamentos em evolução:** Estratégias de conformidade adaptáveis envolvem a criação de amortecedores regulamentares que permitem às empresas ajustarem-se a novas normas sem grandes interrupções. Ao implementar práticas de gestão flexíveis e sistemas de monitorização , as empresas podem antecipar as alterações regulamentares s e modificar as operações em conformidade.
- **Monitorização em tempo real e relatórios:** Tecnologias como os sensores IoT e o acompanhamento digital da conformidade permitem às empresas de aquacultura monitorizar a qualidade da água , a descarga de resíduos e a utilização de recursos em tempo real, garantindo a conformidade contínua com os regulamentos. Esta adaptabilidade reduz o risco de violações regulamentares e alinha-se com as melhores práticas da indústria .

Lobbying e quadros jurídicos para o crescimento do sector

- **Aquacultura Advocacia para Adaptação Regulamentar** : Grupos de advocacia, como a Global Aquaculture Alliance , trabalham com os governos para garantir que os regulamentos apoiam o crescimento da indústria enquanto dão prioridade à sustentabilidade . Os esforços de lobbying centram-se na criação de políticas justas, na promoção dos benefícios económicos da aquacultura e na defesa de processos de licenciamento simplificados.
- **Quadros legais e representação do sector:** As associações industriais representam frequentemente as empresas de aquacultura em discussões com os decisores políticos, ajudando a moldar os regulamentos de modo a reflectirem as necessidades da indústria e a encorajarem a proteção ambiental. Os quadros legais que incorporam os conhecimentos do sector tendem a ser mais flexíveis e práticos, beneficiando tanto as empresas como o ambiente.

Estudos de caso no sucesso regulamentar

- **Perfis de empresas com uma conformidade inovadora** : A Mowi, um dos principais intervenientes no sector da aquacultura , colabora com os reguladores para cumprir normas de conformidade rigorosas , obtendo certificações como a ASC (Aquaculture Stewardship Council) . No Canadá, a Cooke Aquaculture tem navegado com sucesso nos quadros regulamentares investindo em práticas sustentáveis e envolvendo-se continuamente com os decisores políticos para promover regulamentos adaptáveis.
- **Impacto no crescimento do negócio** : Estes estudos de caso ilustram como a conformidade regulamentar proactiva melhora a reputação, minimiza os riscos legais e contribui para o crescimento da indústria a longo prazo.

98,0 Escalonamento das operações de Aquabusiness a nível mundial

A expansão dos negócios da aquacultura a nível mundial oferece oportunidades de crescimento mas também apresenta desafios únicos na adaptação a diversos cenários regulamentares, culturais e operacionais.

Desafios e Oportunidades na Expansão Global

- **Desafios legais e regulamentares** : Cada país tem requisitos regulamentares únicos relacionados com a utilização da água, seleção de espécies e normas ambientais . Navegar por estas regulamentações variáveis requer um conhecimento jurídico alargado e envolve frequentemente a colaboração com organismos reguladores locais.
- **Considerações culturais e operacionais:** As preferências culturais por espécies de frutos do mar, gostos e práticas agrícolas variam muito. Uma expansão bem-sucedida requer a compreensão do comportamento do consumidor local , das tendências alimentares e das expectativas culturais em relação a práticas sustentáveis e éticas.

Adaptação local e estratégias de entrada no mercado

- **Adaptação aos mercados locais:** Uma abordagem localizada é a chave para o sucesso em novos mercados. Por exemplo, a adaptação dos tipos de ração , dos sistemas de produção e das estratégias de marketing às preferências locais pode aumentar a aceitação do produto. As estratégias de entrada podem incluir a formação de parcerias com empresas locais ou a procura de joint ventures para facilitar a navegação regulamentar.
- **Produtos específicos do mercado:** A adaptação dos produtos às tendências alimentares locais , como a criação de produtos biológicos ou com rótulo ecológico, vai ao encontro das preferências dos consumidores e pode aumentar a atração pelo mercado. Estratégias eficazes de entrada no mercado combinam a adaptação do produto com a conformidade regulamentar e o alinhamento cultural.

Construir cadeias de abastecimento globais

- **Estabelecimento de operações internacionais:** O estabelecimento da cadeia de abastecimento global envolve a garantia de fornecedores fiáveis, o cumprimento dos regulamentos de exportação -importação e a garantia de qualidade consistente nos mercados. Construir relações com fornecedores e fornecedores de logística ajuda a simplificar as operações da cadeia de abastecimento, reduzindo potenciais atrasos e problemas de qualidade.
- **Abordar os riscos da cadeia de abastecimento:** As flutuações cambiais, os atrasos nos envios e a disponibilidade de recursos podem afetar as cadeias de abastecimento globais . A gestão eficaz dos riscos , incluindo o multi-sourcing e a constituição de reservas de inventário, ajuda a mitigar os desafios da cadeia de abastecimento .

Consistência da marca e localização

- **Equilíbrio entre os padrões globais da marca e a adaptação local** : Manter a consistência da marca implica manter os valores fundamentais e as normas de qualidade em todos os mercados, mesmo quando se adaptam às preferências locais. Por exemplo, as práticas sustentáveis e as certificações de qualidade devem manter-se consistentes para reforçar a integridade da marca.
- **Localização para relevância no mercado:** A localização pode envolver o ajuste de embalagens , mensagens de marketing e ofertas de produtos para se alinharem com a língua, cultura e requisitos regulamentares locais. Por exemplo, os produtos de marisco no Japão podem centrar-se na transparência no abastecimento, enquanto nos mercados europeus a certificação orgânica s pode ser mais apelativa.

Estudos de caso no sucesso da expansão global

- **Empresas que se destacam na expansão internacional** : A Grieg Seafood, uma empresa norueguesa de aquacultura, expandiu-se com sucesso para o Canadá, adaptando as suas operações para cumprir a regulamentação e as normas ambientais locais . Do mesmo modo, o Tassal Group, uma empresa australiana, alargou o seu alcance à Ásia, alinhando-se com a procura do mercado local s de produtos do mar sustentáveis e de alta qualidade.
- **Principais conclusões para o sucesso:** Estas empresas exemplificam uma expansão global bem sucedida, equilibrando a consistência global da marca com adaptações localizadas, gerindo eficazmente a cadeia de fornecimento s , e navegando proactivamente em cenários regulamentares e culturais.

99.0 Implicações éticas e futuro da aquicultura

À medida que a aquacultura continua a crescer, as considerações éticas tornam-se cada vez mais importantes. Abordar questões relacionadas com o bem-estar dos animais , o impacto ambiental e as práticas laborais não só ajuda a proteger os ecossistemas , como também cria a confiança dos consumidores e promove a resiliência da indústria .

Explorar os dilemas éticos na aquacultura

- **Bem-estar dos animais:** As preocupações relativas ao bem-estar dos animais na aquicultura incluem as densidades de povoamento, as práticas de colheita sem crueldade e a gestão das doenças . A cultura de alta densidade pode causar stress e doenças nos peixes , enquanto alguns métodos de abate nem sempre são humanos. A aquacultura ética dá prioridade a práticas que reduzam o stress e minimizem o sofrimento, tais como densidades de povoamento mais baixas, ambientes enriquecidos e técnicas avançadas de abate sem crueldade.
- **Impacto ambiental** : As consequências ambientais da aquicultura incluem a poluição da água , a destruição de habitats e ameaças à biodiversidade . Por exemplo, as explorações mal geridas podem libertar nutrientes em excesso, provocando a proliferação de algas e desequilíbrios no ecossistema. As práticas éticas de aquacultura centram-se na minimização destes impactos através de uma gestão sustentável da água , de práticas baseadas no ecossistema, como a aquacultura multitrófica integrada (IMTA), e de alternativas de alimentação ecológicas.
- **Ética Laboral** : A indústria da aquacultura , tal como outros sectores de trabalho intensivo, enfrenta desafios relacionados com salários justos, condições de trabalho seguras e proteção contra a exploração laboral. Garantir os direitos trabalhistas e melhorar as condições são fundamentais para uma indústria de aquicultura ética, pois o tratamento justo dos trabalhadores contribui para a sustentabilidade social e a estabilidade operacional a longo prazo.

Equilíbrio entre o crescimento e a ética

- **Estratégias para a tomada de decisões éticas** : A tomada de decisões éticas na aquacultura requer o equilíbrio da rentabilidade com a responsabilidade para com as pessoas, os animais e o ambiente. As estratégias incluem a implementação de normas ambientais, sociais e de governação (ESG) abrangentes e a adoção de uma abordagem tripla , centrada no lucro, nas pessoas e no planeta. Estes quadros ajudam as empresas a estabelecer práticas que alinham o crescimento do negócio com prioridades éticas.
- **Incorporar as perspectivas das partes interessadas:** O envolvimento das partes interessadas - tais como grupos ambientais, comunidades locais

e consumidores - fornece informações valiosas para a tomada de decisões éticas . Ao ouvir diversas perspectivas, as empresas podem adaptar as suas práticas de modo a cumprirem as normas éticas ao mesmo tempo que promovem o apoio do público.

Sustentabilidade como um princípio empresarial fundamental

- **Integrar a Sustentabilidade na Estratégia Empresarial:** A sustentabilidade na aquacultura é cada vez mais vista como um princípio comercial fundamental e não como uma prática opcional. As empresas estão a integrar a sustentabilidade nas suas operações principais, adoptando certificações (por exemplo, ASC, BAP), investindo em rações sustentáveis tecnologias e dando prioridade a infra-estruturas amigas do ambiente . Estas práticas abordam os impactos imediatos e a longo prazo da aquacultura no ambiente e na sociedade.
- **Alinhamento com os Objectivos Globais de Sustentabilidade :** Muitas empresas de aquacultura alinham suas práticas com metas internacionais de sustentabilidade, como os Objetivos de Desenvolvimento Sustentável das Nações Unidas (SDGs) . Esta abordagem não só apoia o crescimento ético mas também fortalece as relações com consumidores, investidores e reguladores que dão prioridade a práticas comerciais sustentáveis.

Tendências Futuras na Aquacultura Ética

- **Previsões para a ética - Crescimento do sector** : O futuro da aquacultura será provavelmente marcado por inovações que enfatizam a ética e a sustentabilidade . As tendências incluem o desenvolvimento de alternativas de ração à base de plantas e cultivadas em laboratório, sistemas avançados de gestão de resíduos e maior transparência por meio de rastreabilidade tecnologias como blockchain . Estas tendências ajudam a abordar as preocupações éticas mais prementes do sector, permitindo um crescimento responsável .
- **Aumento da procura de práticas éticas por parte dos consumidores:** Os consumidores procuram cada vez mais produtos de empresas que dão prioridade ao bem-estar dos animais , à gestão ambiental e a práticas laborais justas. Espera-se que a indústria responda a esta procura com uma melhor rotulagem e transparência , permitindo aos consumidores tomar decisões de compra informadas e éticas.

Estudos de caso in Ethical Aquaculture Leadership

- **Exemplos de empresas que dão prioridade à ética** : Empresas como a Verlasso no Chile e a BioMar estabeleceram padrões éticos reduzindo a farinha de peixe nas suas rações e investindo em alternativas sustentáveis. A Verlasso, por exemplo, reduz a sua dependência de peixes selvagens para a alimentação, contribuindo para a saúde dos oceanos ao mesmo tempo que mantém a qualidade e a rentabilidade . Outro exemplo é a Blue Ridge Aquaculture nos EUA, que utiliza um sistema de aquacultura de recirculação para minimizar o impacto ambiental e dar prioridade ao bem-estar dos animais . Estas empresas exemplificam a forma como as considerações éticas podem impulsionar a inovação e a vantagem competitiva .

100. 0 Conclusão

Criação de uma rede mundial para uma aquicultura sustentável

1. Importância da colaboração global

- **Como a partilha de conhecimentos e recursos pode promover o crescimento sustentável** : A natureza global da aquacultura exige uma colaboração transfronteiriça, particularmente em áreas como a sustentabilidade , o controlo de doenças e o desenvolvimento tecnológico. A partilha de conhecimentos sobre as melhores práticas e os resultados da investigação permite que os países enfrentem coletivamente desafios comuns , tais como a redução dos custos da alimentação e a melhoria da qualidade da água gestão . Os esforços de colaboração através de organizações como a Organização para a Alimentação e a Agricultura (FAO) ajudam a estabelecer normas sustentáveis para a aquicultura , a reduzir o impacto ambiental e a garantir a segurança alimentar para as gerações futuras.

2. Redes internacionais e parcerias

- **Visão geral das redes existentes de apoio à aquicultura** : Várias redes internacionais promovem a colaboração e o apoio ao sector da aquicultura, incluindo a Rede de Aquicultura da FAO e a Aliança Global para a Aquicultura . Estas redes fornecem plataformas para a partilha de informações, apoio técnico e defesa de políticas , ajudando os países a adotar as melhores práticas e a resolver questões regulamentares. As alianças regionais , como a Sociedade Europeia de Aquacultura, também desempenham um papel fundamental no apoio aos países membros com investigação, formação e recursos para garantir que o crescimento da aquacultura se alinha com os objectivos de sustentabilidade .

3. Vias para um crescimento mundial sustentável

- **Perspectivas sobre estratégias globais e unificadas para a aquacultura** : Uma estratégia global unificada para a aquacultura enfatiza a resiliência , a eficiência dos recursos e a gestão ambiental . As principais vias incluem a promoção de práticas de produção responsáveis, a expansão da educação e da formação e o investimento em tecnologias que reduzam os resíduos e aumentem a produtividade. Esforços coordenados em matéria de investigação e inovação podem dar resposta a desafios comuns , como o desenvolvimento de alternativas sustentáveis de alimentação , a melhoria da resistência a doenças e a redução da dependência de peixe selvagem capturado para alimentação.

4. **Reflexões finais e visão de futuro**
   - **Incentivar a inovação , a resiliência e o crescimento responsável** : O futuro da aquacultura global reside no equilíbrio do crescimento com a responsabilidade ambiental , no incentivo à inovação contínua e na promoção da resiliência. Ao comprometer-se com práticas sustentáveis , reforçando as colaborações , e investindo na educação, a indústria da aquacultura pode satisfazer a crescente procura global de marisco sem comprometer os ecossistemas . Uma visão futura para a aquicultura inclui sistemas avançados, como a aquicultura multitrófica integrada , resistentes às alterações climáticas e capazes de apoiar a segurança alimentar global , fornecendo uma fonte fiável e sustentável de nutrição para as gerações vindouras.

O futuro do aquabusiness

1. **Tendências que moldam o futuro**
   - **Factores tecnológicos, económicos e ambientais** : A indústria da aquacultura está a ser transformada pelos principais avanços tecnológicos , incluindo sistemas de monitorização baseados em IA , biotecnologia e inovações em alternativas de alimentação. Do ponto de vista económico, a crescente procura mundial de produtos do mar como fonte de proteínas saudáveis apresenta oportunidades de crescimento substanciais , ao mesmo tempo que uma maior sensibilização dos consumidores para a sustentabilidade e a segurança alimentar impulsiona práticas éticas e transparentes . As preocupações ambientais, em especial as alterações climáticas , exigem estratégias de criação de resiliência , métodos de produção ecológicos e uma menor pegada de carbono s nas práticas de aquicultura . A convergência destes factores está a remodelar o negócio da aquacultura, com a sustentabilidade e a transformação digital na vanguarda.

2. **Oportunidades e desafios**
   - **Áreas de crescimento , Mercados emergentes** : A classe média em expansão na Ásia e em África representa uma procura crescente de marisco diversificado e de alta qualidade. Estão a surgir novos mercados para produtos especializados como o marisco orgânico e sustentável certificado , bem como alternativas de marisco à base de plantas e de cultura celular. No entanto, persistem desafios , incluindo limitações de recursos, preocupações ambientais e flutuações de mercado. As complexidades regulamentares do comércio internacional , a gestão de

doenças , e o equilíbrio entre a produtividade e o impacto ambiental continuam a ser áreas críticas a abordar. As empresas que conseguirem inovar dentro destes condicionalismos estarão melhor posicionadas para um crescimento sustentável .

3. Principais conclusões para os aspirantes a gestores do sector do aquacultura

- **Resumo das competências, práticas e mentalidades essenciais**: Os futuros gestores do sector aquícola necessitam de um conjunto de competências diversificado que inclua uma forte compreensão das práticas sustentáveis , literacia tecnológica e uma compreensão da dinâmica do mercado global . As principais práticas envolvem a adoção de sistemas de gestão agrícola eficientes e baseados em dados, a aplicação de normas rigorosas de segurança alimentar e a promoção da transparência na comercialização e no aprovisionamento. As mentalidades centradas na adaptabilidade , na gestão proactiva dos riscos e na vontade de aprender continuamente serão essenciais, uma vez que o sector enfrenta rápidas mudanças tecnológicas e a evolução das expectativas dos consumidores. Um compromisso para com a inovação e a resiliência permitirá aos aspirantes a gestores enfrentar os desafios e impulsionar o progresso do sector.

Roteiro Estratégico para o Futuro do Aquabusiness

1. Resumo das conclusões essenciais

- **Principais conclusões de cada secção e recomendações práticas**: Este guia sublinhou a necessidade de as empresas aquícolas se concentrarem em práticas sustentáveis , no alinhamento com o mercado e na adoção de tecnologias. Da aquacultura de precisão à cibersegurança e à cobertura financeira , o cenário em evolução da aquacultura exige tanto a excelência operacional como a previsão estratégica. As recomendações acionáveis incluem o investimento em tecnologia que aumente a produtividade e a sustentabilidade , dando prioridade à transparência do consumidor , desenvolvendo estratégias de resiliência climática adaptáveis , e promovendo parcerias para investigação e inovação .

2. Prioridades para um crescimento sustentável

- **Equilíbrio entre inovação , sustentabilidade e responsabilidade social** : Um caminho de crescimento sustentável para a aquacultura assenta no equilíbrio entre a eficiência, a gestão ambiental e a responsabilidade social . As empresas devem inovar de forma responsável, com ênfase na redução do impacto ambiental através de práticas como a aquicultura multitrófica integrada (IMTA) , a redução dos resíduos e o desenvolvimento de alimentos alternativos. As abordagens socialmente responsáveis, incluindo a capacitação da comunidade nas regiões em desenvolvimento e o bem-estar dos trabalhadores, serão fundamentais para ganhar a confiança dos consumidores e o apoio regulamentar. Alinhar o modelo de negócio s com os Objectivos de Desenvolvimento Sustentável das Nações Unidas (ODS) pode ajudar as empresas aquícolas a contribuir para os objectivos globais de sustentabilidade.

3. Preparar a transformação do sector

- **A necessidade de adaptabilidade e de melhoria contínua** : A transformação do sector exige que as empresas aquícolas se mantenham flexíveis, dispostas a adaptar-se aos avanços tecnológicos , aos desafios climáticos e às alterações regulamentares s. Será crucial apostar na melhoria contínua, através de formação regular, investimento em investigação e adoção de tecnologias. A adoção da transformação digital - como a monitorização baseada na IoT , a análise da IA e a cadeia de blocos para rastreabilidade - não só optimizará as operações, como também aumentará a resiliência contra a volatilidade do mercado e as perturbações ambientais.

4. Perspetiva do futuro do aquabusiness

- **Um olhar sobre a trajetória potencial da indústria global de aquacultura** : Espera-se que a indústria global de aquacultura se expanda tanto em escala como em sofisticação, com operações futuras caracterizadas pela automação , pegada ambiental mínima e princípios de economia circular . Os avanços tecnológicos, incluindo os produtos do mar cultivados em laboratório, as técnicas avançadas de reprodução e a monitorização remota , podem redefinir os sistemas de produção , tornando a aquicultura mais acessível e eficiente. As redes de colaboração e as iniciativas globais desempenharão provavelmente um papel vital na definição das normas do sector , aumentando simultaneamente a transparência e a responsabilidade . A visão futura para o sector da aquicultura é a de um crescimento sustentável , impulsionado pela inovação , pela resiliência e por um compromisso com práticas éticas e ambientalmente conscientes.

Vias para um futuro sustentável e ético do sector do aquacultura

A conclusão enfatiza os princípios, estratégias e esforços colectivos necessários para transformar a aquacultura numa indústria sustentável, ética e resiliente. Através de práticas responsáveis , os actores do sector podem contribuir para a segurança alimentar , a conservação ambiental , e o bem-estar social.

Reflexão sobre as principais aprendizagens

- **Resumo dos princípios e estratégias:** Esta exploração delineou vários princípios fundamentais: gestão sustentável da água , conformidade adaptativa , tomada de decisões éticas , e inclusividade . As principais estratégias incluem a adoção de avanços tecnológicos , a implementação de opções sustentáveis de alimentação , e a prioridade ao bem-estar dos animais . Ao concentrarem-se nestas áreas, as empresas podem posicionar-se como líderes na aquacultura ética .

- **Factores críticos de sucesso:** O sucesso da aquicultura ética é determinado pelo compromisso com a sustentabilidade , pela adesão a normas elevadas e pela adaptabilidade à evolução das expectativas dos consumidores. As empresas que equilibram a rentabilidade com as responsabilidades sociais e ambientais podem construir marcas fortes e atrair investidores que valorizam o desempenho ESG (Environmental, Social, Governance) .

Conduzir a indústria para a sustentabilidade

- **Responsabilidade colectiva para uma aquacultura orientada para o futuro** : O futuro da aquacultura depende de um compromisso partilhado com a sustentabilidade , com empresas individuais, organismos reguladores e consumidores a desempenharem papéis fundamentais. As associações industriais e os grupos de defesa podem impulsionar o progresso estabelecendo as melhores práticas e promovendo o cumprimento . Da mesma forma, os consumidores influenciam a mudança através das suas escolhas de compra, sinalizando às empresas que as práticas éticas não são apenas esperadas, mas exigidas.
- **Colaboração e inovação** : Os esforços de colaboração, como as parcerias entre a indústria, as instituições de investigação e os governos, promovem a inovação necessária para enfrentar os desafios da sustentabilidade . Os esforços conjuntos para desenvolver alimentos ecológicos, melhorar a rastreabilidade e reduzir o impacto ambiental garantirão que a aquicultura continue a ser uma solução viável para as necessidades alimentares mundiais.

Traçar um caminho a seguir

- **Visão para um sector resiliente, inovador e ético:** O futuro da aquacultura é aquele que abraça a resiliência , o crescimento ético , e a inovação sustentável . Uma indústria de aquacultura resiliente é capaz de resistir a desafios como as alterações climáticas , a escassez de recursos e as mudanças regulamentares , mantendo ao mesmo tempo um compromisso com práticas éticas.
- **Caminhos estratégicos:** As vias estratégicas incluem o investimento em práticas éticas, a adoção de avanços tecnológicos para a eficiência e o estabelecimento de uma cadeia de abastecimento transparente e

responsável s . Uma visão unificada da aquacultura responsável permitirá que a indústria cresça globalmente sem sacrificar a integridade ética.

Reflexões finais e inspiração

- **Incentivar os líderes do sector aquícola a promover a mudança:** Os líderes da aquacultura são encorajados a defender práticas éticas e sustentáveis nas suas operações, promovendo uma cultura de responsabilidade e inovação . Ao dar prioridade aos valores éticos, os líderes do sector aquícola podem ter um impacto positivo e duradouro no ambiente, na sociedade e no futuro da produção alimentar.
- **Inspiração para o futuro:** A adoção de uma mentalidade de gestão, transparência e melhoria contínua irá impulsionar o sector. À medida que a aquacultura cresce para satisfazer a procura global, o compromisso com práticas éticas e sustentáveis garante que a indústria não só prospera como também apoia o planeta e as pessoas.

Integração da estratégia, sustentabilidade e inovação para o sucesso a longo prazo

A aquacultura encontra-se num momento crucial, onde a integração da gestão estratégica, práticas sustentáveis e tecnologias inovadoras determinarão a sua trajetória futura. Esta conclusão sintetiza os temas chave, oferece um roteiro para a construção de empresas aquícolas resistentes e rentáveis, e realça a importância de promover uma comunidade internacional dedicada às práticas sustentáveis.

Reflexões finais sobre a gestão global do sector aquático

- **Recapitulação dos principais temas e estratégias do livro:** Ao longo desta exploração da gestão da aquacultura , três temas centrais emergiram como essenciais para o sucesso: estratégia, sustentabilidade , e inovação . A estratégia implica o estabelecimento de objectivos comerciais claros, a compreensão do ambiente regulamentar s, e a criação de operações adaptáveis. A sustentabilidade tem sido enfatizada como um princípio subjacente à gestão dos recursos hídricos , às práticas éticas e à conservação da biodiversidade , assegurando que a aquicultura contribui positivamente tanto para o ambiente como para a sociedade. A inovação, impulsionada por avanços na tecnologia de alimentação , sistemas de rastreabilidade digital e investigação genética, continua a remodelar a aquacultura, tornando-a mais eficiente e responsável.
- **Principais conclusões para uma gestão eficaz:** A gestão eficaz do negócio aquático assenta numa abordagem holística, em que as considerações ambientais, sociais e de governação (ESG) são integradas nas operações comerciais. Desde a navegação em enquadramentos regulamentares até à promoção de práticas éticas, uma gestão bem

sucedida envolve aprendizagem contínua, adaptação , e empenho em melhorar a gestão ambiental , o bem-estar animal , e as práticas laborais.

Construir Aquabusinesses resilientes, responsáveis e rentáveis

- **Qualidades essenciais de uma empresa de aquacultura sustentável :** As empresas de aquacultura sustentável são definidas pela resiliência , responsabilidade e rentabilidade . A resiliência permite que as empresas resistam a desafios como flutuações climáticas, alterações regulamentares s e volatilidade do mercado . As empresas resilientes são proactivas, implementando estratégias de gestão de riscos que antecipam futuras mudanças no sector . A responsabilidade exige que as empresas mantenham elevados padrões éticos , equilibrando o crescimento com compromissos para com o bem-estar dos animais , a saúde dos ecossistemas e práticas laborais justas . A rentabilidade, neste contexto, é sustentável quando é conseguida a par da conservação do ambiente e do bem-estar da comunidade, criando valor a longo prazo tanto para a empresa como para as partes interessadas.
- **Adotar uma abordagem "Triple Bottom Line":** O "Triple Bottom Line" - pessoas, planeta e lucro - incentiva as empresas de aquacultura a considerar o seu impacto mais alargado. Ao centrarem-se nos três aspectos, as empresas podem construir marcas conhecidas pelas suas práticas responsáveis , que têm cada vez mais eco junto dos consumidores e investidores. A rentabilidade continua a ser importante, mas não à custa da integridade ambiental ou do bem-estar da comunidade, criando uma base equilibrada para o sucesso sustentável.

Incentivar uma comunidade global de práticas

- **Fomentar a Colaboração Internacional para uma Aquacultura Sustentável** : Como uma indústria global, a aquacultura beneficia de uma troca internacional de conhecimentos, tecnologia e recursos. A colaboração entre governos, agentes da indústria e instituições de investigação acelera a adoção das melhores práticas , normaliza os padrões éticos e ajuda a gerir recursos partilhados como a água e a biodiversidade genética . Organizações internacionais como a FAO, a World Aquaculture Society e a Global Aquaculture Alliance desempenham papéis cruciais na promoção da cooperação global, fornecendo diretrizes que se alinham com os objectivos de sustentabilidade e apoiando a ação colectiva em questões como a conservação ambiental e o bem-estar animal .
- **Partilha de conhecimentos e desenvolvimento de capacidades** : Desenvolver uma comunidade global de práticas significa apoiar ativamente a partilha de conhecimentos e o desenvolvimento de capacidades . Isto implica tornar a investigação acessível, acolher

conferências internacionais e criar plataformas abertas onde os profissionais da aquacultura possam discutir os avanços, as alterações regulamentares s e as práticas sustentáveis . Esta comunidade de prática pode impulsionar acções colectivas, permitindo às empresas de todo o mundo atingir objectivos ambientais, sociais e económicos que beneficiem a indústria global.

Visão de futuro para o sector do Aquabusiness

- **Projeção das próximas inovações e mudanças na indústria:** O futuro da aquacultura será provavelmente marcado por inovações tecnológicas s, expectativas crescentes dos consumidores em relação a práticas sustentáveis , e uma mudança contínua em direção à eficiência dos recursos . As tecnologias emergentes , como os sistemas de monitorização alimentados por IA , a cadeia de blocos para rastreabilidade e as alternativas de alimentação cultivadas em laboratório, transformarão a eficiência operacional e a transparência . Além disso, à medida que os consumidores exigem produtos mais ecológicos e de origem ética, as empresas terão de se adaptar, adoptando cadeias de abastecimento transparentes s e certificações que verifiquem os seus compromissos.
- **Ética e Transparência como pedras angulares da Aquacultura do Futuro** : No futuro, a ênfase na aquacultura ética irá intensificar-se, com a transparência e a responsabilidade a tornarem-se centrais para o modelo de negócio s . As inovações em matéria de rastreabilidade digital permitirão aos consumidores verificar a origem e a qualidade dos seus produtos do mar, enquanto as empresas utilizarão estas tecnologias para controlar e melhorar a sua pegada ambiental. As empresas de aquacultura que lideram com transparência e integridade ética ganharão provavelmente uma vantagem competitiva s num mercado cada vez mais consciente da sustentabilidade .

Caminhos para um futuro sustentável e ético do sector do aquacultura

A integração de uma visão estratégica, de práticas comerciais responsáveis e de um compromisso com a inovação irá garantir que a aquacultura evolua para uma indústria resiliente, ética e sustentável. Ao fomentar uma comunidade internacional de práticas e ao abraçar a transparência , os líderes da aquacultura podem defender uma mudança significativa, abrindo caminho para um futuro que equilibre a rentabilidade com a gestão ecológica e a responsabilidade social .

PARTE 2: GESTÃO DO PROJECTO AQUAPRENEURSHIP

101.0 Introdução ao Aquapreneurship

101.1 A evolução do aquapreneurship

Origens do Aquapreneurship nas tendências ambientais e empresariais

O aquapreneurship é um conceito que se situa na intersecção da consciência ambiental e do empreendedorismo , surgindo da necessidade de enfrentar os desafios da escassez de água , da poluição e do declínio dos recursos marinhos. Historicamente, a civilização humana tem dependido dos recursos hídricos para o seu sustento, comércio e actividades económicas, o que levou ao desenvolvimento das indústrias da pesca, da agricultura e da navegação. O termo "aquapreneurship" deriva de "aqua" (água) e "entrepreneurship", indicando empreendimentos que se centram na água como recurso primário.

Contexto histórico dos empreendimentos comerciais relacionados com a água

As empresas tradicionais relacionadas com a água, como a pesca e o transporte marítimo, centravam-se essencialmente na extração de recursos, com o objetivo de aproveitar as massas de água para sustento e crescimento económico . A pesca tem raízes antigas, desde as práticas artesanais até à pesca à escala industrial, tendo esta última dado origem a preocupações com a sobrepesca e o esgotamento ambiental. O transporte marítimo, fundamental para o comércio e a globalização, tornou-se um gigante económico, mas à custa de danos ambientais causados por derrames de petróleo e eliminação de resíduos.

Transição para o Aquapreneurship moderno Impulsionado pela sustentabilidade Necessidades

O aquapreneurship evoluiu a partir destes precedentes históricos, mas centra-se na gestão sustentável, na conservação do ambiente e na inovação tecnológica . Esta transição aborda questões como a poluição da água , a escassez e a degradação dos ecossistemas. Ao contrário dos seus antecessores, o aquapreneurship moderno dá prioridade à energia marinha renovável , à aquicultura sustentável e às tecnologias de purificação da água , com o objetivo de criar um equilíbrio entre o crescimento económico e a gestão ambiental .

101.2 Definição de Aquapreneurship

Definição aprofundada e cobertura do sector

O aquapreneurship engloba uma variedade de sectores centrados na água, incluindo a aquacultura , a biotecnologia marinha , a energia marinha renovável , a purificação da água e o turismo marinho . Envolve o empreendedorismo com o objetivo de tirar partido dos recursos aquáticos de forma sustentável. Por exemplo, na aquacultura, os aquapreneurs estão a explorar métodos sustentáveis para a criação de peixes , utilizando alimentos ecológicos e sistemas de ciclo fechado que minimizam os resíduos. Na purificação da água, os aquapreneurs inovam com tecnologias de purificação para fornecer água potável, especialmente em comunidades carenciadas.

Alinhamento com a sustentabilidade , tecnologia e necessidades da comunidade

O aquapreneurship alinha-se estreitamente com os princípios da sustentabilidade , uma vez que procura criar empreendimentos que possam funcionar a longo prazo sem esgotar ou prejudicar os recursos hídricos . Os avanços tecnológicos desempenham um papel crucial, permitindo novas soluções como a dessalinização e fontes de energia marinha ecológicas . Além disso, os esforços de aquapreneurial envolvem frequentemente as comunidades, criando empregos locais, apoiando as economias rurais e abordando questões de saúde pública relacionadas com a qualidade da água .

101.3 Porque é que o Aquapreneurship é importante

Benefícios socioeconómicos

O aquapreneurship pode impulsionar o crescimento socioeconómico criando oportunidades de emprego, especialmente em zonas rurais ou costeiras onde as opções de emprego tradicionais podem ser limitadas. As iniciativas de purificação da água , por exemplo, não só criam postos de trabalho diretos, como também melhoram a saúde pública ao permitir o acesso a água limpa , reduzindo as doenças transmitidas pela água e os custos dos cuidados de saúde. A aquacultura sustentável oferece uma alternativa à pesca tradicional, reduzindo a pressão sobre a vida marinha e gerando rendimentos para os pescadores e empresários locais.

Impacto ambiental e sustentabilidade global da água

O aquapreneurship desempenha um papel fundamental na consecução dos objectivos globais de sustentabilidade da água . Ao promover práticas sustentáveis no domínio da água e tecnologias inovadoras, o aquapreneurship pode ajudar a mitigar a poluição , apoiar o acesso à água potável , e contribuir para a conservação marinha . Estes esforços alinham-se com objectivos ambientais mais amplos para conservar os ecossistemas aquáticos e melhorar a qualidade da água em todo o mundo.

Alinhamento com os Objectivos de Desenvolvimento Sustentável das Nações Unidas (ODS)

O aquapreneurship alinha-se particularmente bem com os Objectivos de Desenvolvimento Sustentável das Nações Unidas (ODS) , especialmente o ODS 6, que enfatiza a água limpa e o saneamento . Os esforços na purificação da água , na gestão dos recursos marinhos e na aquacultura sustentável contribuem diretamente para o ODS 6 e apoiam indiretamente os objectivos relacionados com a saúde , a conservação do ambiente e o crescimento económico .

101.4 Aquapreneurship vs. Empresas Tradicionais de Base Hídrica

Diferenciar o Aquapreneurship dos negócios convencionais no sector da água

As empresas tradicionais baseadas na água, como a pesca comercial, dão prioridade à rentabilidade e à extração de recursos, com uma ênfase mínima na sustentabilidade ambiental . O aquapreneurship difere no seu empenhamento em práticas sustentáveis , na inovação e no bem-estar da comunidade. Enquanto as empresas tradicionais se concentram frequentemente na exploração de recursos, os aquapreneurs dão prioridade à conservação e à regeneração dos recursos aquáticos.

Principais caraterísticas dos aquapreneurs

Os aquapreneurs caracterizam-se normalmente pelo seu enfoque na inovação , na sustentabilidade e na orientação para a comunidade. Utilizam tecnologias de ponta, como a purificação da água e a biotecnologia marinha , para resolver problemas urgentes relacionados com a água. Os aquapreneurs são também pró-activos no que respeita à conformidade regulamentar e à conservação ambiental , distinguindo-se dos empresários tradicionais do sector da água.

102.0 Explorar os sectores-chave do aquapreneurship

102.1 Aquicultura sustentável

Panorama e significado da aquicultura

A aquicultura , o cultivo de organismos aquáticos, tornou-se essencial para satisfazer a procura mundial de alimentos. Com o declínio das populações de peixes nos ecossistemas naturais devido à sobrepesca, a aquicultura oferece uma alternativa à pesca convencional, contribuindo significativamente para a segurança alimentar .

Sustentabilidade Desafios na Aquacultura Tradicional

A aquicultura tradicional conduz frequentemente a preocupações ambientais, incluindo a sobrepesca, a poluição e a destruição de habitats. A piscicultura de alta densidade pode resultar na contaminação da água devido aos resíduos, enquanto a utilização de alimentos não sustentáveis para peixes aumenta a procura de unidades populacionais de peixes selvagens.

Tendências emergentes em aquacultura sustentável

Para resolver estas questões, os aquapreneurs estão a desenvolver sistemas de ciclo fechado que reciclam a água e os nutrientes, técnicas de aquacultura biológica sem produtos químicos e práticas sustentáveis de alimentação que utilizam proteínas de origem vegetal. Estas inovações contribuem para a criação de sistemas de aquacultura ecológicos e resistentes .

102.2 Purificação da água e tecnologias de acesso

Acesso global atual à água Desafios e oportunidades de mercado

A escassez de água afecta milhares de milhões de pessoas em todo o mundo, sendo a água potável inacessível em muitas regiões. A procura de soluções de purificação de água eficazes e económicas criou um mercado substancial para produtos inovadores.

Tecnologias de purificação e dessalinização

As inovações no domínio da purificação e da dessalinização são fundamentais para melhorar o acesso à água . Tecnologias como a osmose inversa, a filtragem UV e a dessalinização solar oferecem vários benefícios, mas também têm limitações. Por exemplo, a osmose inversa é altamente eficaz mas consome muita energia, enquanto a dessalinização solar é sustentável mas menos eficiente em zonas com luz solar limitada.

Estudos de caso de empresas em fase de arranque no domínio da água limpa

Startups centradas na água potável solutions estão a fazer a diferença em regiões subdesenvolvidas. Por exemplo, empresas como a Water.org e a charity: water utilizam modelos de financiamento inovadores e tecnologias de baixo custo para fornecer água potável em regiões como a África Subsariana.

102.3 Energias marinhas renováveis

Tipos de energia marinha

A energia marinha aproveita o poder natural dos oceanos, lagos e rios, principalmente através das tecnologias de energia hidroelétrica , energia das marés e energia das ondas . A energia hidroelétrica é a mais estabelecida, enquanto a energia das marés e das ondas são campos emergentes com um vasto potencial.

Requisitos de investimento e tecnologia

O desenvolvimento de tecnologias no domínio da energia marinha exige investimentos substanciais em infra-estruturas e I&D . Apesar dos elevados custos iniciais, os benefícios ambientais e económicos a longo prazo fazem da energia marinha um investimento atraente.

Benefícios ambientais e económicos da energia limpa

As energias marinhas renováveis reduzem a dependência dos combustíveis fósseis, diminuem as emissões de carbono e constituem uma fonte de energia sustentável. Este sector também apoia a criação de emprego , especialmente nas zonas costeiras, proporcionando oportunidades económicas em consonância com a conservação do ambiente .

102.4 Turismo marinho sustentável

Crescimento e potencial do ecoturismo marinho

O turismo marinho centrado na educação ambiental e na conservação tornou-se um sector popular e lucrativo. Os empreendimentos de turismo marinho sustentável dão ênfase à proteção da biodiversidade marinha ao mesmo tempo que proporcionam experiências únicas, como a prática de snorkeling em recifes de coral protegidos .

Equilíbrio entre conservação e negócios

O turismo sustentável exige um equilíbrio cuidadoso entre a conservação e o lucro. As iniciativas bem sucedidas envolvem o estabelecimento de limites ao número de visitantes, a utilização de instalações ecológicas e a colaboração estreita com as comunidades locais.

Estudos de caso de iniciativas de turismo marítimo bem sucedidas

Exemplos de turismo marinho sustentável incluem o Parque Marinho da Grande Barreira de Coral da Austrália, onde as actividades turísticas são regulamentadas para preservar o frágil ecossistema dos corais. Outro exemplo são as ilhas Lofoten, na Noruega, onde as excursões ecológicas permitem a observação de baleias com um mínimo de perturbação ecológica.

102.5 Biotecnologia marinha

Introdução à biotecnologia marinha

A biotecnologia marinha explora o potencial dos organismos marinhos para aplicações em domínios como a medicina, a agricultura e a bio-remediação. A diversidade da vida marinha oferece compostos químicos únicos com potencial para o desenvolvimento de medicamentos e aplicações ambientais.

Aplicações e panorama de investimento

Este domínio é promissor para o desenvolvimento de novos produtos farmacêuticos, biocombustíveis e produtos agrícolas naturais. O investimento na biotecnologia marinha está a crescer, embora subsistam desafios em áreas como os direitos de propriedade intelectual e os processos de aprovação regulamentar.

Propriedade intelectual e desafios regulamentares

Devido à sua dependência de organismos marinhos únicos, a biotecnologia marinha enfrenta questões complexas de propriedade intelectual . Além disso, os obstáculos regulamentares podem ser significativos, uma vez que os processos de aprovação das inovações biotecnológicas implicam frequentemente testes rigorosos e o cumprimento das leis relativas à biodiversidade .

103.0 Desafios em Aquapreneurship

103.1 Obstáculos regulamentares

Navegar em regulamentos complexos

Os aquapreneurs têm de navegar numa complexa rede de regulamentos globais e locais relativos aos direitos da água , normas ambientais e leis de conservação . A conformidade requer o conhecimento de regulamentos que variam muito entre países e regiões.

Conformidade ambiental e planeamento estratégico

A conformidade ambiental é fundamental, especialmente para as empresas de aquacultura e de purificação de água . Muitos aquapreneurs adoptam um planeamento regulamentar proactivo para se manterem à frente das novas leis e evitarem perturbações.

103.2 Alterações climáticas e o seu impacto nos empreendimentos aquáticos

Alterações climáticas Ameaças

As alterações climáticas afectam os empreendimentos aquáticos, causando a subida do nível do mar, alterando as temperaturas dos oceanos e intensificando os fenómenos meteorológicos . Estas alterações criam riscos para os projectos aquapreneus, desde o aumento dos custos operacionais até aos danos nas infra-estruturas .

Estratégias de atenuação

Os aquapreneurs estão a explorar práticas resistentes ao clima, tais como espécies de peixe adaptadas ao clima na aquicultura e projectos para resiliência à subida do nível do mar em infra-estruturas costeiras .

103.3 Barreiras tecnológicas e de infra-estruturas

Acesso à tecnologia e às infra-estruturas

As regiões em desenvolvimento carecem frequentemente de acesso a tecnologias e infra-estruturas essenciais , tais como instalações de dessalinização e sistemas de energias renováveis . As parcerias e os modelos de financiamento inovadores são essenciais para ultrapassar estas limitações.

103.4 Financiamento e desafios de investimento

Obtenção de financiamento

Muitos aquapreneurs enfrentam dificuldades em atrair financiamento devido aos elevados custos e à perceção de um nicho de mercado. Os investidores de impacto , o capital de risco , e as subvenções são as principais fontes de financiamento .

Construir um caso comercial sólido

Os aquapreneurs devem construir casos de negócio convincentes que realcem o valor socioeconómico e ambiental dos seus projectos. Alinhar os projectos com o desenvolvimento sustentável objectivos pode atrair financiamento e oportunidades de parceria.

104.0 Quadros para um espírito empresarial aquático sustentável Gestão

104.1 Triple Bottom Line (TBL) Abordagem

Explicação pormenorizada da TBL: Pessoas, Planeta e Lucro

O Triple Bottom Line (TBL) é uma estrutura de sustentabilidade que expande a noção tradicional de lucro para incluir métricas de desempenho social e ambiental. No contexto do aquapreneurship , a abordagem TBL enfatiza:

- **Pessoas:** Assegurar que os empreendimentos baseados na água beneficiam as comunidades, criam oportunidades de emprego e melhoram a qualidade de vida sem prejudicar as estruturas sociais.
- **Planeta:** Dar prioridade a práticas sustentáveis do ponto de vista ambiental , tais como a redução da poluição , a conservação da água e a proteção dos ecossistemas marinhos .
- **Lucro:** Gerar retornos financeiros para assegurar a longevidade do empreendimento, equilibrando simultaneamente o impacto ambiental e social s.

Exemplos de TBL em empreendimentos aquapreneus

Na aquacultura , uma abordagem TBL pode envolver o uso de práticas sustentáveis de alimentação que reduzam o impacto ecológico , empregando mão de obra local para apoiar o bem-estar da comunidade e mantendo a rentabilidade através de produtos de peixe com certificação ecológica . Nos empreendimentos de purificação da água , os aquapreneurs poderiam adotar uma tecnologia de purificação acessível e ecológica que servisse as populações de baixos rendimentos, gerando simultaneamente receitas. Energia marinha renovável projectos, como a energia das marés, podem funcionar para reduzir as emissões de carbono, empregar trabalhadores locais e produzir energia limpa que pode ser vendida à rede.

Medição do impacto da TBL: Métricas e KPIs

Indicadores-chave de desempenho (KPIs) para TBL em aquapreneurship pode incluir métricas como:

- **Social:** Número de postos de trabalho criados, saúde comunitária melhorias e iniciativas no domínio da educação.
- **Ambientais:** Redução de poluentes, conservação da água taxas e índices de biodiversidade .
- **Económicas:** Retorno do investimento, eficiência operacional , e receitas de produtos sustentáveis.

  Os aquapreneurs podem seguir estas métricas para demonstrar o impacto às partes interessadas e aos investidores, assegurando o apoio a longo prazo aos seus empreendimentos.

104.2 Adoção de uma Economia Circular no Aquapreneurship

Importância da redução de resíduos e da reutilização de recursos em empreendimentos à base de água

A economia circular centra-se na eliminação de resíduos através da reutilização de recursos, da reciclagem de materiais e da criação de sistemas que se regeneram a si próprios. No aquapreneurship , a redução da poluição da água , a reutilização de recursos como a alimentação dos peixes e a minimização do consumo de energia são vitais para operações sustentáveis.

Aplicação dos princípios da economia circular

- **Aquicultura** : Sistemas de circuito fechado permitem que as águas residuais sejam tratadas e reutilizadas, reduzindo o impacto ambiental . Os ingredientes das rações podem ser obtidos a partir de subprodutos agrícolas em vez de peixes selvagens stocks.
- **Purificação de água Systems:** Os meios filtrantes reciclados e os sistemas de purificação alimentados por energia renovável minimizam os resíduos.

- **Turismo marítimo:** Uma abordagem circular poderia envolver infra-estruturas ecológicas , a reutilização de materiais para a manutenção dos barcos e a compostagem dos resíduos das instalações turísticas.

Casos de Estudo de Modelos Circulares em Aquapreneurship

Um exemplo notável é a Fish Farm Africa, uma empresa que utiliza um sistema de aquacultura de ciclo fechado em que os resíduos de peixe são convertidos em fertilizante para a agricultura. Outro exemplo, a AquaPure, opera sistemas de purificação de água utilizando energia renovável , o que reduz o desperdício de energia e apoia o acesso à água em áreas carenciadas.

104.3 Envolvimento da comunidade e gestão das partes interessadas

Envolver as comunidades locais em projectos aquapreneus

O envolvimento da comunidade é essencial para os aquapreneurs obterem apoio e conhecimentos locais. O envolvimento das partes interessadas locais ajuda a garantir que os projectos respeitam os valores culturais e respondem às necessidades da comunidade , tornando-os mais sustentáveis e socialmente aceitáveis.

Identificar as partes interessadas e criar parcerias

As principais partes interessadas no aquapreneurship incluem:

- **Agências governamentais** responsáveis pela conformidade regulamentar e licenças ambientais .
- **ONG** centradas na conservação marinha e na saúde pública .
- **Empresas locais** que podem oferecer serviços de apoio ou distribuir produtos aquapreneurial.

  Construir parcerias com estas partes interessadas fortalece os laços comunitários, ajuda a navegar nos regulamentos e aumenta a aceitação do projeto.

Divulgação eficaz na comunidade Programas

Os aquapreneurs bem sucedidos implementam frequentemente programas de divulgação para educar a comunidade sobre práticas sustentáveis da água. Estes programas podem incluir workshops sobre conservação da água , sessões de formação para empregados locais e campanhas de saúde sobre a utilização de água limpa . A divulgação ajuda a criar um impacto social positivo e pode reforçar o apoio ao empreendimento.

104.4 Governação Ambiental e Social (ESG) em Aquapreneurship

Compreender os princípios ESG e a sua importância

Os princípios ambientais, sociais e de governação (ESG) são essenciais para o investimento responsável e o comportamento empresarial. Os factores ESG ajudam os aquapreneurs a gerir os riscos, a melhorar a transparência operacional e a promover a confiança dos investidores, dos trabalhadores e da comunidade.

Como o ESG constrói a confiança das partes interessadas e dos investidores

A adoção de princípios ESG no aquapreneurship demonstra um compromisso com práticas sustentáveis e éticas. As empresas que cumprem os ESG atraem investidores de impacto e estão mais bem posicionadas para garantir financiamento de fontes que dão prioridade à sustentabilidade .

Exemplos práticos de ESG em diferentes sectores aquapreneus

Na biotecnologia marinha , uma empresa como a BioSea Ventures pode ter fortes práticas de ESG ao utilizar uma fonte sustentável para os seus compostos marinhos, ao conduzir práticas de investigação transparentes e ao aderir a regulamentos ambientais . No sector das energias renováveis , empresas como a TidePower incorporam ESG minimizando a perturbação dos ecossistemas marinhos , utilizando materiais ecológicos e seguindo práticas laborais éticas.

105.0 Estudos de caso em Aquapreneurship

Cada estudo de caso fornece uma exploração aprofundada de empreendimentos aquapreneus de sucesso, centrando-se na sua origem, estratégias e impactos.

105.1 Estudo de caso: Aquacultura Sustentável - A História da AquaAdvantage

Origem e missão da empresa

A AquaAdvantage foi fundada para responder à crescente procura de peixe cultivado de forma sustentável através de tecnologias avançadas. A sua missão é revolucionar a aquacultura minimizando o impacto ambiental ao mesmo tempo que satisfaz a procura de proteína de peixe por parte dos consumidores.

Estratégias para superar os desafios

AquaAdvantage superou questões como a poluição da água adoptando um sistema de criação em circuito fechado que recicla a água e reduz os resíduos. Também enfrentaram o desafio da alimentação não sustentável, investindo em alternativas à base de plantas e amigas do ambiente.

Impacto ambiental, social e económico s

O sistema de ciclo fechado da empresa reduz a necessidade de peixe selvagem , promovendo a conservação dos oceanos . Criam oportunidades de emprego local e proporcionam um abastecimento de peixe a preços acessíveis, gerando benefícios económicos e sociais.

105.2 Estudo de caso: Purificação de água inovadora - PureSource

Desenvolvimento e implantação em África

A PureSource desenvolve tecnologias de purificação de água de baixo custo especificamente para regiões subdesenvolvidas em África, utilizando sistemas de filtragem alimentados por energia solar.

Modelo de negócio e saúde pública Impacto

O modelo da PureSource baseia-se em dispositivos de filtragem de água acessíveis e de pequena escala, vendidos às comunidades ou distribuídos através de ONG . Ao melhorar o acesso à água potável , reduziram significativamente as doenças transmitidas pela água e melhoraram a saúde pública .

105.3 Estudo de caso: Energia marinha renovável - TidePower

Foco na energia das marés nas regiões costeiras

TidePower aproveita a energia das marés para produzir energia renovável em comunidades costeiras, reduzindo a dependência de combustíveis fósseis.

Desafios e soluções

A TidePower enfrentou desafios tecnológicos relacionados com a durabilidade do equipamento em ambientes marinhos adversos. Estabeleceram parcerias com fornecedores de tecnologia para desenvolver materiais resistentes à corrosão, garantindo a sustentabilidade .

Impacto ambiental e económico

Ao fornecer energia limpa, a TidePower contribui para a redução das emissões de gases com efeito de estufa e oferece emprego local estável nas infra-estruturas de energias renováveis .

105.4 Estudo de caso: Turismo marítimo nas Caraíbas

Turismo ecológico e conservação Foco

Esta iniciativa promove o ecoturismo em ecossistemas marinhos frágeis , oferecendo actividades como snorkeling guiado, ao mesmo tempo que aplica normas rigorosas de conservação .

Económico e de Conservação Benefícios

O projeto impulsiona a economia local através das receitas do turismo, preservando simultaneamente os recifes de coral e os habitats marinhos, estabelecendo um modelo de turismo marinho responsável .

105.5 Estudo de caso: Biotecnologia Marinha - BioSea Ventures

Aplicações em limpeza ambiental e produtos farmacêuticos

BioSea Ventures utiliza microrganismos marinhos para a bioremediação e a descoberta de medicamentos , aplicando a investigação científica para resolver problemas ambientais e desenvolver novos medicamentos.

Desafios em termos de financiamento e regulamentação

Garantir o financiamento da investigação e desenvolvimento foi um grande obstáculo, mas a BioSea criou parcerias com instituições de investigação para partilhar custos e cumprir as normas regulamentares .

106.0 Inovação e Tendências Futuras em Aquapreneurship

106.1 Transformação digital em empresas de base aquática

Como a IoT , a IA e a análise de dados aumentam a eficiência

Os dispositivos IoT permitem a monitorização remota da qualidade da água e da saúde dos peixes em aquacultura , enquanto a análise de dados orientada por IA fornece informações para a manutenção preditiva e a otimização de recursos. A transformação digital está a melhorar a eficiência operacional e a reduzir os custos nos empreendimentos aquícolas.

Potencial para monitorização remota e análise preditiva

Através de sensores remotos , os aquapreneurs podem monitorizar variáveis-chave como a salinidade , a temperatura e os níveis de poluentes. A análise preditiva ajuda a antecipar as necessidades de manutenção e as alterações ambientais, melhorando a tomada de decisões e a sustentabilidade .

106.2 Novos modelos de negócio em Aquapreneurship

Modelos emergentes como o Water-as-a-Service (WaaS)

O Water-as-a-Service oferece água purificada através de um modelo de subscrição, tornando o acesso à água mais acessível e fiável. No sector do turismo, os modelos híbridos de conservação -turismo promovem o eco-turismo que apoia financeiramente a conservação marinha .

Oportunidades de diversificação de receitas

Os aquapreneurs podem diversificar os fluxos de receitas combinando a venda de produtos com serviços de subscrição ou oferecendo experiências de ecoturismo que educam os turistas ao mesmo tempo que financiam a conservação .

106.3 O futuro da gestão dos recursos aquáticos

Tendências a longo prazo na procura e conservação de água

Com o aumento da procura de água, cresce a necessidade de uma gestão sustentável da água . O aquapreneurship irá provavelmente expandir-se como uma solução para a escassez de água e para os desafios da conservação marinha .

Aquapreneurship 's Role in Addressing Global Water Crises

As inovações no domínio do aquapreneurship , desde a biologia sintética para o controlo da poluição até à nanofiltração para uma purificação eficiente da água , têm um potencial significativo para atenuar os problemas de escassez de água .

Tecnologias emergentes

Tecnologias futuras, como a biologia sintética e a nanotecnologia , irão provavelmente revolucionar a purificação da água , a aquicultura e a biotecnologia marinha , abrindo novas vias para os aquapreneurs satisfazerem de forma sustentável as necessidades mundiais em matéria de água e ambiente.

Estes quadros, estudos de casos , e inovações sublinham coletivamente o papel em evolução do aquapreneurship como um campo essencial para a gestão sustentável da água e para o desenvolvimento económico .

107.0 Guia Prático para o Lançamento e Expansão de um Empreendimento Aquapreneurial

107.1 Pesquisa de mercado e identificação de oportunidades

Realização de estudos para avaliar a procura, a concorrência e o ambiente regulamentar

Pesquisa de mercado é essencial para identificar oportunidades viáveis no sector aquapreneurial. As principais tarefas de investigação incluem a avaliação:

- **Procura:** Avaliar a procura local e global de produtos e serviços à base de água. Por exemplo, pesquisar as tendências do consumo sustentável de marisco ou a procura de água potável em áreas carenciadas.
- **Concorrência** : Analisar os actores existentes nos sectores da aquicultura , da energia marinha e da purificação da água , centrando-se nos seus pontos fortes e fracos e na sua proposta de valor única s.
- **Ambiente regulatório:** Os empreendimentos à base de água estão frequentemente sujeitos a regulamentos ambientais complexos , pelo que é fundamental compreender os requisitos legais específicos em cada mercado-alvo.

Identificação de mercados mal servidos e de nichos de mercado no sector do aquapreneurship

A identificação de nichos no sector do aquapreneurship é fundamental para captar segmentos de mercado mal servidos. Exemplos de tais nichos incluem:

- **Purificação de água a baixo custo sistemas** em comunidades remotas ou rurais.
- **Aquicultura biológica** dirigida a consumidores que procuram produtos do mar cultivados de forma sustentável.
- **Energia marinha soluções** para regiões costeiras isoladas que não têm acesso a fontes de energia tradicionais.

107.2 Criar um plano de negócios viável

Principais componentes de um plano de negócios

Um plano de negócios aquapreneurial deve incluir:

- **Declaração de missão e visão:** Definir a finalidade e os objectivos, assegurando que reflectem a responsabilidade ambiental e social .
- **Análise do mercado:** Apresentar informações sobre o mercado-alvo, incluindo os segmentos de clientes , o panorama competitivo e as principais tendências do sector .
- **Projecções financeiras:** Descrever as receitas previstas, a estrutura de custos e a margem de lucro s. Esta secção deve ter em conta os potenciais requisitos de capital para infra-estruturas , I&D , e tecnologia.

Adaptar os modelos de negócio aos objectivos ambientais e sociais

Para alcançar um impacto sustentável , os modelos de negócio s devem dar prioridade à conservação e ao envolvimento da comunidade . Por exemplo, uma abordagem de economia circular na aquicultura poderia reduzir a dependência de recursos e diminuir o impacto ambiental , enquanto um modelo de empresa social na purificação da água poderia dar prioridade à acessibilidade e ao preço.

107.3 Operações de construção e dimensionamento

Criação de cadeias de abastecimento e de distribuição eficientes Channels

O desenvolvimento de uma cadeia de abastecimento sólida é vital para o aquapreneurship . Isto inclui:

- **Aquisição de materiais de forma sustentável:** Selecionar fornecedores que cumpram as normas ambientais , tais como a utilização de materiais reciclados ou de peixe sustentável ração.
- **Canais de distribuição :** Concentrar-se no estabelecimento de canais de venda direta ao consumidor (DTC) para produtos de nicho, ou em parcerias com ONG para distribuição em zonas remotas.

Dimensionamento sustentável e preparação para a expansão

À medida que os aquapreneurs crescem, manter a sustentabilidade torna-se crucial. As estratégias incluem:

- **Crescimento controlado** : Expandir por fases para garantir que as infra-estruturas e a cadeia de abastecimento s permaneçam eficientes e respeitadoras do ambiente.
- **Parcerias locais** : Colaborar com as empresas e comunidades locais para a expansão , assegurando que o empreendimento se mantém enraizado nas prioridades ambientais e sociais regionais.

107.4 Medição e comunicação do impacto

Indicadores-chave de desempenho para o impacto social, ambiental e financeiro

A medição do impacto implica o acompanhamento dos indicadores-chave de desempenho (KPI) nas dimensões social, ambiental e financeira:

- **Social:** Número de membros da comunidade empregados, melhoria da saúde resultados da purificação da água .
- **Ambiental:** Redução da pegada de carbono , biodiversidade conservação , utilização da água eficiência.
- **Financeiros:** Crescimento das receitas , eficiência operacional , e rendibilidade .

Como preparar relatórios de impacto para as partes interessadas e os investidores

Relatórios de impacto comunicam as contribuições positivas do empreendimento, ajudando a criar credibilidade e a atrair investidores. Um relatório de impacto completo inclui:

- **Resultados baseados em dados:** Apresentar métricas quantitativas para impactos sociais, ambientais e financeiros.
- **Narrativa para histórias sociais e ambientais:** Incluir histórias que mostrem o impacto do projeto nas comunidades locais e nos ecossistemas .
- **Objectivos futuros:** Delinear os objectivos de impacto futuro para mostrar o compromisso com a sustentabilidade a longo prazo .

108.0 Financiamento Avançado Estratégias para Empreendimentos Aquapreneurial

108.1 Compreender as necessidades de financiamento dos aquapreneus

Visão geral dos requisitos típicos de financiamento

Os aquapreneurs requerem frequentemente um investimento inicial substancial devido às elevadas infra-estruturas , à I&D e aos custos tecnológicos. As necessidades específicas incluem:

- **I&D** : As empresas aquapreneurial inovadoras necessitam de financiamento para desenvolver novas tecnologias de purificação da água ou alimentos ecológicos para aquicultura .
- **Infra-estruturas** : Instalações como as centrais de dessalinização , as explorações de aquacultura e as instalações de energias renováveis exigem um capital inicial significativo.
- **Tecnologia:** Sensores IoT , análises baseadas em IA e sistemas de purificação podem implicar custos elevados, mas são essenciais para a escalabilidade e a eficiência.

Identificação de lacunas de financiamento específicas para empresas de base aquática

As empresas aquapreneurial enfrentam frequentemente lacunas de financiamento devido a desafios operacionais únicos como a conformidade ambiental , a necessidade de equipamento especializado e limitações geográficas. Muitas fontes de financiamento tradicionais evitam projectos aquaprivados de alto risco e elevado capital, o que realça a necessidade de financiamento personalizado soluções.

108.2 Tipos de Financiamento Fontes para Aquapreneurs

Subvenções e subsídios

Numerosas organizações governamentais e não governamentais oferecem subsídios centrados na conservação da água , na agricultura sustentável e nas energias renováveis :

- **Subsídios governamentais** : Muitos governos concedem subsídios ou benefícios fiscais para incentivar a gestão sustentável da água e as energias renováveis .
- **Financiamento de ONGs:** Organizações como a Global Water Partnership (GWP) fornecem apoio financeiro a projectos centrados no acesso à água e na conservação .

Investimento de impacto

Investidores de impacto procuram empreendimentos que proporcionem benefícios ambientais e sociais mensuráveis, a par de retornos financeiros:

- **Fundos de Investimento Socialmente Responsável (SRI):** Destinam-se a investidores que dão prioridade a normas ambientais, sociais e de governação (ESG) .
- **Títulos verdes:** Muitas empresas mobilizam capital através da emissão de obrigações verdes que financiam projectos relacionados com a água com objectivos ambientais definidos.

Capital de risco e capital privado

Algumas empresas de capital de risco (VC) especializam-se em tecnologias ambientais e da água, tais como:

- **Fundos Eco-VC:** Estes fundos investem em empresas em fase de arranque com fortes objectivos de sustentabilidade .
- **Empresas de capital privado centradas na água:** Algumas empresas têm como objetivo as inovações tecnológicas no domínio da água, investindo em empresas com soluções escaláveis no domínio da água .

108.3 Crowd-funding e financiamento comunitário

Utilizar plataformas de financiamento coletivo

O financiamento coletivo permite aos aquapreneurs angariar capital inicial enquanto constroem uma comunidade de apoiantes. Plataformas como o Kickstarter ou o Indiegogo são normalmente utilizadas, onde os aquapreneurs podem:

- **Apresentar a sua história de impacto:** Partilhar os benefícios sociais e ambientais do projeto ajuda a atrair apoiantes.
- **Oferecer pré-encomendas ou acções:** Os aquapreneurs podem angariar fundos através de pré-vendas de produtos ou de financiamento coletivo de acções, envolvendo os clientes como investidores iniciais.

Envolver as comunidades no financiamento

As parcerias comunitárias também podem fornecer capital, especialmente através de modelos de financiamento cooperativo . Estas parcerias permitem que as partes interessadas locais partilhem os lucros do projeto, promovendo o envolvimento e o apoio da comunidade .

108.4 Gestão do risco financeiro

Cobertura dos riscos de mercado, ambientais e regulamentares

Os aquapreneurs devem empregar práticas de gestão de riscos como:

- **Cobertura de mercado:** Utilizar contratos de futuros para estabilizar os preços dos produtos de aquacultura ou da água purificada.
- **Resiliência ambiental** : Adotar práticas resistentes ao clima para contrariar os riscos ambientais s como a subida do nível do mar e condições meteorológicas extremas.

- **Conformidade regulamentar** : Mantenha-se proactivo em relação aos regulamentos através de revisões regulares, reduzindo o risco de conformidade problemas.

Seguros Opções

O seguro marítimo , o seguro de responsabilidade civil e o seguro de aquacultura podem proteger os aquapreneurs contra perdas inesperadas, quer sejam devidas a eventos ambientais , a falhas de equipamento ou a coimas regulamentares.

109.0 Marketing e Construção de Marca no Aquapreneurship

109.1 Criar uma proposta de valor única

Diferenciar os empreendimentos aquapreneus

Uma proposta de valor única (UVP) em aquapreneurship gira frequentemente em torno da sustentabilidade e do impacto:

- **Práticas Ecológicas** : Destacar os métodos de produção sustentáveis diferencia um empreendimento aquapreneurial num mercado concorrido.
- **Qualidade e impacto:** Salientar a forma como os produtos ou serviços não só cumprem normas de elevada qualidade como também contribuem para objectivos ambientais ou sociais.

Criar uma mensagem centrada na sustentabilidade

Elaborar mensagens que reflictam o compromisso do empreendimento com a sustentabilidade , a qualidade e o impacto positivo. Isto pode incluir a partilha de informações sobre certificações ecológicas , fornecimento sustentável ou contribuições para a conservação da água .

109.2 Marca sustentável e envolvimento do cliente

Utilização de Eco-Certificações e Marcadores de Sustentabilidade

As certificações ecológicas , como o MSC (Marine Stewardship Council) para marisco sustentável , reforçam a credibilidade da marca. Os marcadores de sustentabilidade funcionam como activos da marca, permitindo que os consumidores identifiquem rapidamente os produtos com consciência ecológica.

Comunicação transparente com os consumidores

Os consumidores valorizam a transparência , pelo que os aquapreneurs também o devem fazer:

- **Partilhar informações sobre a cadeia de abastecimento:** Dar visibilidade às práticas de aprovisionamento e às operações sustentáveis.
- **Atualizar regularmente os consumidores sobre o impacto:** Utilizar as redes sociais ou boletins informativos para informar os consumidores sobre o impacto positivo do empreendimento nos recursos hídricos ou nas comunidades locais.

109.3 Marketing digital Estratégias

Tirar partido das redes sociais e das plataformas digitais

Redes sociais plataformas permitem aos aquapreneurs interagir com uma vasta audiência, partilhar histórias de impacto e educar o público. As estratégias incluem:

- **Conteúdo educativo:** Publicações que explicam a importância da conservação da água ou da pesca sustentável.
- **Parcerias com influenciadores** : Colaboração com influenciadores eco-conscientes para promover produtos ou serviços.

Marketing de conteúdos para o ensino público

Os blogues, artigos e vídeos podem ser utilizados para informar o público sobre questões relacionadas com a água, melhorando a reputação da marca. Por exemplo, uma empresa centrada na purificação da água pode criar conteúdos educativos sobre a escassez global de água .

109.4 Criação de parcerias e alianças para o crescimento da marca

Parcerias com ONG , organizações ambientais e instituições de ensino

A colaboração com ONG ou instituições de investigação pode ajudar os aquapreneurs a melhorar a credibilidade da marca e a expandir a sua rede. Iniciativas conjuntas, tais como programas de conservação ou workshops educativos , podem criar valor para ambas as partes.

Co-Branding e colaboração com outras marcas sustentáveis

O co-branding com outras empresas eco-conscientes permite aos aquapreneurs alcançar novos públicos e reforçar o seu compromisso com a sustentabilidade . Por exemplo, uma empresa de aquacultura pode associar-se a uma marca de produtos alimentares sustentáveis para promover produtos do mar amigos do ambiente.

110.0 Impacto das políticas e da regulamentação no sector do aquapreneurship

110.1 Principais políticas que afectam os empreendimentos de base aquática

Panorama dos tratados, convenções e protocolos internacionais

Os empreendimentos baseados na água são regulados por uma série de acordos internacionais destinados a gerir os recursos hídricos , a proteger os ecossistemas marinhos e a controlar a poluição . Os tratados mais importantes incluem:

- **Convenção da ONU sobre a Água (Convenção da UNECE sobre a Água):** Facilita a cooperação entre as nações em questões de água transfronteiriças, com o objetivo de prevenir conflitos e promover a gestão sustentável da água .
- **Convenção de Ramsar sobre Zonas Húmidas** : Protege os ecossistemas das zonas húmidas através da designação de áreas protegidas e do incentivo a práticas sustentáveis .

- **Direito do Mar (UNCLOS):** Regula os recursos marinhos e estabelece diretrizes para as fronteiras marítimas e a proteção do ambiente, incluindo a prevenção da poluição proveniente da navegação e da extração.

Políticas nacionais sobre a utilização da água , poluição Controlo e conservação

A nível nacional, as políticas de gestão dos recursos hídricos , de controlo da poluição e de conservação variam muito, sendo frequentemente influenciadas pelos desafios específicos de cada país em matéria de água . Os principais domínios políticos incluem:

- **Qualidade da água Regulamentos:** São comuns as normas para a purificação da água , com o objetivo de reduzir a poluição industrial e o escoamento agrícola.
- **Conservação Leis:** Muitas nações aplicam medidas de conservação para espécies e ecossistemas marinhos ameaçados , influenciando as práticas de aquacultura .
- **Poluição Actos de controlo:** Países como os EUA e os membros da UE têm regulamentos rigorosos sobre a descarga de águas residuais e as emissões industriais, com impacto nos empreendimentos aquapreneus envolvidos em processos de utilização intensiva de água.

110.2 Compreender as avaliações de impacto ambiental (AIA)

Requisitos para AIA em projectos aquapreneus

A Avaliação de Impacto Ambiental (AIA) é um requisito regulamentar para projectos que possam ter impacto nos recursos naturais e nos ecossistemas . Os EIAs avaliam o potencial impacto ambiental, social e económico s de um empreendimento antes de conceder a aprovação operacional. São obrigatórios para os empreendimentos no domínio da aquicultura , da energia marinha e da purificação da água , dada a sua interação com ecossistemas sensíveis.

Navegação nos processos de AIA e preparação de relatórios ambientais

A preparação de uma AIA envolve documentação pormenorizada , estudos ambientais e consultas às partes interessadas. As etapas incluem:

- **Previsão do impacto e planeamento da atenuação:** Antecipar potenciais impactos e delinear estratégias para os atenuar.
- **Envolvimento das partes interessadas** : Consultar as comunidades locais, as organizações ambientais e os organismos governamentais.
- **Apresentação e revisão de relatórios:** Apresentar relatórios completos às autoridades reguladoras para aprovação, que podem incluir recomendações ou estipulações para práticas sustentáveis .

110.3 Licenciamento e autorizações para empreendimentos à base de água

Aquacultura Licenças, licenças de extração de água e direitos de desenvolvimento da energia marinha

Os requisitos de licenciamento garantem que os empreendimentos aquáticos cumprem as normas ambientais, de segurança e operacionais . Os exemplos incluem:

- **Aquacultura Licenças:** Necessárias para as explorações de peixes, especificando diretrizes operacionais como espécies permitidas, volumes de produção e gestão de resíduos protocolos.
- **Autorizações de extração de água** : Necessárias para as empresas que extraem quantidades significativas de água para purificação ou produção, incluindo limitações para evitar danos ao ecossistema.
- **Licenças de energia marinha** : As autorizações para projectos no domínio das energias marinhas renováveis , como a energia das marés ou das ondas, estão frequentemente dependentes do cumprimento da regulamentação ambiental .

Conformidade Estratégias para simplificar as operações

Para simplificar a conformidade regulamentar , os aquapreneurs podem:

- **Construir relações com os reguladores:** A comunicação regular ajuda a garantir que as alterações regulamentares s sejam antecipadas e que a conformidade seja alcançada de forma proactiva.
- **Desenvolver um Roteiro de Conformidade :** Descrever os passos para cumprir as normas regulamentares num plano documentado.
- **Envolver peritos de terceiros:** Os consultores ambientais podem ajudar a preparar os documentos necessários e a identificar as melhores práticas para conformidade .

110.4 Advocacia e influência política

O papel dos aquapreneurs na defesa de políticas sustentáveis no domínio da água

Os aquapreneurs têm um papel essencial na definição da política da água , defendendo regulamentos que apoiem a sustentabilidade . Por exemplo, as empresas de aquacultura podem fazer pressão para que sejam adoptadas diretrizes mais rigorosas sobre o bem-estar dos peixes e normas de qualidade da água , promovendo práticas sustentáveis em todo o sector.

Construir uma voz no sector através de associações comerciais e iniciativas políticas

A adesão a associações do sector e a participação em debates sobre políticas públicas ajudam os aquapreneurs a expressar as suas preocupações e a influenciar as decisões legislativas. Por exemplo, os membros da Global Aquaculture Alliance contribuem para definir as normas do sector e promover práticas sustentáveis em todo o mundo.

111.0: Tecnologia e Inovação em Aquapreneurship

111.1 Tecnologias emergentes para a gestão sustentável da água

Internet das Coisas (IoT) para a qualidade da água em tempo real e monitorização da utilização

Os dispositivos IoT permitem a monitorização em tempo real da qualidade da água , da salinidade , da temperatura e de outras métricas críticas. Os aquapreneurs podem utilizar estes dados para:

- **Otimizar a utilização dos recursos:** Controlar a utilização da água na aquacultura para evitar o desperdício.
- **Melhorar o controlo de qualidade:** Detetar contaminantes ou poluição imediatamente, garantindo uma gestão mais segura da água práticas.

Filtração e Dessalinização Avançadas Tecnologias

Tecnologias como a filtração por membranas e a dessalinização solar estão a transformar a purificação da água :

- **Filtração por membranas:** As membranas de microfiltração e de osmose inversa melhoram a pureza da água com um consumo de energia reduzido.
- **Dessalinização solar** : Utiliza a energia solar para dessalinizar a água do mar, tornando-a uma opção sustentável para regiões com recursos limitados de água doce.

111.2 Big Data e IA em Aquapreneurship

Utilização de Big Data para análise preditiva em aquacultura e previsão da procura de água

Big data analytics permite aos aquapreneurs prever a procura de recursos hídricos e gerir a aquacultura de forma mais eficiente. Por exemplo:

- **Análise Preditiva em Aquacultura** : Os dados sobre o crescimento dos peixes taxas, condições da água e necessidades alimentares podem prever os rendimentos e otimizar a utilização da ração.
- **Previsão da procura de água** : Os grandes dados podem prever as necessidades regionais de água, orientando a afetação de recursos e garantindo um abastecimento adequado.

IA Aplicações na otimização da purificação da água e na previsão de riscos relacionados com a água

Inteligência artificial melhora a purificação da água processos e ajuda a prever riscos:

- **Purificação da água Otimização:** Os modelos AI ajustam os processos de filtragem com base na qualidade da água de entrada , aumentando a eficiência da purificação.
- **Previsão de riscos:** A IA analisa os dados meteorológicos, de poluição e de utilização da água para prever riscos como secas, inundações e eventos de contaminação .

111.3 Blockchain para a transparência da água

Blockchain para monitorizar a utilização, a qualidade e a conservação da água

A estrutura descentralizada da cadeia de blocos proporciona transparência e rastreabilidade na gestão da água :

- **Monitorização da utilização:** Regista dados sobre a captação e utilização de água por diferentes entidades.
- **Controlo de qualidade:** Monitoriza a qualidade da água dados em tempo real, reforçando a confiança do público nas fontes de água e nos sistemas de purificação.

Exemplos de aplicações da Blockchain no comércio da água e na gestão dos direitos da água

A cadeia de blocos pode facilitar as transacções de direitos de água ao registar de forma segura cada transação, garantindo que os direitos são respeitados e que as normas ambientais são cumpridas. Empresas como a SweetSense desenvolveram sistemas baseados em cadeias de blocos para acompanhar a utilização das águas subterrâneas no Quénia.

111.4 Inovações no domínio das energias renováveis marinhas

Desenvolvimentos emergentes na energia das marés, das ondas e hidroelétrica

Os avanços nas energias renováveis marinhas estão a criar novas fontes de energia sustentável:

- **Energia das marés:** As tecnologias aproveitam os fluxos das marés para gerar eletricidade consistente.
- **Energia das ondas:** Os dispositivos captam a energia das ondas do mar, oferecendo um elevado potencial nas regiões costeiras.

Viabilidade económica e escalabilidade das novas fontes de energia

Embora promissoras, as tecnologias de energia marinha renovável enfrentam custos iniciais elevados e barreiras técnicas, especialmente para a implantação em zonas remotas. No entanto, os avanços tecnológicos e as políticas favoráveis estão a tornar estas fontes economicamente mais viáveis.

112.0 Considerações ambientais e éticas

112.1 Equilíbrio entre responsabilidade empresarial e ambiental

Estratégias para alcançar uma relação harmoniosa entre lucro e sustentabilidade

Equilibrar o lucro com a responsabilidade ambiental envolve a integração da sustentabilidade nas operações comerciais:

- **Adoção de modelos circulares:** Reciclar e reutilizar recursos, reduzindo os resíduos.

- **Investir em tecnologias limpas:** Reduzir o impacto ecológico através da utilização de energias renováveis , sistemas de água eficientes e materiais sustentáveis.

Avaliação da pegada ecológica de empreendimentos aquapreneus

Os aquapreneurs devem medir a sua pegada ecológica , incluindo a utilização da água, as emissões e o consumo de recursos. Ferramentas como a Avaliação do Ciclo de Vida (LCA) podem avaliar o impacto ambiental , orientando as empresas na redução da sua pegada.

112.2 Aquacultura ética e bem-estar animal

Considerações éticas in Fish Farming

A aquicultura ética aborda o tratamento humano e as práticas sustentáveis , desde a disponibilização de espaço adequado e a redução da sobrepopulação até ao fornecimento de alimentos sustentáveis .

Certificações e Diretrizes para uma Aquacultura Ética Práticas

As certificações éticas , como o rótulo do Aquaculture Stewardship Council (ASC) , significam o cumprimento de práticas humanas e sustentáveis . As certificações encorajam os consumidores a apoiar a aquacultura ética , melhorando a reputação da marca dos empreendimentos aquapreneus.

112.3 O Papel da Biodiversidade no Aquapreneurship

Importância da proteção da biodiversidade marinha nas empresas de base aquática

A biodiversidade é crucial para a resiliência dos ecossistemas e para a saúde . Os aquapreneurs em sectores como o turismo e a aquacultura devem dar prioridade à conservação da biodiversidade para evitar prejudicar os ecossistemas locais . As práticas incluem o estabelecimento de limites favoráveis à biodiversidade na pesca ou no ecoturismo e a utilização de espécies nativas na aquicultura.

Conservação Práticas para apoiar a vida aquática e a saúde do ecossistema

As práticas sustentáveis incluem a restauração do habitat , a redução da poluição e a utilização de materiais amigos do ambiente. As parcerias com organizações de conservação podem ajudar os aquapreneurs a implementar programas centrados na conservação, apoiando a saúde do ecossistema .

112.4 Transparência e Responsabilidade em Empreendimentos Hídricos

Como comunicar o impacto ambiental e social de forma honesta

A apresentação de relatórios transparentes ajuda a criar confiança junto das partes interessadas, revelando tanto os êxitos como as áreas a melhorar. As práticas incluem:

- **Relatórios de impacto regulares:** Estes relatórios fornecem actualizações sobre os indicadores ambientais e sociais.
- **Comunicação aberta Channels:** Incentivar o feedback das partes interessadas, permitindo a melhoria contínua .

Estruturas de relatórios : Certificações GRI e B-Corp
A Global Reporting Initiative (GRI) fornece diretrizes para a elaboração de relatórios de impacto abrangentes, enquanto as certificações B-Corp oferecem um quadro estruturado para a transparência , a responsabilidade e o impacto social em empreendimentos sustentáveis . A obtenção de tais certificações demonstra o empenhamento em práticas empresariais responsáveis, aumentando a credibilidade entre as partes interessadas e os clientes.

113.0 Gestão dos recursos humanos em Aquapreneurship

113.1 Construir uma força de trabalho qualificada para empreendimentos baseados na água

Identificação das competências necessárias: Técnicas, científicas e de gestão
Aquapreneurship requer uma gama diversificada de competências, combinando conhecimentos científicos, técnicos e empresariais. As competências-chave incluem:

- **Competências técnicas:** Conhecimento das operações de aquicultura , da tecnologia de purificação da água , dos sistemas de energia marinha e das práticas de conservação do ambiente .
- **Competências científicas:** A proficiência em ciências ambientais, biologia marinha e química é essencial para funções centradas na qualidade da água análise, monitorização do ecossistema e controlo da poluição .
- **Competências de gestão:** Uma liderança forte , um planeamento estratégico e uma gestão de projectos são vitais para expandir os empreendimentos de forma sustentável, gerir recursos e supervisionar o cumprimento das normas ambientais .

Estratégias para atrair e reter a sustentabilidade -Focused Talent
Para atrair profissionais qualificados apaixonados pela sustentabilidade , os aquapreneurs podem:

- **Construir uma missão e uma cultura claras:** Cultivar uma cultura no local de trabalho que dê prioridade ao impacto ambiental , à responsabilidade social , e à inovação .
- **Oferecer oportunidades de desenvolvimento de carreira:** Proporcionar crescimento em áreas especializadas como a engenharia ecológica, a política ambiental e a gestão sustentável.
- **Destacar o compromisso ambiental:** Alinhar as funções de trabalho com objectivos de sustentabilidade mais amplos , permitindo que os funcionários contribuam diretamente para uma conservação significativa da água e para a saúde do ecossistema .

113.2 Formação e desenvolvimento para operações aquáticas especializadas

Desenvolvimento de programas de formação especializados

Programas de formação eficazes garantem que os funcionários estão bem preparados para gerir os desafios únicos das operações aquáticas:

- **Aquacultura Formação:** Abranger práticas agrícolas sustentáveis, saúde dos peixes gestão e utilização eficiente dos recursos.
- **Purificação de água Formação:** Ensinar processos de purificação, controlo de qualidade normas , e gestão de resíduos para sistemas de água mais limpos.
- **Formação em energia marinha:** Foco no conhecimento operacional da energia marinha renovável tecnologia, incluindo a energia das marés e das ondas sistemas.
- **Eco-Turismo Formação:** Dar ênfase à gestão ambiental , à sensibilidade cultural e às práticas de turismo ético.

Incorporar a consciência ambiental e as práticas sustentáveis

Programas de formação deve incorporar a consciência ambiental, incluindo:

- **Conservação Princípios:** Educar sobre práticas sustentáveis , como a redução de resíduos , a conservação de habitats e a reciclagem de recursos .
- **Melhores práticas na minimização do impacto ambiental :** Por exemplo, na aquacultura , o ensino de técnicas de reciclagem de água e de opções de alimentação ecológicas reforça a sustentabilidade .

113.3 Segurança e gestão de riscos

Garantir a segurança dos trabalhadores em empreendimentos aquáticos

O trabalho em explorações de aquacultura , instalações de depuração e sítios de energia marinha apresenta riscos de segurança , sendo necessário:

- **Identificação de perigos e medidas de controlo:** Identificar riscos potenciais, como a exposição a produtos químicos em instalações de purificação ou instalações subaquáticas para energia marinha .
- **Segurança Equipamentos e protocolos:** Exigir equipamento de proteção individual (EPI), realizar regularmente exercícios de segurança e manter kits de emergência no local.

Protocolos de avaliação de riscos e planos de resposta a emergências

Os aquapreneurs devem implementar:

- **Avaliações de risco regulares:** Avaliar os riscos específicos do local, desde o mau funcionamento do equipamento até aos perigos naturais.
- **Planos de resposta a emergências:** Crie estratégias de resposta pormenorizadas para incidentes como falhas de equipamento, contaminação ou condições climatéricas extremas, assegurando a preparação tanto dos funcionários como das comunidades locais.

113.4 Gerir equipas diversificadas e inclusivas

Abraçar a diversidade para promover a inovação

A diversidade introduz novas perspectivas, ajudando a inovação na resolução de desafios complexos relacionados com a água . Equipas diversificadas são particularmente benéficas em áreas como a purificação da água , onde diferentes antecedentes podem contribuir para uma compreensão mais abrangente das necessidades da comunidade .

Criar oportunidades para as comunidades locais e os grupos sub-representados

As práticas de contratação inclusivas garantem que as comunidades locais e sub-representadas participem e beneficiem dos empreendimentos aquapreneus. A oferta de programas de formação para as populações locais pode promover a criação de emprego , o desenvolvimento de competências e o apoio da comunidade.

114.0 Dimensões culturais e sociais do aquapreneurship

114.1 O significado cultural da água

Explorar os pontos de vista culturais sobre a água

A água tem vários significados culturais em todo o mundo. A compreensão destas perspectivas é especialmente vital em empreendimentos relacionados com a conservação da água e o ecoturismo . Por exemplo:

- **Reverência indígena pela água:** Muitas comunidades indígenas consideram a água sagrada, com práticas centradas na sua proteção.
- **Significado religioso:** Em várias religiões, a água é simbólica em rituais e crenças, o que faz dos projectos hídricos uma área sensível que requer consciência cultural.

Integrar a consciencialização cultural em empreendimentos baseados na água

No caso do ecoturismo e dos projectos hídricos comunitários, a sensibilidade cultural garante operações respeitosas e bem sucedidas. A formação dos funcionários sobre os costumes e tradições locais, bem como o contacto com os líderes comunitários, pode ajudar a evitar erros culturais.

114.2 Empreendedorismo aquático de base comunitária

Colaboração com as comunidades indígenas e locais

As comunidades locais e indígenas são muitas vezes diretamente afectadas por empreendimentos baseados na água . Um envolvimento efetivo significa:

- **Envolvimento de membros da comunidade:** Incluir ativamente os habitantes locais na tomada de decisões , no emprego e nos modelos de partilha de benefícios.
- **Honrar o conhecimento tradicional:** As comunidades indígenas têm frequentemente conhecimentos valiosos sobre os recursos hídricos , que podem servir de base a práticas de conservação e a operações sustentáveis.

Modelos de propriedade comunitária e gestão cooperativa

Os projectos hídricos de propriedade da comunidade permitem que os residentes locais partilhem tanto os benefícios como as responsabilidades dos empreendimentos aquapreneus. Os modelos cooperativos são particularmente bem sucedidos na aquacultura de pequena escala e nos projectos de purificação da água , promovendo objectivos partilhados e apoio local.

114.3 Sensibilização e educação do público

Estratégias para educar as comunidades sobre a conservação da água

A sensibilização educativa pode capacitar as comunidades para contribuírem para a conservação da água . Estratégias efectivas incluem:

- **Workshops e programas de formação** : Organizar sessões sobre a utilização sustentável da água, práticas ecológicas , e benefícios da conservação .
- **Campanhas digitais e redes sociais:** Utilizar plataformas digitais para sensibilizar, especialmente as gerações mais jovens, para comportamentos de poupança de água e práticas sustentáveis .

Conceção de programas de divulgação para promover o espírito empresarial aquático

Programas de divulgação que enfatizem os benefícios do aquapreneurship - como a criação de empregos e a preservação ambiental - podem atrair o interesse e o apoio do público. Eventos como limpezas comunitárias, desafios de poupança de água , ou passeios de ecoturismo aumentam a consciencialização e o envolvimento.

114.4 Aquapreneurship e Impacto Social

Examinar o impacto social dos empreendimentos baseados na água

Os empreendimentos baseados na água podem melhorar significativamente a saúde local , a educação e os resultados económicos:

- **Saúde** : Acesso a água potável reduz as doenças transmitidas pela água.
- **Educação:** Conservação da água programas e água limpa instalações podem melhorar a frequência e o desempenho escolar.
- **Desenvolvimento económico** : Os empreendimentos aquapreneus criam emprego, melhoram as infra-estruturas e estimulam as empresas locais.

Métricas e quadros de referência para medir o impacto social

O impacto social pode ser medido utilizando quadros como os Objectivos de Desenvolvimento Sustentável (ODS) , particularmente os objectivos relacionados com água potável , saneamento , e crescimento económico . As métricas podem incluir o número de empregos criados, melhorias na saúde resultados, ou aumento das taxas de acesso à água .

115.0 Construir um ecossistema de aquapreneurship resiliente

115.1 Criar redes e ecossistemas para a colaboração

Importância das redes entre aquapreneurs, investidores, investigadores e decisores políticos

A criação de redes reforça o ecossistema do empreendedorismo aquático ao facilitar o intercâmbio de conhecimentos , a partilha de recursos e a resolução colaborativa de problemas . A ligação com os investigadores pode promover a inovação , enquanto o envolvimento com os decisores políticos pode conduzir a um ambiente regulamentar favorável s.

Plataformas e organizações que apoiam o aquapreneurship

Organizações como **a Global Water Partnership (GWP)** e a **World Aquaculture Society (WAS)** oferecem oportunidades de networking , recursos e orientação para aquapreneurs, ajudando-os a alinhar-se com os padrões da indústria e a aceder a financiamento.

115.2 Papel das incubadoras e dos aceleradores

Como as incubadoras alimentam as empresas em fase de arranque no domínio das soluções sustentáveis para a água

As incubadoras oferecem orientação , recursos e ligações a empresas de base aquática em fase inicial . Elas fornecem:

- **Acesso a financiamento e tutoria** : Apresentar as empresas em fase de arranque a investidores e mentores com experiência em tecnologia da água e práticas sustentáveis .
- **Networking Oportunidades:** Ajude a estabelecer contactos com outros empresários, investigadores e influenciadores de políticas no sector da água.

Principais empresas de aquapreneurship Aceleradores e recursos

Alguns aceleradores proeminentes incluem:

- **Imagine H2O:** centra-se exclusivamente na inovação no domínio da água , oferecendo programas para empresas em fase de arranque no domínio da purificação da água , da eficiência e da gestão de águas residuais .
- **OceanHub África:** Apoia projectos de conservação marinha e recursos oceânicos sustentáveis, oferecendo acesso a redes e financiamento do sector.

115.3 Reforçar a resiliência às flutuações do mercado e do ambiente

Estratégias de adaptação às alterações da disponibilidade de água , da procura e dos impactos climáticos

Os empresários do sector aquático precisam de estratégias flexíveis para lidar com as flutuações dos recursos e da procura:

- **Linhas de produtos diversificadas:** A oferta de uma gama de produtos ou serviços pode reduzir a dependência de um único fluxo de receitas, atenuando o risco de mercado s.

- **Planos de adaptação ao clima :** As operações resistentes ao clima, tais como a aquicultura tolerante à seca espécies ou sistemas adaptáveis de purificação da água , podem ajudar a reduzir o impacto das alterações climáticas s.

Ferramentas de gestão de riscos para a continuidade das actividades

As ferramentas de continuidade do negócio, como os planos de contingência e os fundos de reserva, são essenciais para garantir a estabilidade durante as crises. Os produtos de seguros adaptados aos empreendimentos aquapreneus, como o seguro de aquacultura , podem também proporcionar uma proteção essencial.

115.4 Fomentar a inovação através de concursos e prémios

Inovação Desafios , prémios e distinções para o aquapreneurship

Concursos e prémios incentivam a inovação e a visibilidade, proporcionando recompensas financeiras e credibilidade. Os exemplos incluem:

- **O Prémio XPRIZE Abundância de Água:** Reconhece tecnologias que melhoram a disponibilidade de água e a conservação .
- **Ocean Innovation Challenge (OIC):** Desafio apoiado pelo PNUD que premeia soluções inovadoras para a utilização sustentável dos recursos marinhos.

Como os concursos incentivam soluções inovadoras e atraem investimento

Concursos geram entusiasmo e chamam a atenção para soluções aquapreneurial emergentes. Podem atrair investidores que procuram empreendimentos de elevado potencial, fornecer validação através do reconhecimento público e encorajar um impulso competitivo para a excelência.

116.0 O futuro do aquapreneurship

116.1 Tendências emergentes e previsões

Aquapreneurship , um termo que engloba iniciativas empresariais na gestão da água , aquacultura , e ecossistemas aquáticos sustentáveis , está preparado para evoluir significativamente nas próximas décadas. As principais previsões para a sua evolução centram-se nos avanços tecnológicos e nas transformações regulamentares:

- **Inovações tecnológicas**: O futuro do empreendedorismo aquático será fortemente influenciado pelos avanços na purificação da água , na integração das energias renováveis e na automatização . Espera-se que tecnologias como os sistemas de monitorização alimentados por IA para a qualidade da água , a aquicultura de precisão e os métodos avançados de dessalinização tornem os empreendimentos aquapreneurship mais eficientes e escaláveis.
- **Mudanças regulamentares** : Com as crescentes preocupações globais sobre a escassez de água e a degradação ambiental, é provável que a regulamentação se torne mais rigorosa. Os governos podem introduzir

incentivos para a criação de empresas aquáticas sustentáveis , com subsídios para iniciativas de reciclagem de água e conservação , ao mesmo tempo que aplicam sanções mais rigorosas para práticas não sustentáveis. Estas mudanças poderiam promover uma indústria da água mais regulada e sustentável, abrindo portas para aquapreneurs responsáveis.

116.2 O papel dos jovens e das gerações futuras

O envolvimento dos jovens é fundamental para o futuro do aquapreneurship . As gerações mais jovens estão mais atentas às alterações climáticas e à sustentabilidade ambiental , o que as torna campeãs ideais para a conservação da água :

- **Incentivar o envolvimento**: Os governos e as instituições estão a lançar cada vez mais iniciativas para atrair jovens talentos para o aquapreneurship . Programas em escolas e faculdades focados na gestão sustentável da água , juntamente com workshops práticos , podem fornecer uma base.
- **Programas educativos e bolsas de estudo** : A oferta de bolsas de estudo e subsídios a jovens aquapreneurs pode ser transformadora, permitindo o acesso a recursos que de outra forma estariam fora do alcance. Cursos especializados em ciências ambientais e aquacultura sustentável fornecem a base de conhecimentos necessária, enquanto as parcerias com universidades podem expandir as oportunidades de investigação e inovação .

116.3 Uma Perspetiva Global sobre o Aquapreneurship

Aquapreneurship varia significativamente de região para região devido a diferenças nos contextos culturais, económicos e ecológicos:

- **Diferenças regionais**: Em regiões costeiras como o Sudeste Asiático, os aquapreneurs centram-se frequentemente nas pescas e na aquacultura , tirando partido da abundância de recursos marinhos. Em contrapartida, as zonas interiores podem dar ênfase às tecnologias de purificação da água e de reciclagem para combater a escassez de água .
- **Estudos de caso** : Os empreendimentos aquapreneus bem sucedidos oferecem lições perspicazes. Por exemplo, os projectos nos Países Baixos centraram-se na gestão da água através de sistemas inovadores de barragens e diques, enquanto as comunidades em África são pioneiras em sistemas de filtragem de água alimentados por energia solar, dando exemplos de gestão sustentável da água práticas a nível mundial.

116.4 Considerações finais sobre o Aquapreneurship 's Impact on Sustainability

O aquapreneurship tem o potencial de transformar a sustentabilidade global ao abordar a segurança da água , o desenvolvimento económico e a saúde ambiental :

- **Impacto a longo prazo na sustentabilidade** : O empreendedorismo aquático sustentável pode melhorar a qualidade da água , a biodiversidade e a resiliência económica , especialmente em regiões vulneráveis . Como os aquapreneurs abraçam a conservação ambiental , contribuem para objectivos globais mais amplos, tais como os Objectivos de Desenvolvimento Sustentável (ODS) , particularmente na conservação da água e na redução da pobreza .
- **Inspirar futuros aquapreneurs** : Com a crescente importância das questões relacionadas com a água, os aquapreneurs podem servir de modelo, inspirando outros a contribuir positivamente para a conservação da água . O seu trabalho realça o papel essencial do empreendedorismo na promoção de práticas ambientais sustentáveis e na garantia de recursos para as gerações futuras.

117.0 Ciência Ecológica e Sustentabilidade em Aquapreneurship

117.1 Compreender os ecossistemas aquáticos

Os aquapreneurs devem possuir uma sólida compreensão dos ecossistemas aquáticos , que se dividem em ambientes marinhos, de água doce e estuarinos:

- **Visão geral do ecossistema**: Os ecossistemas marinhos incluem oceanos e mares, enquanto a água doce abrange rios, lagos e riachos. Os estuários, onde a água doce se encontra com a água salgada, servem como locais de reprodução vitais para a vida marinha.
- **Saúde do ecossistema** : Ecossistemas saudáveis fornecem numerosos serviços essenciais para o aquapreneurship , tais como a filtração natural e o habitat para os peixes . A preservação destes ecossistemas assegura que as actividades aquaprivadas permaneçam sustentáveis e lucrativas.

117.2 Qualidade da água e indicadores ambientais

Os empreendimentos aquapreneus eficazes dependem da monitorização da qualidade crítica da água indicadores para manter operações saudáveis:

- **Principais métricas**: Parâmetros como o pH , o oxigénio dissolvido e a turvação são essenciais para avaliar a saúde da água . Os aquapreneurs usam estes dados para tomar decisões informadas sobre a gestão de recursos e para adaptar práticas para obter resultados sustentáveis.
- **Dados ambientais**: A utilização de dados em tempo real através de sensores e dispositivos IoT permite aos aquapreneurs otimizar a utilização de recursos, responder a alterações na qualidade da água e minimizar os impactos negativos nos ecossistemas .

117.3 Biodiversidade e Conservação Princípios

A conservação da biodiversidade é crucial para o empreendedorismo aquático sustentável , uma vez que os ecossistemas aquáticos são interdependentes:

- **Biodiversidade Essentials**: Os empresários do sector aquático precisam de compreender os princípios da biodiversidade, tais como a importância da variedade de espécies e da diversidade genética para a resiliência dos ecossistemas .
- **Conservação Estratégias** : Práticas como a proteção do habitat , a captura responsável e a redução das capturas acessórias ajudam a manter a biodiversidade . Estas estratégias asseguram que as actividades aquaprivadas não perturbam os ecossistemas marinhos , equilibrando a atividade económica com a gestão ambiental .

117.4 Gestão sustentável dos recursos Técnicas

A gestão dos recursos é essencial no sector do aquapreneurship para garantir a viabilidade a longo prazo :

- **Técnicas de gestão**: Técnicas como a colheita rotativa e as quotas de recursos ajudam a evitar a sobre-exploração. A recuperação de habitats, como a reconstrução de recifes, também desempenha um papel crucial na manutenção das populações de peixes e de outra vida marinha.
- **Abordagens inovadoras**: As ferramentas digitais, como a cartografia de recursos baseada em IA , podem melhorar ainda mais a gestão sustentável dos recursos , permitindo aos aquapreneurs monitorizar e ajustar as práticas com precisão.

118.0 Considerações geográficas e regionais sobre o aquapreneurship

118.1 A importância da geografia nos empreendimentos de base aquática

O contexto geográfico dos empreendimentos aquapreneus afecta significativamente a viabilidade e os modelos operacionais:

- **Influência regional**: Factores como o clima, a disponibilidade de água e a topografia determinam os recursos disponíveis e os tipos de empreendimentos viáveis em diferentes locais.
- **Modelos de sucesso**: Por exemplo, o sucesso da Noruega na aquicultura de águas frias deve-se, em grande medida, às suas extensas zonas costeiras e ao clima mais frio, que favorecem espécies específicas de peixes , enquanto os empreendimentos no interior se centram na piscicultura adequada aos ecossistemas de água doce .

118.2 Gestão das águas costeiras e interiores

São necessárias estratégias diferentes para gerir eficazmente as águas costeiras e interiores:

- **Desafios costeiros vs. desafios interiores** : A aquapreneurship costeira , como a aquacultura marinha , enfrenta desafios como a corrosão da água salgada e a conservação do ecossistema marinho . Os empreendimentos no interior, por outro lado, debatem-se com a escassez de água doce e a poluição .

- **Oportunidades únicas**: As regiões costeiras podem tirar partido da energia das marés e das ondas , enquanto as regiões do interior se concentram na conservação da água doce e na reciclagem , permitindo inovações aquapreneiras específicas de cada local.

118.3 Aquapreneurship nos mercados emergentes

Mercados emergentes apresentam tanto oportunidades como desafios :

- **Potencialidades e desafios** : As regiões em desenvolvimento carecem frequentemente de infra-estruturas robustas , o que complica os esforços no domínio do aquapreneurship . No entanto, o aquapreneurship nestas áreas pode melhorar a segurança hídrica local e contribuir para o crescimento económico .
- **Objectivos de Desenvolvimento Sustentável (SDGs)** : Os aquapreneurs nos mercados emergentes desempenham um papel essencial no avanço dos ODS, particularmente no acesso à água potável , na redução da pobreza e no desenvolvimento económico .

118.4 Aquapreneurship Urbano : Gestão da água nas cidades

O aquapreneurship urbano envolve inovações para enfrentar os desafios específicos das cidades no domínio da água :

- **Inovações urbanas**: Técnicas como a aquicultura urbana , a reciclagem de águas residuais e a gestão das águas pluviais estão a tornar-se essenciais em zonas densamente povoadas. A aquapreneurship urbana pode aliviar a escassez de água urbana e reduzir a poluição através de práticas sustentáveis .

119.0 Estratégia Empresarial Avançada para o Aquapreneurship

119.1 Segmentação do mercado e segmentação

Os aquapreneurs de sucesso identificam segmentos de mercado específicos:

- **Segmentação de clientes** : Segmentação do mercado ajuda os aquapreneurs a identificar grupos de clientes com necessidades específicas. Por exemplo, na purificação da água , os diferentes segmentos incluem os utilizadores domésticos, industriais e agrícolas.
- **Exemplos de segmentação**: No ecoturismo , a segmentação de clientes interessados na conservação -driven tourism permite aos aquapreneurs alinharem-se com as tendências de mercado ambientalmente conscientes .

119.2 Parcerias estratégicas e colaborações

As colaborações são fundamentais para alcançar um impacto escalável no sector do aquapreneurship :

- **Oportunidades de parceria**: Colaborações com ONGs , governos e outras empresas podem amplificar os esforços aquapreneurial, reunindo recursos e partilhando conhecimentos.

- **Estruturação de colaborações** : Parcerias estruturadas , tais como parcerias público-privadas (PPPs), joint ventures , e alianças com organizações de conservação , reforçam os projectos aquapreneurial ao combinarem conhecimentos, apoio regulamentar e recursos financeiros.

119.3 Ampliação de empreendimentos à base de água

A expansão de empreendimentos aquapreneus envolve o equilíbrio entre o crescimento e a sustentabilidade :

- **Escalonamento operacional**: As técnicas de escalonamento incluem a expansão da produção, o investimento em infra-estruturas eficientes , e a adoção de práticas sustentáveis para satisfazer a procura preservando os recursos.
- **Sustentabilidade Balance**: Alcançar a escala no empreendedorismo aquático sem comprometer a integridade ambiental é fundamental, especialmente em sectores de recursos intensivos como a aquacultura .

119.4 Estratégias de saída e planeamento da sucessão

Estratégias de saída e planeamento da sucessão são vitais para a longevidade das empresas aquapreneurial:

- **Opções de saída** : Os aquapreneurs podem considerar estratégias de saída tais como fusões e aquisições ou a transição para a propriedade pública.
- **Planeamento da Sucessão** : Para empreendimentos aquapreneus familiares ou comunitários, o estabelecimento de planos de sucessão claros assegura a continuidade do negócio e preserva o impacto da empresa aquapreneurial.

120.0 O papel da defesa de políticas e do ativismo no aquapreneurship

120.1 Defesa de políticas para direitos da água e conservação

A defesa de políticas desempenha um papel crucial no aquapreneurship , em que os empresários trabalham para melhorar a conservação da água e o acesso equitativo aos recursos hídricos :

- **Influência nas políticas públicas** : Os aquapreneurs podem afetar as políticas através de lobbying , campanhas de sensibilização pública e participação em debates públicos. Ao alinharem-se com ONG e grupos ambientais, podem amplificar as suas vozes em fóruns governamentais e internacionais, encorajando acções legislativas que protejam os recursos hídricos .
- **Estratégias de envolvimento**: Os aquapreneurs podem envolver-se com os decisores políticos juntando-se a conselhos de gestão da água , submetendo resumos de políticas e participando em audiências públicas. Podem também colaborar com organizações de advocacia para criar mensagens persuasivas que abordem a urgência da conservação da água e

práticas sustentáveis , assegurando que os seus interesses se alinham com o bem público mais alargado.

120.2 O papel do ativismo ambiental

O ativismo ambiental cruza-se frequentemente com o aquapreneurship , uma vez que ambos visam promover a utilização sustentável dos recursos hídricos :

- **Alinhamento com o Aquapreneurship** : O ativismo centra-se na sensibilização para as questões ambientais e na promoção de mudanças regulamentares s, o que complementa os objectivos dos aquapreneurs para alcançar a sustentabilidade . Os aquapreneurs activistas defendem a redução de poluentes, a restauração de habitats aquáticos e a aplicação de práticas de pesca sustentáveis, fazendo assim a ponte entre o negócio e a conservação .
- **Estudos de caso** : Os exemplos incluem indivíduos como Alexandra Cousteau, uma defensora da conservação dos oceanos , que tem aproveitado a sua influência para apoiar políticas que protegem os ecossistemas aquáticos . Os aquapreneurs activistas inspiram frequentemente mudanças regulamentares através da demonstração de práticas sustentáveis e da partilha de histórias convincentes de recuperação ambiental, influenciando a ação do governo e o comportamento do público.

120.3 Aquapreneurs como agentes de mudança

Os aquapreneurs desempenham um papel transformador na remodelação das práticas do sector para modelos sustentáveis:

- **Mudança das práticas da indústria**: Ao adoptarem práticas inovadoras e ecológicas , os aquapreneurs definem os padrões da indústria , levando as indústrias tradicionais da água a adoptarem modelos mais sustentáveis. Influenciam os seus pares mostrando formas economicamente viáveis de conservar recursos e, ao mesmo tempo, satisfazer a procura do mercado s .
- **Construção de um legado**: Através da defesa de políticas e práticas sustentáveis , os aquapreneurs podem construir um legado de uso responsável da água . As suas contribuições incluem frequentemente a criação de fundações, programas educativos , e esforços de lobbying para assegurar que os valores de conservação e sustentabilidade continuam a influenciar a indústria para além dos seus próprios negócios.

120.4 Navegar pelas leis internacionais da água e acordos

Compreender a legislação internacional sobre a água é essencial para os aquapreneurs que operam além fronteiras:

- **Visão geral dos acordos internacionais**: Quadros como a Convenção das Nações Unidas sobre os Cursos de Água orientam a gestão transfronteiriça da água , assegurando que os recursos hídricos partilhados através das fronteiras nacionais sejam utilizados de forma equitativa e sustentável. A conformidade com esses quadros é crucial para evitar conflitos e complicações jurídicas.

- **Estratégias de alinhamento**: Os aquapreneurs podem alinhar-se com as diretrizes internacionais consultando peritos legais, envolvendo-se em discussões internacionais sobre gestão da água e fomentando parcerias com organizações que aderem a estas convenções. Estes esforços apoiam práticas sustentáveis que são reconhecidas globalmente, promovendo uma abordagem padronizada à conservação da água .

121.0 Cadeia de abastecimento e logística em Aquapreneurship

121.1 Construir uma cadeia de abastecimento sustentável

Sustentabilidade na cadeia de abastecimento é um componente crítico para os aquapreneurs focados no impacto a longo prazo:

- **Fornecimento ético** : Técnicas como a seleção de fornecedores com práticas sustentáveis , dando prioridade aos recursos renováveis e aplicando uma colheita ecológica podem melhorar a sustentabilidade da cadeia de abastecimento . Os aquapreneurs trabalham frequentemente com fornecedores certificados que partilham compromissos de conservação da água , minimizando a degradação ambiental na fonte.
- **Colaboração com fornecedores** : O estabelecimento de parcerias com fornecedores que aderem a normas ambientais garante que todos os aspectos da cadeia de abastecimento estão alinhados com os objectivos de sustentabilidade . Estas colaborações permitem aos aquapreneurs manter um abastecimento ético ao mesmo tempo que melhoram a eficiência dos recursos , contribuindo para práticas sustentáveis da indústria.

121.2 Gestão da cadeia de frio em aquacultura

Para a aquicultura , uma gestão eficaz da cadeia de frio é essencial para preservar a qualidade do produto durante o transporte:

- **Garantia de qualidade**: A gestão da cadeia de frio garante que os produtos da aquicultura , como o peixe e o marisco, permanecem frescos desde a colheita até ao mercado. Inovações como as embalagens com controlo de temperatura e os sistemas de rastreio em tempo real ajudam a monitorizar as condições ao longo da cadeia de abastecimento .
- **Melhores práticas** : Para manter a cadeia de frio , os aquapreneurs utilizam tecnologia avançada de refrigeração , localização por GPS para controlo da temperatura e contentores de transporte isolados. Estas práticas minimizam a deterioração, assegurando que os produtos cumprem as normas de segurança e mantêm a sua qualidade, reduzindo o desperdício e aumentando a rentabilidade .

121.3 Armazenagem , distribuição e gestão de stocks

Uma logística eficiente é essencial para a sustentabilidade e a rentabilidade dos produtos com utilização intensiva de água:

- **Logística e Inventário**: Práticas adequadas de armazenamento , como a utilização de instalações de armazenamento energeticamente eficientes e a otimização da rotação do inventário, ajudam os aquapreneurs a reduzir o desperdício. Gestão eficaz do inventário estratégias, como o just-in-time (JIT) e a análise preditiva , minimizam o excesso de stock e a deterioração.
- **Sustentabilidade Práticas**: Ao integrar fontes de energia renovável e projectos de layout eficientes nos armazéns, os aquapreneurs podem reduzir a pegada ambiental das suas operações de logística , contribuindo para a sustentabilidade na sua cadeia de abastecimento .

121.4 Integração da tecnologia na gestão da cadeia de abastecimento

A integração tecnológica pode melhorar significativamente a cadeia de abastecimento transparência e eficiência:

- **Ferramentas digitais e análises**: Os aquapreneurs utilizam ferramentas como a previsão da procura baseada em IA , a localização por GPS e a análise de dados para otimizar as rotas, reduzir os tempos de entrega e minimizar o consumo de energia. Esta abordagem digital aumenta a eficiência, reduz os custos e diminui o impacto ambiental da logística operações.
- **Cadeia de blocos para a transparência** : A tecnologia blockchain permite o rastreamento seguro de produtos em toda a cadeia de suprimentos , proporcionando transparência no fornecimento, processamento e distribuição . Esta transparência tranquiliza os consumidores e parceiros quanto à integridade ambiental dos produtos, alinhando-se com os objectivos de sustentabilidade e promovendo a confiança na marca aquapreneurial.

122.0 Dimensões socioculturais do aquapreneurship

122.1 Perspectivas culturais sobre a utilização da água

A água tem um profundo significado cultural e a compreensão destas perspectivas é essencial para uma atividade aquapreneurship responsável :

- **Significado cultural**: Diferentes culturas vêem a água através de lentes únicas, muitas vezes encarando-a como um recurso sagrado. Em algumas sociedades, os métodos tradicionais de conservação da água foram transmitidos de geração em geração, reflectindo práticas sustentáveis .
- **Influência nas práticas**: Os aquapreneurs que respeitam as crenças culturais podem envolver as comunidades de forma mais eficaz, utilizando métodos de conservação que são culturalmente aceitáveis e se alinham com os valores tradicionais. A compreensão destas perspectivas promove um sentido de respeito e melhora a colaboração com as populações locais.

122.2 Trabalhar com comunidades indígenas e locais

A colaboração com as comunidades indígenas e locais é fundamental para projectos aquapreneus sustentáveis:

- **Relações com a comunidade**: A construção de relações fortes com grupos indígenas e populações locais promove a confiança e assegura a aceitação do projeto. Os aquapreneurs utilizam frequentemente modelos de co-criação , envolvendo os membros da comunidade na conceção e execução do projeto.
- **Considerações éticas** : As práticas éticas, tais como garantir uma compensação justa, respeitar os direitos à terra e envolver os líderes comunitários na tomada de decisões , são essenciais. A co-criação alinha-se com os princípios éticos, apoiando a soberania indígena e o desenvolvimento sustentável .

122.3 Educação e sensibilização das comunidades locais

A educação é uma ferramenta poderosa para promover a conservação da água e a literacia:

- **Literacia sobre a água Programas**: As iniciativas educativas podem ajudar as comunidades a compreender a importância da conservação da água , ensinando-lhes técnicas para uma utilização sustentável. Os aquapreneurs colaboram frequentemente com escolas, ONGs , e centros comunitários para aumentar a consciencialização e a literacia sobre a água.
- **Construir um envolvimento a longo prazo**: Ao educar as comunidades sobre o valor das práticas sustentáveis da água, os aquapreneurs criam laços duradouros e promovem uma responsabilidade partilhada em relação à gestão dos recursos hídricos . Estes programas lançam as bases para a conservação colaborativa esforços e práticas sustentáveis .

122.4 Aquapreneurship de base comunitária Modelos

As iniciativas de base comunitária permitem que as populações locais assumam o controlo dos recursos hídricos :

- **Cooperativas e Colectivos**: As cooperativas de água e os projectos de água de propriedade da comunidade permitem que os habitantes locais beneficiem diretamente dos recursos hídricos . Estes modelos incentivam a gestão responsável e o envolvimento da comunidade , conduzindo a soluções sustentáveis no domínio da água .
- **Estudos de casos de sucesso** : Na América Latina, várias iniciativas de água lideradas pela comunidade têm demonstrado sucesso na gestão dos recursos hídricos de forma sustentável. Estes projectos proporcionam benefícios económicos , preservam os ecossistemas locais , e inspiram outras comunidades a adotar modelos semelhantes.

123.0 Avaliação de riscos e gestão de crises em Aquapreneurship

123.1 Identificação e atenuação dos riscos ambientais

Os riscos ambientais podem ter um impacto significativo nos empreendimentos aquapreneus, tornando essencial a avaliação dos riscos :

- **Riscos comuns**: As catástrofes naturais , a poluição e as alterações climáticas representam ameaças significativas. As inundações, as secas e os incidentes de contaminação podem perturbar os empreendimentos baseados na água , exigindo uma avaliação sólida dos riscos e estratégias de atenuação .
- **Planos de gestão de riscos**: Os aquapreneurs desenvolvem uma estrutura de gestão de risco s adaptada às suas operações, incluindo defesas contra inundações, controlos de poluição e estratégias de resiliência climática . Estes planos minimizam o risco ambiental s e protegem os investimentos, assegurando a sustentabilidade a longo prazo .

123.2 Riscos financeiros e de mercado no sector do aquapreneurship

A estabilidade financeira é essencial numa indústria fortemente afetada pela flutuação dos custos da água e pelas variações da procura:

- **Navegar pelos riscos financeiros** : As flutuações do mercado nos preços da água, juntamente com a variabilidade da procura, podem afetar a rentabilidade . Os aquapreneurs gerem estes riscos através de estratégias de preços , diversificação e garantia de fornecedores estáveis para reduzir a volatilidade dos custos.
- **Investimento e liquidez Gestão**: A gestão da liquidez e a diversificação estratégica dos investimentos reduzem o risco financeiro s , permitindo aos aquapreneurs resistir às flutuações económicas e investir em práticas sustentáveis .

123.3 Gestão de crises e preparação para situações de emergência

A preparação para as crises, como a poluição ou as catástrofes naturais , é crucial nos empreendimentos baseados na água :

- **Planeamento da resposta a emergências**: A gestão eficaz de crises inclui a criação de equipas de resposta, a implementação de protocolos de comunicação e a coordenação com as autoridades locais durante os incidentes. Exercícios regulares e planos de resposta garantem a prontidão para emergências como a contaminação e as catástrofes naturais .
- **Comunicação de crise** : Comunicação transparente com as partes interessadas, os clientes e o público é essencial durante uma crise. Uma comunicação clara fomenta a confiança e fornece actualizações cruciais sobre os esforços de recuperação, protegendo a reputação da marca e mantendo a confiança do público.

123.4 Criação de resiliência em empreendimentos hídricos

Resiliência é um componente chave para a sustentabilidade dos empreendimentos aquapreneus:

- **Estratégias de adaptação**: Os aquapreneurs utilizam abordagens adaptativas, como a diversificação da oferta de produtos, a adoção de tecnologias sustentáveis e a melhoria da flexibilidade operacional, para responder a perturbações.
- **Resiliência Frameworks**: Ao aproveitar os quadros de resiliência, os aquapreneurs podem antecipar e mitigar os riscos, assegurando a continuidade do negócio . Estes quadros incluem a gestão diversificada de recursos , parcerias comunitárias , e inovação em práticas sustentáveis para manter as operações face às mudanças ambientais e de mercado.

124.0 Análise de dados e inteligência artificial na gestão da água

124.1 Papel da análise de dados na eficiência hídrica

A análise de dados está a transformar a gestão da água ao permitir abordagens precisas e baseadas em dados que optimizam a utilização da água em vários sectores, incluindo a agricultura, a aquacultura e a purificação:

- **Otimização do uso da água**: Através da análise de dados , os aquapreneurs podem monitorizar os padrões de utilização da água e identificar áreas de melhoria, tais como minimizar o desperdício na irrigação ou gerir as entradas de água na aquacultura para evitar a utilização excessiva. As ferramentas analíticas processam vastos conjuntos de dados de sensores de água , registos históricos e dados em tempo real para fornecer informações acionáveis.
- **Estudos de caso na tomada de decisões** : Por exemplo, uma exploração agrícola em grande escala na Califórnia utiliza análises avançadas para monitorizar a humidade do solo, as necessidades de água das culturas e os padrões meteorológicos. Ao tirar partido destes dados, reduziram o consumo de água em 20% e aumentaram o rendimento das culturas, ilustrando o impacto da eficiência baseada em dados na conservação dos recursos .

124.2 Análise preditiva para gestão de recursos

A análise preditiva permite aos aquapreneurs prever e gerir a procura de água, ajudando-os a prepararem-se para potenciais situações de escassez e desafios relacionados com o clima :

- **IA para Previsão** : Os modelos preditivos avaliam variáveis como alterações sazonais, padrões climáticos e tendências de consumo de água para prever a procura . Ao prever períodos de seca ou picos de utilização da água , os aquapreneurs podem afetar os recursos em conformidade, reduzindo o desperdício e garantindo a disponibilidade.

- **Planeamento melhorado**: A modelação preditiva é fundamental para projectos aquapreneus de longo prazo. Por exemplo, uma empresa de aquacultura pode utilizar a análise preditiva para gerir a alimentação e os recursos hídricos , antecipando períodos de maior procura de peixe e ajustando a sua produção para maximizar a eficiência dos recursos .

124.3 Inteligência Artificial na Qualidade da Água Monitorização

A IA e a aprendizagem automática (ML) estão a revolucionar a qualidade da água monitorização , permitindo a recolha de dados em tempo real, a análise e a manutenção preditiva:

- **Monitorização baseada em IA** : Os algoritmos de ML podem detetar padrões e anomalias na qualidade da água dados, identificando potenciais problemas como a poluição ou alterações na composição química. Isto permite acções corretivas imediatas, salvaguardando os ecossistemas aquáticos e os empreendimentos de aquacultura .
- **Inovações nos testes em tempo real**: Sistemas como a IA da IBM - powered weather and water quality models monitorizam factores como a turbidez , o pH e o oxigénio dissolvido . Estas ferramentas permitem que os aquapreneurs mantenham elevados padrões de qualidade da água , oferecendo informações em tempo real e automatizando alertas quando a qualidade da água desce abaixo dos níveis aceitáveis.

124.4 Integração de tecnologias inteligentes no empreendedorismo aquático

Tecnologias inteligentes como os sensores IoT , contadores e dispositivos em rede ajudam os aquapreneurs a gerir os recursos hídricos de forma eficiente:

- **Contadores inteligentes e IoT** : Os dispositivos da Internet das Coisas (IoT) fornecem feedback em tempo real sobre o consumo de água , condições do solo e factores ambientais . Estes dados permitem aos aquapreneurs automatizar processos como a irrigação, assegurando uma utilização óptima da água enquanto conservam os recursos.
- **Estudos de caso** : As aplicações de tecnologia inteligente estão a ganhar força em vários países. Em Israel, os sistemas de irrigação inteligente equipados com sensores são utilizados na agricultura, reduzindo o consumo de água até 50% sem sacrificar o rendimento das culturas. Esta abordagem baseada na tecnologia constitui um exemplo de gestão sustentável da água em regiões áridas.

125.0 Alterações climáticas Adaptação em Aquapreneurship

125.1 Impacto das alterações climáticas nos recursos hídricos

As alterações climáticas estão a afetar a disponibilidade de água , a qualidade e a procura, apresentando desafios únicos para os aquapreneurs:

- **Efeitos na disponibilidade e na qualidade**: As temperaturas mais elevadas e os padrões meteorológicos imprevisíveis intensificaram as secas e reduziram a disponibilidade de água doce em muitas regiões. A qualidade da água também foi afetada, com o aumento de contaminantes e a intrusão salina nas zonas costeiras.

- **Adaptação Estratégias**: Os aquapreneurs estão a empregar técnicas como a recolha de águas pluviais , a reciclagem de água e sistemas de irrigação eficientes para mitigar os efeitos das alterações climáticas . Ao adaptarem as suas práticas, podem continuar a operar de forma sustentável apesar dos desafios climáticos .

125.2 Resiliência climática Quadros para empreendimentos hídricos

Resiliência climática ajuda as indústrias com utilização intensiva de água a prepararem-se para as perturbações relacionadas com o clima:

- **Resiliência em modelos de negócios** : A incorporação da resiliência envolve a diversificação das fontes de água, o investimento em tecnologias eficientes em termos de água e a implementação de planos de preparação para catástrofes . Estes passos permitem aos aquapreneurs resistir e recuperar dos impactes climáticos.
- **Criação de resiliência** : As empresas podem adotar estruturas como a Estrutura de Resiliência Climática , que fornece diretrizes sobre práticas adaptativas. Ao adotar estas práticas, os aquapreneurs constroem a sustentabilidade a longo prazo nas suas operações, protegendo os seus empreendimentos contra futuras incertezas climáticas.

125.3 Inovações na gestão da água adaptada ao clima

As práticas inovadoras adaptadas ao clima são essenciais para fazer face à evolução das condições ambientais:

- **Inovações resistentes ao clima**: Técnicas como a irrigação de culturas resilientes, aquacultura tolerante ao sal espécies e dessalinização renovável estão a ajudar os aquacultores a adaptarem-se. Por exemplo, os investigadores estão a desenvolver espécies de peixe que se desenvolvem em águas mais quentes, permitindo aos aquacultores continuar a produção em climas em mudança.
- **Aplicações práticas**: A dessalinização renovável , que utiliza energia solar ou eólica , oferece uma forma sustentável de produzir água doce em regiões costeiras e áridas. Estas adaptações garantem que os recursos hídricos permanecem viáveis em condições extremas, promovendo a resiliência .

125.4 Compensação de Carbono e Comércio de Carbono para Aquapreneurs

A compensação e o comércio de carbono fornecem aos aquapreneurs ferramentas para mitigar a sua pegada de carbono :

- **Compensação de carbono**: Ao investir em compensações de carbono , os aquapreneurs podem equilibrar as suas emissões, contribuindo para projectos de reflorestação ou empreendimentos de energia renovável . Esta abordagem alinha-se com os objectivos globais de redução de carbono .

- **Navegando pelos créditos de carbono**: A participação no comércio de carbono permite que os aquapreneurs ganhem créditos pela redução de emissões. Estes créditos podem ser vendidos a outras indústrias, oferecendo um fluxo de receitas adicional e incentivando a sustentabilidade em empreendimentos baseados na água .

126.0 Considerações jurídicas e éticas no sector do aquapreneurship

126.1 Propriedade intelectual em empreendimentos à base de água

A proteção da propriedade intelectual (PI) é essencial para as inovações baseadas na água, salvaguardando os avanços tecnológicos :

- **Proteção das inovações**: As patentes protegem as invenções em áreas como a purificação da água e a dessalinização , assegurando que os aquapreneurs mantêm a propriedade e podem lucrar com as suas inovações. As marcas registadas também são valiosas para o reconhecimento da marca em mercados competitivos.
- **Estudos de caso** : Empresas como a Xylem Inc. patentearam tecnologias de tratamento de água , assegurando as suas inovações e impedindo os concorrentes de replicarem os seus métodos. Esta proteção promove uma cultura de inovação , encorajando os aquapreneurs a investir em investigação e desenvolvimento.

126.2 Questões éticas no sector do aquapreneurship

A ética no empreendedorismo aquático envolve a afetação responsável de recursos , o acesso equitativo e a gestão ambiental :

- **Privatização da água e afetação de recursos** : Os aquapreneurs enfrentam desafios éticos em torno da privatização, uma vez que a água é uma necessidade humana fundamental. Garantir que os empreendimentos hídricos não limitam o acesso das comunidades é crucial para o aquapreneurship ético .
- **Abordagem de conflitos éticos**: Equilibrar o lucro com considerações éticas é complexo, especialmente em regiões onde a escassez de água afecta populações vulneráveis. Operações transparentes e envolvimento da comunidade são essenciais para manter os padrões éticos .

126.3 Responsabilidade social das empresas (RSE) em empreendimentos hídricos

A RSE nas empresas do sector da água é vital para manter uma imagem pública positiva e contribuir para o bem-estar da sociedade:

- **Estratégias de RSE**: Os aquapreneurs podem implementar programas de RSE focados na conservação da água na comunidade , acesso a água limpa

, e prevenção da poluição . O envolvimento em práticas socialmente responsáveis cria confiança nas comunidades e nas partes interessadas.

- **Iniciativas de RSE com impacto**: Por exemplo, empresas como a Nestlé investiram na conservação da água e em programas educativos em regiões com escassez de água, promovendo benefícios ambientais e sociais. As iniciativas de RSE melhoram a reputação de uma marca e promovem a boa vontade da comunidade.

126.4 Navegar pelos direitos internacionais e locais da água

Navegar pelos direitos da água é essencial para os aquapreneurs que operam em diversas jurisdições:

- **Direitos da água Visão geral**: Os direitos à água variam a nível mundial, com diferentes enquadramentos legais que regem o acesso e a utilização. Nalgumas regiões, o acesso à água é rigorosamente controlado, exigindo autorizações e o cumprimento dos regulamentos locais.
- **Conformidade Estratégias**: Consultar especialistas legais sobre os direitos da água , manter relatórios transparentes e aderir às leis locais são passos cruciais. Isto ajuda a evitar disputas legais e assegura uma gestão sustentável e ética da água .

127,0 Inovações no desenvolvimento de produtos para empreendimentos à base de água

127.1 Conceção de produtos sustentáveis em Aquapreneurship

A conceção de produtos sustentáveis centra-se em soluções ecológicas que minimizam o impacto ambiental :

- **Design amigo do ambiente**: Os aquapreneurs podem conceber produtos com baixos requisitos de energia e água, utilizando materiais recicláveis para minimizar os resíduos. Isto inclui inovações em dispositivos de purificação de água , equipamento de aquacultura e produtos de turismo marítimo .
- **Durabilidade e Reciclabilidade** : A conceção sustentável dá prioridade à durabilidade, prolongando o ciclo de vida do produto e reduzindo os resíduos. Por exemplo, a utilização de materiais biodegradáveis em equipamento de turismo marítimo reduz o impacto ambiental nos ecossistemas aquáticos .

127.2 Desenvolvimento de novos produtos e prototipagem

O processo de desenvolvimento de produtos é iterativo, exigindo investigação, conceção e testes exaustivos:

- **Etapas de desenvolvimento**: Os aquapreneurs pesquisam as necessidades do mercado, desenvolvem protótipos e efectuam testes rigorosos para garantir a funcionalidade e a segurança . O feedback dos utilizadores é crucial para aperfeiçoar a conceção.

- **Papel do Feedback do Utilizador** : O feedback dos utilizadores ajuda os aquapreneurs a identificar áreas de melhoria e a aperfeiçoar os seus produtos para melhor satisfazer as necessidades dos clientes. Esta abordagem assegura que os produtos são práticos e estão alinhados com os objectivos de sustentabilidade .

127.3 Marketing Produtos de água ecológicos

Estratégias de marketing eficazes visam consumidores eco-conscientes que valorizam a sustentabilidade :

- **Visando Consumidores Eco-Conscientes**: Os aquapreneurs podem criar lealdade à marca enfatizando os benefícios ambientais dos seus produtos. As estratégias de marketing devem destacar as caraterísticas de sustentabilidade , como a redução do consumo de água ou materiais reciclados.
- **Procura de inovações ecológicas** : Um mercado crescente de produtos ecológicos está a impulsionar a procura de soluções sustentáveis para a água . Ao concentrarem-se na marca verde e em declarações ambientais transparentes, os aquapreneurs podem captar este segmento de mercado e construir uma vantagem competitiva .

127.4 Gestão do ciclo de vida e eliminação do produto

A gestão do ciclo de vida completo dos produtos à base de água garante a sustentabilidade desde a criação até à eliminação:

- **Estratégias de fim de vida**: Os aquapreneurs podem conceber produtos tendo em conta a gestão do fim de vida, por exemplo, criando componentes reutilizáveis ou recicláveis. Isto reduz os resíduos e o impacto ambiental .
- **Abraçando a Economia Circular** : Economia circular princípios orientam os aquapreneurs a considerar a eliminação de produtos, incentivando a reciclagem e a minimização de resíduos. Os produtos concebidos para serem facilmente desmontados e reciclados apoiam um ciclo de vida sustentável, alinhando-se com objectivos ambientais mais amplos.

128.0 Conceção centrada no ser humano no sector do aquapreneurship

128.1 Compreender os princípios da conceção centrada no ser humano

O design centrado no ser humano (HCD) é uma abordagem que dá prioridade às necessidades, comportamentos e experiências das pessoas aquando do desenvolvimento de soluções. No aquapreneurship , o HCD é essencial porque as soluções baseadas na água têm frequentemente impactos diretos e imediatos nas comunidades humanas e nos ecossistemas :

- **Relevância para o Aquapreneurship** : A HCD assegura que os produtos e serviços baseados na água não são apenas funcionais, mas também de fácil utilização, acessíveis e culturalmente apropriados. Centra-se na compreensão da forma como as pessoas interagem com os recursos hídricos e na adaptação de soluções para se alinharem com esses comportamentos.

- **Projetar para as necessidades humanas**: Na gestão da água , a abordagem das necessidades e contextos dos utilizadores garante que as soluções são adoptadas e sustentadas ao longo do tempo. Ao ter em conta os comportamentos diários, a acessibilidade e a acessibilidade económica, o HCD promove soluções que ressoam com os utilizadores, incentivando a utilização responsável e a apropriação pela comunidade .

128.2 Aplicação do HCD na purificação da água e soluções de acesso

A HCD tem-se revelado eficaz no desenvolvimento de sistemas de purificação da água e de soluções de acesso que respondem às necessidades específicas das comunidades :

- **Estudos de caso** : Por exemplo, o filtro de água "LifeStraw" foi concebido para resolver os problemas de contaminação da água em regiões remotas, com ênfase na portabilidade e facilidade de utilização. Este produto foi desenvolvido com base no feedback dos utilizadores finais, resultando numa solução simples, acessível e económica.
- **Envolver os utilizadores finais**: Técnicas como entrevistas no terreno, observações e grupos de discussão envolvem os utilizadores no processo de conceção, permitindo a criação de soluções que reflectem necessidades reais. O envolvimento com as comunidades no início do processo pode revelar conhecimentos sobre as práticas locais de água, ajudando os projectistas a alinharem-se com as expectativas e comportamentos dos utilizadores.

128.3 Co-criação com as comunidades locais

A co-criação envolve as comunidades locais na conceção de produtos e serviços, aumentando a sua relevância e aceitação:

- **Importância do envolvimento da comunidade** : A contribuição local é inestimável na criação de soluções cultural e ambientalmente relevantes. A co-criação cria confiança, promove a apropriação local e garante que as soluções se alinham com as práticas regionais.
- **Abordagens Práticas à Co-Criação** : Workshops , reuniões comunitárias e prototipagem colaborativa permitem aos aquapreneurs compreender as crenças culturais e os constrangimentos práticos. Por exemplo, a co-design de sistemas de água nas zonas rurais da Índia resultou num modelo que integra conhecimentos tradicionais com métodos de purificação modernos, tornando o sistema culturalmente aceitável e amplamente adotado.

128.4 Conceção iterativa e prototipagem

A conceção iterativa e a criação de protótipos são fundamentais para a HCD, permitindo uma melhoria contínua com base no feedback dos utilizadores :

- **Prototipagem Passos**: A criação de protótipos envolve a criação de modelos iniciais, testando-os em condições do mundo real e recolhendo feedback. Por exemplo, um protótipo de um dispositivo de purificação de água de baixo custo pode ser testado quanto à sua eficiência, facilidade de utilização e durabilidade antes da produção em grande escala.
- **Importância do feedback iterativo**: O feedback iterativo revela potenciais problemas e áreas a melhorar. Os aquapreneurs podem aperfeiçoar as caraterísticas do produto com base na experiência real do utilizador s, assegurando que o produto final está bem adaptado às necessidades e circunstâncias da comunidade alvo.

129.0 Ciência comportamental na conservação da água

129.1 A psicologia da utilização da água

Compreender os factores psicológicos que impulsionam a utilização da água é fundamental para os aquapreneurs que pretendem influenciar comportamentos de conservação :

- **Influenciando o consumo**: Factores como a conveniência , a perceção de escassez e as normas sociais influenciam fortemente o consumo de água . O reconhecimento destes factores pode orientar a conceção de produtos e serviços para encorajar comportamentos sustentáveis.
- **Projetar para uma utilização sustentável**: Os aquapreneurs podem usar os conhecimentos da psicologia comportamental para conceber sistemas que encorajem subtilmente a conservação . Por exemplo, os sistemas com indicadores visuais do consumo de água ou lembretes sobre a conservação podem promover a consciencialização e a redução do consumo de água .

129.2 Mudança de Comportamento Modelos para Aquapreneurs

Os modelos de mudança de comportamento fornecem estruturas para moldar a conservação iniciativas eficazes:

- **Teoria do Comportamento Planeado e Teoria Nudge** : A Teoria do Comportamento Planeado sugere que a intenção, a atitude e o controlo percebido influenciam os comportamentos, o que é útil para conceber intervenções que tornem a utilização sustentável da água mais fácil e mais apelativa. A Teoria do Nudge, por outro lado, centra-se em sugestões indirectas para influenciar a tomada de decisões , como, por exemplo, posicionar os dispositivos de poupança de água de forma proeminente para incentivar a sua adoção.
- **Aplicação à conservação da água** : Os aquapreneurs podem integrar estas teorias na conservação produtos e programas, como o incentivo a

aparelhos com baixo consumo de água ou o incentivo ao comportamento através da colocação de mensagens de conservação nos pontos de água.

129.3 Campanhas de sensibilização e educação do público

As campanhas educativas desempenham um papel fundamental na mudança de comportamentos de utilização da água à escala:

- **Desenvolvimento de programas**: As campanhas podem ser dirigidas a escolas, comunidades ou empresas para melhorar a literacia sobre a água e promover práticas de conservação . Recursos visuais, workshops , e demonstrações práticas são ferramentas eficazes para aumentar a compreensão e o compromisso com a conservação.
- **Medição da eficácia**: O acompanhamento de métricas como a redução do consumo de água , o aumento da adoção de ferramentas de conservação e o envolvimento da comunidade ajuda a avaliar o impacto destas campanhas, orientando novos aperfeiçoamentos.

129.4 Incentivar a conservação através de sistemas de recompensa

Os sistemas de recompensa incentivam as práticas de poupança de água, associando a conservação a um reforço positivo:

- **Conceber programas de recompensa** : Os aquapreneurs podem criar programas de fidelização, descontos , ou créditos para reduzir o consumo de água , recompensando os esforços individuais e comunitários na conservação .
- **Exemplos de programas bem sucedidos**: Cidades como a Cidade do Cabo implementaram preços escalonados da água para encorajar a conservação , com incentivos para os agregados familiares que se mantenham abaixo de determinados limites de utilização. Estes programas ajudam a mudar os comportamentos no sentido da sustentabilidade , com recompensas que reforçam as mudanças positivas.

130.0 Segurança da água e planeamento estratégico

130.1 Compreender a segurança da água e a escassez

A segurança da água é um desafio global crescente que tem um impacto direto no aquapreneurship :

- **Crise global**: A escassez de água é exacerbada pelo crescimento da população , pela procura industrial e pelas alterações climáticas . As implicações para os aquapreneurs são significativas, uma vez que os empreendimentos com uso intensivo de água enfrentam custos acrescidos e pressões regulamentares.
- **Regiões Vulneráveis e Sectores**: Áreas como a África subsaariana e o Médio Oriente enfrentam uma escassez extrema de água , colocando desafios únicos para os aquapreneurs. Sectores como a agricultura, a

exploração mineira e os têxteis são particularmente vulneráveis devido às suas elevadas necessidades de água.

130.2 Estratégias para aumentar a segurança da água

O reforço da segurança da água implica uma combinação de técnicas de conservação , iniciativas políticas e inovação tecnológica s:

- **Conservação da água Técnicas**: Os aquapreneurs podem implementar a recolha de água da chuva , reciclagem , e irrigação eficiente para reduzir o uso da água . Estas estratégias conservam recursos, reduzem custos e contribuem para a segurança regional da água .
- **Contribuições para os objectivos de segurança**: Ao alinharem-se com os objectivos de conservação da água , os aquapreneurs ajudam a mitigar os riscos de escassez e apoiam os objectivos de desenvolvimento sustentável . Este alinhamento atrai o apoio de governos e organizações internacionais, aumentando a viabilidade do empreendimento.

130.3 Preparação para situações de emergência e resposta a crises

A preparação para crises relacionadas com a água é fundamental em empreendimentos baseados na água :

- **Resposta a crises** : Os aquapreneurs devem desenvolver protocolos de emergência para secas, eventos de contaminação , e outras crises que ameacem a disponibilidade de água . Isto inclui assegurar o acesso a fontes de água alternativas e mobilizar equipas de resposta.
- **Planeamento de continuidade**: Os planos de continuidade descrevem os passos para retomar rapidamente as operações, manter a qualidade da água padrões e comunicar com as partes interessadas. Esta preparação aumenta a resiliência e protege o empreendimento de interrupções prolongadas.

130.4 Segurança internacional da água Iniciativas

Segurança global da água iniciativas proporcionam quadros e oportunidades de colaboração para os aquapreneurs:

- **Organizações internacionais**: Os Objectivos de Desenvolvimento Sustentável das Nações Unidas (ODS) dão prioridade à segurança da água e oferecem canais de colaboração. Programas como a Década de Ação pela Água da ONU visam melhorar o acesso, o saneamento , e a conservação à escala global.
- **Oportunidades de colaboração**: Os aquapreneurs podem juntar-se a estas iniciativas, contribuindo para os esforços globais de segurança da água e obtendo acesso a recursos , redes e apoio para empreendimentos sustentáveis .

131.0 Economia Ecológica e Aquapreneurship

131.1 Os princípios da economia ecológica

A economia ecológica, distinta da economia tradicional, dá ênfase à sustentabilidade e reconhece a interdependência entre as actividades económicas e os ecossistemas naturais :

- **Economia Ecológica Visão geral**: Ao contrário da economia convencional, que frequentemente ignora os custos ambientais, a economia ecológica valoriza a saúde do ecossistema e os limites da extração de recursos, tornando-a particularmente relevante para os aquapreneurs.
- **Aplicação em empreendimentos aquáticos**: No aquapreneurship , a economia ecológica apoia modelos de negócios s que priorizam a sustentabilidade sobre a maximização do lucro. Ao adotar esta abordagem, os aquapreneurs podem reduzir o impacto ambiental s enquanto mantêm a rentabilidade .

131.2 Valorização dos Serviços Ecossistémicos no Aquapreneurship

Serviços ecossistémicos - benefícios proporcionados pelos sistemas naturais, como a purificação da água , o apoio ao habitat e o controlo das inundações - são essenciais para os empreendimentos baseados na água :

- **Quantificação do valor económico**: Ferramentas como o modelo InVEST permitem aos aquapreneurs quantificar o valor dos serviços dos ecossistemas , incorporando estes valores no planeamento financeiro . Ao reconhecer estas contribuições, os aquapreneurs podem tomar decisões informadas que beneficiam tanto os seus empreendimentos como o ambiente.
- **Integração nos modelos de negócio** : Ao rentabilizar os serviços dos ecossistemas , os aquapreneurs podem justificar práticas sustentáveis , tais como a conservação das zonas húmidas pelos seus benefícios de filtragem natural . Esta abordagem atrai o investimento das partes interessadas na saúde ecológica a longo prazo .

131.3 Preços sustentáveis e análise custo-benefício

Os preços sustentáveis têm em conta os custos ambientais, garantindo que os preços reflectem o verdadeiro impacto dos produtos à base de água:

- **Preços para a sustentabilidade** : A fixação de preços que internalizem os custos ambientais pode dissuadir o consumo supérfluo e incentivar a conservação . Isto pode implicar preços mais elevados para bens produzidos de forma sustentável ou descontos para serviços que apoiem a saúde do ecossistema .
- **Análise Custo-Benefício** : As análises de custo-benefício sustentáveis consideram o impacto ecológico a longo prazo s em vez de ganhos a curto prazo. Esta análise pode revelar custos ocultos de esgotamento de

recursos, encorajando os aquapreneurs a adotar práticas que se alinham com a sustentabilidade ecológica .

131.4 Contabilidade Ambiental em Aquapreneurship

A contabilidade ambiental fornece ferramentas para medir e acompanhar o impacto ecológico s, orientando os aquapreneurs na tomada de decisões sustentáveis :

- **Contabilidade Quadros**: Os quadros Triple Bottom Line (TBL) e Global Reporting Initiative (GRI) permitem aos aquapreneurs avaliar o impacto económico, ambiental e social s. Estes quadros fornecem informações sobre a utilização dos recursos e a pegada ecológica s, promovendo a transparência e a responsabilidade .
- **Exemplos práticos**: Na aquicultura , a contabilidade ambiental regista métricas como a utilização da água, a produção de resíduos e o impacto nos habitats . No turismo, avalia as emissões de carbono e a utilização de energia, apoiando estratégias empresariais sustentáveis e reforçando a responsabilidade das empresas .

132.0 Economia circular Inovações em empreendimentos hídricos

132.1 Panorama da Economia Circular no Aquapreneurship

A economia circular é uma abordagem centrada na redução de resíduos, na reutilização de materiais e na reciclagem de recursos , o que a torna um quadro valioso para o empreendedorismo aquático sustentável :

- **Aplicação em empreendimentos aquáticos**: Os aquapreneurs podem adotar os princípios da economia circular através da conceção de produtos e serviços que minimizem os resíduos e incentivem a recirculação de recursos. Por exemplo, na purificação de água , o uso de materiais recicláveis e fontes de energia renovável alinha-se com as práticas circulares.
- **Benefícios da transição**: A transição para um modelo circular melhora a sustentabilidade reduzindo a pegada ambiental e alargando os ciclos de vida dos recursos. Este modelo também melhora a rentabilidade ao reduzir os custos operacionais , ao reduzir a dependência de matérias-primas e ao abrir oportunidades para a reciclagem -based business model s .

132.2 Conceção de sistemas de circuito fechado em aquacultura

Sistemas de ciclo fechado em aquacultura reciclam água e nutrientes, reduzindo significativamente o desperdício e o consumo de recursos:

- **Reciclagem Nutrientes**: Na aquacultura em circuito fechado , os resíduos de peixe são reutilizados como nutrientes para as plantas em sistemas aquapónicos. Esta conceção conserva a água, filtrando-a e reutilizando-a dentro do sistema, criando um ecossistema sustentável que imita os processos naturais.

- **Estudos de caso** : A Blue Ridge Aquaculture nos Estados Unidos utiliza um sistema de recirculação em que os resíduos de peixe são transformados em água rica em nutrientes para o crescimento das plantas . Estes sistemas reduzem a utilização de água em 90%, minimizam a poluição e oferecem uma solução sustentável para a aquacultura com menor impacto ambiental .

132.3 Reciclagem de águas residuais e reutilização

A reciclagem de águas residuais é essencial para a gestão circular da água , transformando os resíduos num recurso:

- **Tecnologias e modelos**: Tecnologias como os biorreactores de membrana e a osmose inversa permitem a purificação e a reutilização das águas residuais. O modelo de negócio s incorpora estas tecnologias para aplicações residenciais e industriais, tornando a reciclagem de águas residuais viável para vários sectores.
- **Considerações legais e ambientais**: Os regulamentos regem frequentemente as normas para a qualidade da água reciclada para garantir a segurança para a saúde pública e ambiental . Os aquapreneurs devem cumprir estes regulamentos para ganhar a confiança do público e garantir a viabilidade das soluções de reutilização de águas residuais.

132.4 Gestão do ciclo de vida dos produtos e soluções de fim de vida

A gestão do ciclo de vida garante que os produtos relacionados com a água são concebidos para reutilização, reciclagem , ou eliminação segura:

- **Conceber para reutilização e reciclagem** : Os projectos de produtos que minimizam os materiais, simplificam a desmontagem e utilizam componentes biodegradáveis estão alinhados com os objectivos da economia circular . Os dispositivos de purificação de água , por exemplo, podem ser concebidos com filtros substituíveis e recicláveis para reduzir os resíduos.
- **Programas de retoma** : Os programas de retoma permitem que os consumidores devolvam os produtos em fim de vida para serem corretamente eliminados ou reciclados . Estes programas estão a ganhar popularidade entre os aquapreneurs que pretendem reduzir o impacto ambiental s através da gestão eficaz do ciclo de vida dos produtos.

133,0 Biodiversidade Proteção e conservação marinha

133.1 A Importância da Biodiversidade no Aquapreneurship

A biodiversidade está na base da saúde do ecossistema , tornando-a crucial para empreendimentos aquapreneus sustentáveis:

- **Manter o equilíbrio do ecossistema**: Os ecossistemas biodiversos prestam serviços essenciais como a purificação da água , o ciclo de nutrientes e a disponibilização de habitats, que apoiam as actividades aquaprivadas. A perda de biodiversidade pode levar à instabilidade do ecossistema, prejudicando as actividades aquáticas .

- **Impacto da Biodiversidade Perda**: A redução da biodiversidade afecta a qualidade da água , aumenta a vulnerabilidade às doenças e perturba as cadeias alimentares, conduzindo potencialmente a uma redução dos rendimentos da aquicultura e de outras indústrias baseadas na água.

133.2 Estratégias de Conservação para Ecossistemas Aquáticos

Os aquapreneurs desempenham um papel na implementação de práticas de conservação que protegem os ambientes marinhos e de água doce:

- **Conservação Práticas** : Técnicas como a definição de limites de colheita sustentáveis, a criação de áreas marinhas protegidas e a recuperação de habitats ajudam a preservar a biodiversidade . Aquicultura responsável práticas, tais como reduzir as capturas acessórias e evitar a sobrepesca, contribuem para os esforços de conservação.
- **Estudos de caso** : O projeto "Coral Vita" nas Bahamas restaura os recifes de coral danificados utilizando técnicas agrícolas inovadoras. Esta abordagem centrada na conservação apoia o turismo marinho e promove um ecossistema marinho mais saudável, beneficiando tanto o ambiente como a economia local .

133.3 Colaboração com organizações de conservação

Parcerias com grupos de conservação reforçam os esforços de conservação aquapreneurial:

- **Parcerias com ONGs** : A colaboração com organizações como a World Wildlife Fund (WWF) e a The Nature Conservancy fornece aos aquapreneurs recursos, investigação e apoio para iniciativas de conservação .
- **Financiamento e recursos**: Através da colaboração, os aquapreneurs podem ter acesso a financiamento para projectos de conservação , tecnologia partilhada e conhecimentos valiosos sobre a implementação de práticas favoráveis à biodiversidade .

133.4 Educação e envolvimento do público na conservação

O envolvimento e a educação do público sensibilizam-no para a importância da biodiversidade e da conservação :

- **Programas Educativos** : Os aquapreneurs podem desenvolver programas para informar as comunidades sobre a biodiversidade , a proteção marinha , e os benefícios ambientais da conservação . Workshops , passeios ecológicos e materiais educativos ajudam a aumentar a compreensão do público.
- **Envolvimento do público**: Envolver os residentes locais nos esforços de conservação , tais como limpezas de praias ou iniciativas de ciência

cidadã, promove uma cultura comunitária de responsabilidade ambiental e reforça os esforços de conservação.

134,0 Tecnologias avançadas para a gestão dos recursos hídricos

134.1 Tecnologias emergentes na qualidade da água Monitorização

Inovações na monitorização da qualidade da água fornecem informações em tempo real, melhorando a gestão dos recursos :

- **Sensores e Deteção Remota** : Os sensores avançados medem parâmetros como o pH , a turvação e o oxigénio dissolvido , fornecendo um feedback imediato sobre a qualidade da água . A deteção remota e a monitorização por satélite também permitem a gestão da água em grande escala e a monitorização ambiental.
- **Tomada de decisões em tempo real** : O acesso a dados em tempo real permite aos aquacultores responder rapidamente às mudanças, mantendo as condições óptimas da água e minimizando o impacto ambiental . Tecnologias como estas são especialmente úteis na aquacultura , onde a manutenção da qualidade da água é crucial para o rendimento.

134.2 Aprendizagem automática e aplicações de inteligência artificial

A IA e a aprendizagem automática estão a transformar a gestão da água através da análise preditiva e da otimização:

- **Análise preditiva**: As ferramentas de IA podem prever a procura de água, prever os riscos de contaminação e otimizar a atribuição de recursos , ajudando os aquapreneurs a gerir os recursos de forma eficiente e a planear as necessidades futuras.
- **Soluções baseadas em IA** : Os sistemas alimentados por IA na purificação da água analisam a qualidade da água e ajustam os parâmetros de filtragem de forma dinâmica. Na aquacultura , a IA é utilizada para monitorizar a saúde dos peixes , a distribuição de alimentos e as condições ambientais, aumentando a eficiência e reduzindo o desperdício.

134.3 Irrigação inteligente e agricultura eficiente em termos de água

As tecnologias de irrigação inteligentes melhoram a eficiência da água na agricultura, reduzindo o desperdício:

- **Irrigação de precisão**: Tecnologias como a irrigação por gotejamento e os sensores de humidade do solo fornecem água diretamente às raízes, conservando os recursos ao evitar o escoamento e a evaporação.
- **Oportunidades para os aquapreneurs**: Ao investir em soluções agrícolas eficientes do ponto de vista hídrico, os aquapreneurs podem melhorar o rendimento das culturas ao mesmo tempo que conservam a água, contribuindo para práticas agrícolas sustentáveis e apoiando a segurança alimentar local .

134.4 Inovações genéticas e biotecnológicas na aquicultura

Os avanços na genética e na biotecnologia estão a otimizar a aquicultura , melhorando a reprodução e a resistência às doenças :

- **Reprodução e resistência a doenças** : A reprodução selectiva e a modificação genética podem produzir espécies de peixes com taxas de crescimento mais rápidas , resistência a doenças e adaptabilidade a condições ambientais variáveis.
- **Considerações éticas e ecológicas**: Embora as inovações biotecnológicas ofereçam benefícios potenciais, também colocam preocupações éticas relacionadas com a biodiversidade e o impacto no ecossistema. Os aquapreneurs devem equilibrar estas inovações com a responsabilidade ecológica para evitar consequências indesejadas nos habitats naturais.

135.0 Ética e Responsabilidade Social Empresarial (RSE) em Aquapreneurship

135.1 Desafios éticos na privatização da água

A privatização da água suscita preocupações éticas, uma vez que a água é essencial à vida, levantando questões de acesso e de acessibilidade económica:

- **Recurso público vs. privado**: A água é considerada um bem público e a privatização pode limitar o acesso a comunidades carentes. Os aquapreneurs devem equilibrar a rentabilidade com o acesso equitativo , assegurando que a água permanece acessível.
- **Responsabilidade Social** : Os aquapreneurs eticamente responsáveis implementam políticas para fornecer água a preços acessíveis, especialmente em áreas com recursos limitados, reconhecendo a água como um recurso partilhado e não como um bem puramente comercial.

135.2 Integrar a RSE nas operações da Aquapreneurial

Responsabilidade social das empresas (RSE) envolve compromissos de impacto social, ambiental e económico para além do lucro:

- **RSE em empreendimentos aquáticos**: As estratégias de RSE no sector da aquapreneurship centram-se frequentemente na conservação da água , no apoio a projectos hídricos comunitários e na promoção de práticas sustentáveis . Isto melhora a reputação da marca e cria confiança na comunidade.
- **Medição do impacto da RSE**: Os aquapreneurs podem utilizar estruturas como a Global Reporting Initiative (GRI) para medir o impacto dos programas de RSE, proporcionando transparência e demonstrando o compromisso com o desenvolvimento sustentável .

135.3 Envolvimento das partes interessadas e responsabilização

O envolvimento das partes interessadas é vital para as operações aquapreneurial éticas:

- **Transparência e relatórios**: A apresentação regular de relatórios sobre o impacto ambiental e social s promove a responsabilização . Ao envolver as partes interessadas na tomada de decisões , os aquapreneurs criam confiança e promovem uma abordagem colaborativa da sustentabilidade .
- **Construir confiança**: A comunicação aberta com as partes interessadas sobre os objectivos, desafios e realizações garante que os aquapreneurs mantêm relações fortes com as comunidades, investidores e parceiros.

135.4 Filantropia e doações de empresas para a conservação da água

Doações de empresas e filantropia apoiam esforços mais alargados de conservação da água :

- **Programas de Doação Corporativa** : Os aquapreneurs podem financiar projectos de conservação , apoiar iniciativas de água limpa ou patrocinar programas educativos sobre a utilização sustentável da água . Esta contribuição vai para além dos interesses comerciais diretos, ajudando a enfrentar os desafios globais da água .
- **Exemplos de sucesso**: Organizações como a Coca-Cola estabeleceram parcerias com ONGs para financiar projectos de conservação de bacias hidrográficas , reduzir o consumo de água e reabastecer as reservas de água das comunidades. Esses programas fortalecem a reputação das empresas e geram um impacto ambiental positivo .

136.0 Criação e gestão de empreendimentos aquapreneus globais

136.1 Expansão das operações transfronteiriças

A expansão de empreendimentos à base de água a nível internacional implica enfrentar desafios complexos , desde regulamentos diferentes a condições ambientais diversas:

- **Desafios em escala**: A expansão internacional exige o cumprimento de várias normas ambientais , regulamentos sobre a qualidade da água e leis de importação/exportação . Muitos países têm regras rigorosas relativamente à utilização da água, normas de purificação e práticas de aquacultura , o que exige um conhecimento profundo da legislação local.
- **Estratégias para superar barreiras**: As estratégias de sucesso incluem a formação de parcerias com empresas locais que compreendam as regulamentações regionais , a contratação de peritos legais locais e a adoção de um modelo de negócio flexível que se possa adaptar aos requisitos regulamentares. Por exemplo, os aquapreneurs que entram no mercado da UE têm de aderir à Diretiva-Quadro da Água, que impõe normas rigorosas sobre a poluição da água e a gestão de resíduos .

136.2 Compreender as nuances culturais nos mercados globais

A consciência cultural é essencial para a adaptação dos produtos e serviços relacionados com a água aos mercados internacionais :

- **Adaptação às necessidades locais**: As crenças culturais sobre a água, seu uso e purificação variam muito. Por exemplo, em muitas partes da Ásia, a qualidade da água e as práticas de purificação estão profundamente enraizadas na tradição, influenciando a forma como os produtos de água são percepcionados. Os aquapreneurs devem adaptar as suas ofertas para respeitar estas diferenças culturais.
- **Histórias de sucesso**: Um exemplo é a empresa Vestergaard, que adaptou o seu filtro de água LifeStraw para satisfazer as necessidades das comunidades rurais no Quénia. A empresa colaborou com os utilizadores locais para compreender as preferências e os padrões de utilização, o que levou a uma conceção que dava prioridade à portabilidade e à facilidade de utilização, cruciais para as comunidades nómadas.

136.3 Gestão de cadeias de abastecimento globais

Uma cadeia de abastecimento global eficiente s é fundamental para fornecer produtos à base de água de forma sustentável e económica:

- **Sourcing e distribuição** : Os aquapreneurs devem estabelecer uma cadeia de fornecimento fiável s que possa lidar com as exigências do transporte internacional, distribuição e armazenamento . Ferramentas como a gestão de inventário em tempo real sistemas e rastreio digital melhoram a visibilidade nas cadeias de abastecimento, assegurando entregas atempadas e uma gestão eficiente dos recursos .
- **Práticas sustentáveis** : Cadeia de abastecimento sustentável práticas, tais como a aquisição de materiais a fornecedores com certificação ecológica e a utilização de uma logística neutra em termos de carbono , ajudam a reduzir o impacto ambiental . Empresas como a Patagonia implementaram o aprovisionamento sustentável de materiais, fornecendo um modelo que os aquapreneurs podem seguir para equilibrar o crescimento com a responsabilidade ambiental .

136.4 Parcerias transfronteiriças e colaborações

Parcerias estratégicas com governos internacionais, ONG e empresas locais podem melhorar significativamente os empreendimentos aquapreneus:

- **Tipos de colaborações** : As colaborações transfronteiriças permitem aos aquapreneurs partilhar recursos, aceder a novos mercados e navegar no panorama regulamentar local s. As parcerias com ONG podem fornecer informações valiosas sobre as necessidades da comunidade , enquanto as alianças com os governos locais podem facilitar o cumprimento da regulamentação .
- **Exemplos de sucesso**: A iniciativa Water.org, co-fundada por Matt Damon, estabeleceu parcerias de sucesso com ONG locais e governos para fornecer água potável em toda a Ásia e África. Estas parcerias amplificam

o impacto e a capacidade de expansão das soluções aquapreneurial, aproveitando os conhecimentos e as redes locais.

137.0 Desenvolvimento pessoal e liderança em Aquapreneurship

137.1 A mentalidade de um aquapreneur

Um aquapreneur de sucesso incorpora a resiliência , a adaptabilidade e uma mentalidade inovadora:

- **Caraterísticas-chave**: Resiliência permite aos aquapreneurs ultrapassar desafios como a flutuação do abastecimento de água ou alterações regulamentares s. A adaptabilidade permite-lhes mudar de direção quando necessário, e o compromisso com a inovação leva-os a melhorar continuamente as soluções baseadas na água.
- **Mentalidade orientada para um objetivo** : O foco na sustentabilidade motiva frequentemente os aquapreneurs, orientando as suas decisões e reforçando o seu compromisso com a gestão ambiental . Este sentido de objetivo ajuda-os a persistir nos desafios enquanto dão prioridade ao impacto sobre o lucro.

137.2 Liderança Competências para o empreendedorismo sustentável

A liderança é essencial para orientar os empreendimentos aquapreneus no sentido de um crescimento sustentável :

- **Competências essenciais**: As principais qualidades de liderança incluem comunicação eficaz , pensamento estratégico e resolução de problemas . Os aquapreneurs de sucesso promovem uma cultura de equipa colaborativa , encorajando um compromisso partilhado com a sustentabilidade .
- **Cultivar o trabalho em equipa e a comunicação** : Comunicação transparente e fortes competências de trabalho em equipa são fundamentais em organizações orientadas para a missão. Os líderes do aquapreneurship envolvem-se frequentemente em programas de mentoria e fornecem feedback regular, criando um ambiente de trabalho solidário e coeso.

137.3 Equilíbrio entre vida profissional e pessoal em carreiras orientadas por objectivos

Alcançar o equilíbrio entre a vida profissional e a vida privada é um desafio, mas essencial em domínios exigentes como o empreendedorismo aquático :

- **Equilíbrio entre a missão e a vida pessoal**: Os aquapreneurs fazem frequentemente malabarismos com grandes expectativas e responsabilidades sociais, o que pode levar ao esgotamento. Estratégias de gestão do tempo, definição clara de limites e práticas de atenção plena podem ajudar a manter um equilíbrio saudável.

- **Gerir o stress**: Exercício regular, tempo livre e saúde mental support são vitais para evitar o esgotamento. Técnicas como a meditação consciente e a delegação também permitem aos aquapreneurs gerir o stress e manter a concentração na sua visão.

137.4 Ligação em rede e criação de um sistema de apoio

Construir uma rede forte é crucial para o crescimento profissional in aquapreneurship :

- **Importância da tutoria** : O contacto com mentores proporciona uma orientação valiosa e conhecimentos sobre o sector. Networking com colegas e líderes do sector permite aos aquapreneurs trocar ideias, aprender com as experiências uns dos outros e formar potenciais parcerias .
- **Desenvolvimento do sistema de apoio**: A criação de um sistema de apoio fiável fomenta a resiliência , encorajando-o durante os contratempos e reforçando a motivação. As conferências do sector , os fóruns em linha e as associações empresariais locais são excelentes vias para estabelecer estas ligações.

138.0 Visões futuras e inovações no sector do aquapreneurship

138.1 A próxima geração de tecnologias da água

As futuras inovações à base de água prometem transformar o aquapreneurship :

- **Domínios emergentes**: Tecnologias como a nanofiltração , que remove os contaminantes a nível molecular, e os dispositivos de dessalinização impressos em 3D representam avanços de ponta que poderão reduzir os custos e melhorar o acesso à água potável .
- **Biologia Sintética** : A utilização da biologia sintética para desenvolver organismos que purificam a água ou reparam ecossistemas danificados é um domínio em crescimento. Estas tecnologias têm o potencial de revolucionar a purificação da água e a recuperação de habitats , oferecendo novas soluções para a escassez de água e a contaminação.

138.2 Imaginar um mundo positivo em termos de água

Um mundo positivo em termos de água prevê a existência de recursos hídricos abundantes e acessíveis para todos:

- **Visão de Sustentabilidade** : Num futuro positivo para a água, os aquapreneurs desempenhariam um papel central, inovando na conservação da água , desenvolvendo fontes renováveis e assegurando o acesso a água limpa . Práticas como a recolha de água da chuva , a purificação descentralizada e a reciclagem de águas cinzentas poderiam contribuir para esta visão.
- **Contribuir para a Abundância**: Ao adotar e escalar práticas sustentáveis , os aquapreneurs podem transformar a escassez de água desafios em

oportunidades de inovação e impacto, criando um mundo onde a água é preservada e valorizada.

138.3 Preparação para futuros desafios ambientais

Os desafios futuros , como a migração induzida pelo clima e a escassez de recursos, exigem estratégias proactivas:

- **Adaptação Planeamento**: Os aquapreneurs podem antecipar as mudanças ambientais investindo em infra-estruturas resistentes , culturas resistentes à seca e modelos de negócio flexíveis s . O planeamento estratégico , que tem em conta as potenciais perturbações, pode permitir que os empreendimentos aquáticos se mantenham viáveis em ambientes em mudança.
- **Migração climática Considerações**: À medida que as pessoas se deslocam devido aos impactos climáticos, a procura de recursos hídricos irá mudar. Os aquapreneurs que planeiam estas mudanças podem posicionar os seus empreendimentos para apoiar novas comunidades, contribuindo para a resiliência local .

138.4 Um apelo à ação para os aspirantes a aquapreneurs

O domínio do aquapreneurship convida novos inovadores dedicados à sustentabilidade :

- **Inspirar as gerações futuras**: Os aspirantes a aquapreneurs são encorajados a adotar um sentido de responsabilidade em relação à conservação da água e à gestão de recursos . Os seus esforços podem ajudar a enfrentar os desafios globais da água e construir um legado de impacto positivo.
- **Legado de Resiliência e Sustentabilidade** : Ao dar prioridade à sustentabilidade, os futuros aquapreneurs podem moldar um mundo mais resiliente. O seu trabalho deixará um impacto duradouro, promovendo soluções que equilibram o crescimento económico com a preservação ecológica.

139.0 Factores geopolíticos que afectam o aquapreneurship

139.1 O papel da geopolítica na atribuição de recursos hídricos

Os recursos hídricos são frequentemente influenciados por fronteiras e tensões geopolíticas:

- **Impacto das fronteiras no acesso**: As fronteiras políticas criam complexidades na atribuição de água , uma vez que os rios e lagos abrangem frequentemente vários países. As tensões geopolíticas podem levar a disputas sobre o acesso à água e a sua utilização, afectando os projectos aquapreneus.
- **Disputas de água e acordos**: Acordos como a Iniciativa da Bacia do Nilo e o Tratado da Água do Indo ajudam a gerir os recursos hídricos

transfronteiriços . Estes quadros proporcionam estabilidade, permitindo que os aquapreneurs operem em regiões contestadas com maior segurança.

139.2 Instabilidade política e escassez de água

A instabilidade política agrava a escassez de água e perturba os empreendimentos baseados na água :

- **Desafios em regiões de conflito**: As regiões em conflito, como partes do Médio Oriente, enfrentam frequentemente graves carências de água devido a danos e má gestão das infra-estruturas . Os aquapreneurs que operam nestas áreas devem considerar os riscos associados à instabilidade política .
- **Impacto na comunidade**: Em regiões instáveis, o acesso limitado à água aumenta a vulnerabilidade e sufoca as oportunidades económicas. Os aquapreneurs nestas áreas desempenham um papel crucial no fornecimento de soluções de água fiáveis para apoiar a resiliência local .

139.3 Diplomacia internacional e aquapreneurship

Os aquapreneurs podem contribuir para os esforços diplomáticos através de iniciativas transfronteiriças no domínio da água:

- **A água como instrumento diplomático**: Os projectos baseados na água que promovem a cooperação entre países podem servir de base para a construção da paz. Os aquapreneurs podem trabalhar com governos e ONGs para desenvolver programas de partilha de água, promovendo a colaboração e a boa vontade.
- **Estudos de caso** : O projeto Good Water Neighbors (Bons Vizinhos da Água) no Médio Oriente reúne comunidades palestinianas, jordanas e israelitas para resolver a escassez de água de forma colaborativa, demonstrando como os recursos partilhados podem promover a paz.

139.4 A água como recurso estratégico

A água é cada vez mais encarada como uma forma de influência geopolítica:

- **Soft Power e Influência**: As nações com recursos hídricos abundantes utilizam-nos como uma forma de soft power, influenciando as relações comerciais e os compromissos diplomáticos. Os países ricos em água podem tirar partido dos seus recursos para reforçar alianças ou negociar condições comerciais favoráveis.
- **Oportunidade Aquapreneurial**: Os aquapreneurs podem contribuir apoiando iniciativas de segurança dos recursos, desenvolvendo tecnologias para reduzir a dependência das importações de água e melhorando a gestão local da água sistemas .

140.0 Dinâmica do Género e Inclusão no Empreendedorismo Aquático

140.1 Equidade de género no acesso à água e gestão

As dinâmicas de género desempenham um papel significativo no acesso à água , sendo as mulheres desproporcionadamente afectadas pela escassez de água :

- **Impacto do género no acesso**: Em muitas regiões, as mulheres são as principais colectoras de água, o que as torna mais vulneráveis à escassez de água . As abordagens equitativas em termos de género garantem que tanto os homens como as mulheres têm acesso a água limpa e a preços acessíveis.
- **O papel das mulheres na gestão da água** : As mulheres estão cada vez mais a assumir papéis activos na gestão comunitária da água, contribuindo com conhecimentos locais e liderança para projectos aquapreneus sustentáveis.

140.2 Mulheres na liderança dentro de empreendimentos aquapreneurial

As mulheres líderes trazem perspectivas e pontos fortes únicos aos empreendimentos aquapreneus:

- **Perfil das mulheres líderes**: Líderes como Sivan Ya'ari da Innovation : Africa implementaram projectos de água que mudaram a vida das pessoas, levando água limpa às aldeias rurais africanas e capacitando as comunidades. Estas líderes dão ênfase ao envolvimento da comunidade , à inovação e à resiliência .
- **Ultrapassar barreiras**: As mulheres no sector do aquapreneurship enfrentam desafios como o acesso limitado ao financiamento e aos recursos. Ultrapassar estas barreiras é essencial para promover a diversidade de género e explorar todo o potencial dos empreendimentos baseados na água .

140.3 Capacitação das mulheres através de empreendimentos baseados na água

Empreendimentos baseados na água podem servir como veículos para capacitar economicamente as mulheres:

- **Capacitação económica Programas**: Os projectos que fornecem às mulheres competências e recursos para gerir negócios baseados na água ajudam a aliviar a pobreza e a melhorar o acesso local à água . Por exemplo, programas que treinam mulheres para operar sistemas de purificação de água criam tanto renda quanto benefícios para a comunidade.
- **Modelos de negócio inclusivos** : Os aquapreneurs podem conceber modelos de negócio inclusivos s que promovam a igualdade de género , fornecendo orientação e apoio financeiro adaptado às mulheres empresárias no sector da água.

140.4 Apoiar a diversidade e a inclusão nos sectores baseados na água

Fomentar a diversidade e a inclusão traz inovação e resiliência aos empreendimentos aquapreneus:

- **Benefícios das equipas diversificadas**: Equipas diversificadas trazem perspectivas variadas, melhorando a resolução de problemas e promovendo a inovação . Os aquapreneurs que dão prioridade à diversidade podem melhorar a tomada de decisões e construir organizações adaptativas e inclusivas.
- **Melhores Práticas para a Inclusão**: A implementação de práticas de contratação transparentes, a oferta de formação em diversidade e o apoio a políticas de trabalho flexíveis ajudam a criar um local de trabalho inclusivo. Estas práticas fazem do aquapreneurship um campo onde diversos talentos podem contribuir significativamente para a sustentabilidade da água .

141.0 Filantropia e empreendedorismo social em iniciativas no domínio da água

Esta secção explora o impacto significativo da filantropia e do empreendedorismo social na resolução dos problemas globais de acesso à água . Destaca a forma como as parcerias estratégicas e os modelos de negócio inovadores s podem criar soluções sustentáveis, centrando-se em abordagens centradas na comunidade e em ferramentas de medição do impacto para avaliar a eficácia destas iniciativas.

141.1 O papel da filantropia nos projectos de acesso à água

A filantropia tornou-se fundamental para impulsionar projectos de acesso à água em grande escala , especialmente em regiões com infra-estruturas limitadas e recursos governamentais. As fundações de solidariedade social, as ONG e os dadores privados contribuem com financiamentos e apoios substanciais para garantir o acesso a água limpa e segura em zonas desfavorecidas.

- **Examinando os esforços filantrópicos**: As iniciativas filantrópicas centram-se frequentemente no financiamento de infra-estruturas para a purificação da água , distribuição e sistemas de armazenamento, especialmente em regiões onde a intervenção governamental é limitada. Organizações como a Fundação Bill & Melinda Gates, por exemplo, investiram na investigação e desenvolvimento de tecnologias inovadoras no domínio da água para reduzir a escassez de água e a contaminação.
- **Exemplos de parcerias bem sucedidas** : Esforços de colaboração como os que existem entre a Water.org, a Coca-Cola e os governos locais mostram o impacto da filantropia em "aquapreneurship ". Estas parcerias potenciam recursos, conhecimentos e ligações comunitárias para maximizar o alcance e a eficácia. Estas colaborações centram-se na sustentabilidade envolvendo as partes interessadas locais na gestão dos projectos hídricos, o que aumenta o sucesso e a manutenção a longo prazo.

141.2 Empreendedorismo social Modelos em empreendimentos hídricos
O empreendedorismo social combina motivos de lucro com a missão de resolver problemas sociais, incluindo o acesso à água . Esta abordagem deu origem a "aquapreneurs" - empresários centrados em soluções relacionadas com a água que proporcionam benefícios económicos e sociais.

- **Combinar lucro com objetivo**: modelo de negócio social s em aquapreneurship são concebidos para serem financeiramente viáveis enquanto servem necessidades sociais críticas. Empresas como a Drinkwell e a WaterHealth International geram receitas através de soluções de água acessíveis ao mesmo tempo que contribuem para o bem-estar de comunidades carenciadas.
- **Abordagem de questões sistémicas**: As empresas sociais abordam as causas profundas da escassez de água e os problemas de qualidade, integrando a participação da comunidade local e práticas sustentáveis . Estas empresas envolvem frequentemente modelos de negócio inovadores s como o micro-financiamento e serviços de pagamento por utilização, permitindo que mesmo as comunidades com baixos rendimentos tenham acesso a água potável sem dependerem exclusivamente de financiamento externo.

141.3 Financiamento e apoio a soluções hídricas de base comunitária
O financiamento filantrópico permite às organizações de base desenvolver e gerir soluções hídricas adaptadas às necessidades locais. Estes esforços dão prioridade à criação de capacidades comunitárias para garantir a autossuficiência e a gestão sustentável dos recursos hídricos .

- **Estratégias de financiamento para projectos de base**: As organizações de doadores estão cada vez mais a fornecer financiamento centrado na capacitação da comunidade . As subvenções e os investimentos a longo prazo são utilizados para formar os membros da comunidade na gestão da água , incentivando a apropriação local e a resiliência .
- **Reforço de capacidades** : Os projectos hídricos de base comunitária investem na formação e no equipamento dos habitantes locais para lidarem com os recursos hídricos , promovendo assim a sustentabilidade . Por exemplo, as iniciativas na África Subsariana formam as mulheres locais para operarem os sistemas de água, uma vez que elas são frequentemente as principais responsáveis pela recolha de água.

141.4 Medição de impacto em empreendimentos filantrópicos e sociais
Medição do impacto ferramentas são essenciais para avaliar o sucesso de projectos filantrópicos e sociais no domínio da água. Estas ferramentas demonstram o retorno social do investimento (SROI) e permitem às partes interessadas compreender os resultados do projeto.

- **Avaliação do impacto social Ferramentas**: As ferramentas comuns incluem a estrutura do Retorno Social do Investimento (SROI), que quantifica o valor social, ambiental e económico gerado por um projeto. As métricas podem incluir o número de pessoas que obtêm acesso à água, a redução de doenças transmitidas pela água e a satisfação da comunidade.
- **Estruturas de relatórios** : As organizações utilizam estruturas como a Global Reporting Initiative (GRI) e a Impact Reporting and Investment Standards (IRIS) para manter a transparência e a responsabilização . Estes quadros permitem que as partes interessadas vejam os progressos e os desafios e garantam que os fundos são utilizados de forma eficaz.

142,0 Ética da água e responsabilidade empresarial

Esta secção discute as dimensões éticas da utilização da água, destacando a responsabilidade das empresas e dos empresários sociais na gestão responsável dos recursos hídricos . Os quadros éticos orientam as decisões que equilibram os motivos de lucro com a gestão ambiental e o acesso equitativo à água .

142.1 Considerações éticas na utilização dos recursos hídricos

A ética da água engloba princípios de equidade, sustentabilidade e respeito pelo valor intrínseco dos recursos hídricos .

- **Relevância para o Aquapreneurship** : As considerações éticas garantem que as iniciativas no domínio da água não exploram os recursos à custa das comunidades locais. Um compromisso com práticas éticas constrói confiança com os acionistas e alinha-se com a responsabilidade social corporativa (CSR).
- **Ética da Privatização**: A privatização da água resources levanta questões éticas sobre o acesso e a acessibilidade. Os críticos argumentam que a água é um direito humano e não deve ser tratada apenas como um bem de consumo, enquanto os defensores da privatização afirmam que esta pode melhorar a eficiência e reduzir o desperdício através de uma gestão adequada.

142.2 Gestão empresarial da água

Gestão empresarial da água promove uma gestão sustentável e responsável da água nas empresas.

- **Melhores práticas** : As melhores práticas incluem a reciclagem de água , a redução da poluição e o investimento em tecnologias que minimizem a utilização de água . Por exemplo, as empresas de bebidas implementaram sistemas de descarga de líquido zero para reduzir o desperdício de água.
- **Gestão na Aquapreneurship** : Os empreendedores sociais no sector da água adoptam frequentemente princípios de gestão empresarial para alinhar os seus empreendimentos com objectivos ambientais. Isto inclui

compromissos para reduzir as pegadas de água e proteger os ecossistemas afectados pelas suas operações.

142.3 Equilíbrio entre lucro e responsabilidade ambiental

Os empreendimentos hídricos enfrentam o desafio de equilibrar o sucesso financeiro com a integridade ambiental.

- **Tomada de decisões éticas** : Os empresários utilizam ferramentas como a análise custo-benefício que inclui os custos ecológicos, assegurando que as decisões têm em conta tanto a viabilidade da empresa como o impacto ambiental .
- **Manutenção de padrões** : Ao adotar normas éticas e relatórios transparentes, os empreendimentos baseados na água promovem a responsabilização e alinham o seu negócio com os objectivos de sustentabilidade .

142.4 Transparência e responsabilidade na ética da água

A elaboração de relatórios transparentes sobre a utilização da água e o impacto ambiental s é crucial para manter a confiança do público.

- **Estudos de casos** : Exemplos de empresas líderes na gestão da água , como a Unilever, destacam a importância de práticas transparentes . Os seus relatórios anuais de sustentabilidade fornecem dados detalhados sobre a utilização e conservação da água esforços, promovendo a credibilidade e o apoio das partes interessadas.

143.0 Saúde Mental e Bem-estar no Empreendedorismo Sustentável

Esta secção destaca os desafios de saúde mental enfrentados por aquapreneurs e empreendedores sustentáveis. Dada a natureza de alto risco das iniciativas no domínio da água, a gestão do stress e o apoio à saúde mental são cruciais para manter a resiliência .

143.1 Desafios Psicológicos do Empreendedorismo Sustentável

Os empresários de empresas do sector da água enfrentam factores de stress únicos devido à natureza essencial da água e ao complexo ambiente regulamentar s.

- **Factores de stress comuns**: Factores como a escassez de recursos, os desafios das infra-estruturas e as constantes pressões financeiras contribuem para elevados níveis de stress. A natureza orientada para a missão do aquapreneurship pode levar ao esgotamento se não for gerida eficazmente.

143.2 Construir a resiliência e evitar o esgotamento

Os empresários sustentáveis beneficiam de estratégias para cultivar a resiliência e manter a saúde mental .

- **Estratégias práticas**: Técnicas como a gestão do tempo, a meditação e a delegação ajudam a gerir o volume de trabalho e a reduzir o stress.

- **Equilíbrio trabalho-vida** : Promover o equilíbrio entre a vida profissional e a vida privada e dedicar-se ao autocuidado são essenciais para a sustentabilidade a longo prazo e para a eficácia do trabalho orientado para a missão .

143.3 Saúde Mental Apoio Sistemas para Aquapreneurs

Acesso a recursos de saúde mental , tais como aconselhamento e apoio de pares , é valioso para os aquapreneurs.

- **Redes de apoio** : A criação de uma rede de apoio, incluindo mentores e profissionais de saúde mental , constitui uma base para enfrentar os desafios . Os grupos de pares permitem que os empresários partilhem experiências e estratégias de sobrevivência.

143.4 Cultivar uma cultura de bem-estar

As organizações em empreendimentos aquáticos devem promover uma cultura que dê prioridade à saúde mental .

- **Cultura da empresa**: Uma cultura que valoriza o bem-estar mental incentiva os funcionários a procurar apoio quando necessário, promovendo a resiliência a todos os níveis da organização.

144.0 Sensibilidade cultural e envolvimento local em empreendimentos baseados na água

Esta secção explora a importância de compreender e respeitar as perspectivas culturais nos empreendimentos hídricos. A consciencialização cultural e o envolvimento local são fundamentais para garantir que as iniciativas no domínio da água se alinham com os valores da comunidade.

144.1 Compreender as atitudes culturais em relação à água

Os pontos de vista culturais sobre a água têm um impacto significativo no seu consumo, conservação e gestão.

- **Influência na utilização da água**: Diferentes sociedades têm crenças e costumes variados em torno da água. Reconhecer estas atitudes permite que os empreendimentos implementem soluções que as comunidades têm maior probabilidade de aceitar e apoiar.

144.2 Colaboração com as comunidades indígenas

Respeitar os direitos indígenas e envolver estas comunidades é vital para uma gestão inclusiva da água .

- **Criação de parcerias** : Os empreendimentos bem sucedidos envolvem frequentemente os líderes indígenas na tomada de decisões , respeitando os conhecimentos tradicionais sobre a gestão da água . As parcerias baseadas no respeito mútuo fomentam a cooperação e os resultados sustentáveis.

144.3 Conceber serviços com sensibilidade cultural

Os serviços de abastecimento de água devem ser concebidos com o contributo das comunidades locais, de modo a refletir as suas necessidades e valores.

- **Envolvimento da comunidade** : Ao envolver as populações locais nos processos de conceção e de feedback, as organizações criam soluções que respondem a desafios específicos da comunidade , tornando as iniciativas mais eficazes e sustentáveis.

144.4 Gerir os conflitos culturais na utilização da água

Podem surgir conflitos culturais em projectos hídricos com várias partes interessadas, o que exige uma gestão cuidadosa.

- **Resolução de conflitos** : A utilização de estratégias de resolução de conflitos , como a mediação de debates entre as partes interessadas, promove a compreensão e o respeito mútuos.

145.0 Inovação na dessalinização e purificação da água

Esta secção abrange os avanços na dessalinização e nas tecnologias de purificação da água de baixo custo . Destaca os aspectos científicos e ambientais da purificação da água, os desafios da gestão de resíduos e o potencial para futuros avanços.

145.1 A ciência e a tecnologia da dessalinização

Dessalinização , o processo de remoção de sal e outras impurezas da água do mar para produzir água potável, ganhou importância à medida que a escassez de água doce aumenta a nível mundial.

- **Dessalinização Técnicas e avanços**: Os métodos comuns de dessalinização incluem a osmose inversa (OR), a destilação rápida em várias fases (MSF) e a eletrodiálise. Os avanços recentes centram-se na melhoria da eficiência energética , na redução dos custos operacionais e na atenuação do impacto ambiental s. Os métodos emergentes, como a osmose direta e as membranas de filtração à base de grafeno, são promissores devido aos seus requisitos energéticos mais baixos e melhores taxas de rejeição de sal.
- **Considerações ambientais e económicas**: Embora a dessalinização forneça acesso a água doce, é intensiva em energia, o que a torna dispendiosa e com impacto ambiental. A eliminação da salmoura é outra preocupação significativa, uma vez que pode danificar os ecossistemas marinhos quando libertada no oceano. As modernas instalações de dessalinização estão a explorar métodos para reciclar a salmoura residual e utilizar energias renováveis , como a solar e a eólica, para alimentar as operações, reduzindo assim a pegada ambiental.

145.2 Inovações na purificação de água a baixo custo

As tecnologias de purificação de baixo custo têm como objetivo tornar a água limpa acessível em comunidades carenciadas, especialmente nas regiões em desenvolvimento.

- **Tecnologias emergentes**: Tecnologias como os filtros de cerâmica, a desinfeção por UV , os alambiques solares e a purificação eletroquímica estão a ganhar força devido à sua simplicidade e acessibilidade. Soluções portáteis como o LifeStraw e modelos escaláveis que utilizam sistemas de filtragem alimentados por energia solar exemplificam como a purificação da água pode ser acessível, económica e adaptável às diferentes necessidades locais.
- **Estudos de caso de startups de sucesso**: Empresas como a AquaSafi e a Water for Good fornecem soluções inovadoras de purificação destinadas a regiões com baixos rendimentos. Estes empreendimentos são significativos, uma vez que demonstram modelos de negócio sustentáveis s que permitem às comunidades aceder a água potável ao mesmo tempo que são acessíveis e fáceis de manter.

145.3 Gestão de resíduos na dessalinização e processos de purificação

A gestão adequada dos resíduos na dessalinização e purificação é crucial para atenuar o impacto ambiental e garantir um funcionamento sustentável.

- **Técnicas de gestão de subprodutos**: Técnicas como a concentração de salmoura, a descarga líquida zero (ZLD) e a extração de salmoura (extração de minerais da salmoura) são aplicadas para gerir os subprodutos de forma sustentável. Estes métodos ajudam a minimizar a descarga nociva nos ecossistemas e criam oportunidades para reutilizar os resíduos.
- **Minimizar a pegada ambiental**: As instalações modernas incorporam a tecnologia de produção de energia a partir de resíduos, reciclando o calor e tratando os produtos residuais. Através destas iniciativas, as instalações de purificação de água podem reduzir a sua pegada ambiental global e oferecer soluções mais sustentáveis.

145.4 Direcções futuras na purificação da água

O futuro da purificação da água reside em soluções híbridas e alimentadas por energias renováveis que integram múltiplas tecnologias para uma maior eficiência.

- **Potenciais avanços**: As inovações potenciais incluem membranas biomiméticas, que imitam os processos naturais de filtragem , e a nanotecnologia para uma filtragem direcionada. Os sistemas híbridos que combinam a dessalinização , a purificação UV e a energia solar são promissores para fornecer água limpa com um consumo mínimo de energia.

- **Tecnologias híbridas** : As tecnologias que integram a energia solar com a dessalinização e a filtragem são particularmente valiosas em regiões ensolaradas e com escassez de água. A osmose inversa alimentada por energia solar (SPRO) está a ser explorada para oferecer fontes de água descentralizadas, limpas e sustentáveis.

146.0 Política, legislação e quadros regulamentares para empreendimentos baseados na água

Esta secção centra-se no panorama regulamentar que rege os empreendimentos baseados na água , incluindo políticas fundamentais, requisitos de conformidade , esforços de defesa e desafios legais no acesso à água .

146.1 Panorâmica dos principais quadros regulamentares

Os regulamentos sobre a água variam de região para região, mas visam frequentemente assegurar uma distribuição equitativa , uma utilização sustentável e a proteção do ambiente.

- **Leis Internacionais e Tratados**: Tratados internacionais como a Convenção dos Cursos de Água das Nações Unidas regulam os recursos hídricos partilhados e garantem o acesso. Estes acordos estabelecem princípios para uma utilização justa, o que é crucial para as fontes de água transfronteiriças.
- **Organismos nacionais e regionais**: Organismos como a Agência de Proteção Ambiental dos EUA (EPA) e a Agência Europeia do Ambiente (AEA) estabelecem normas para a segurança da água , conservação e controlo da poluição . A conformidade com estes regulamentos é vital para que os empreendimentos aquáticos funcionem de forma legal e responsável.

146.2 Navegando pela conformidade regulamentar para startups

Para as empresas que estão a iniciar a sua atividade no sector da água, navegar pelos requisitos regulamentares pode ser complexo, mas é essencial para garantir a entrada no mercado e manter a credibilidade.

- **Conformidade Passos para empreendimentos hídricos**: Os passos principais incluem a compreensão das normas regionais , a realização de avaliações de impacto e a candidatura a licenças . Os aquapreneurs também devem garantir que as suas instalações e processos se alinham com os regulamentos ambientais .
- **Obtenção de licenças e autorizações** : A obtenção de licenças para extração, tratamento e descarga de água implica a adesão a diretrizes locais e nacionais. As entidades reguladoras podem exigir estudos de impacto ambiental e a adesão a normas de controlo da poluição .

146.3 Influenciar a política através da advocacia

Os empresários do sector da água podem defender políticas que apoiem o acesso sustentável à água e a inovação .

- **Advocacia de políticas Estratégias**: A construção de coalizões com ONGs , instituições de pesquisa e comunidades afetadas pode fortalecer os esforços de advocacia . Ao envolver os formuladores de políticas, os empreendedores podem ajudar a moldar regulamentos que incentivem práticas sustentáveis no uso da água.
- **Construindo Coalizões**: Trabalhando com organizações ambientais , os aquapreneurs podem pressionar por regulamentos que equilibrem o crescimento económico com a sustentabilidade da água . Colaborações podem influenciar mudanças regulatórias para promover o uso ético da água e a proteção de recursos.

146.4 Abordar os desafios jurídicos no acesso à água

O acesso à água continua a ser uma questão controversa devido à divisão entre o controlo público e privado dos recursos.

- **Acesso Público vs. Privado :** Surgem frequentemente debates legais sobre se os recursos hídricos devem ser controlados por agências públicas ou privatizados. Os defensores da água pública argumentam que o acesso é um direito humano, enquanto os proponentes da privatização enfatizam a eficiência.
- **Estudos de caso de disputas legais**: Casos jurídicos, como a Guerra da Água de Cochabamba, na Bolívia, ilustram os conflitos e negociações que ocorrem sobre o acesso à água . Estas disputas realçam a necessidade de quadros que equilibrem os direitos públicos com os interesses privados.

147,0 Justiça climática e equidade da água

Esta secção examina o impacto das alterações climáticas na distribuição de água e a importância de abordagens centradas na equidade que garantam que as comunidades vulneráveis tenham acesso à água.

147.1 Compreender a justiça climática na distribuição de água

A justiça climática centra-se no impacto desproporcionado das alterações climáticas nas comunidades marginalizadas e defende uma distribuição equitativa dos recursos .

- **Impacto nas comunidades marginalizadas**: As comunidades das regiões em desenvolvimento enfrentam riscos acrescidos devido à escassez de água induzida pelo clima . Esta injustiça sublinha a necessidade de políticas que abordem a distribuição de água com um enfoque na equidade.
- **Conceito de justiça climática** : A justiça climática enfatiza a responsabilidade das nações desenvolvidas e das grandes corporações em

mitigar o impacto das mudanças climáticas s e apoiar as comunidades em risco na adaptação às mudanças na disponibilidade de água .

147.2 Abordagens baseadas no capital em empreendimentos hídricos

Os empreendimentos hídricos equitativos dão prioridade ao acesso a comunidades carenciadas e desenvolvem modelos de negócio s que garantem a inclusão .

- **Modelos de negócio para equidade**: Empreendimentos como quiosques de água baseados na comunidade e estruturas de preços sociais fornecem acesso acessível a água limpa para populações de baixa renda. As empresas também podem reinvestir os lucros em infra-estruturas comunitárias de água .
- **Integrar a Justiça Climática** : Ao alinhar os objectivos empresariais com os princípios da justiça climática, os aquapreneurs asseguram que os seus empreendimentos são inclusivos e ambientalmente responsáveis, abordando os desafios das alterações climáticas em grupos vulneráveis.

147.3 Apoiar as comunidades vulneráveis no contexto das alterações climáticas

Os aquapreneurs podem apoiar as comunidades vulneráveis melhorando o acesso à água e reforçando a resiliência às alterações climáticas .

- **Colaborações para a equidade da água** : As parcerias com ONGs e governos ajudam a fornecer acesso à água e infra-estruturas a comunidades carenciadas, garantindo que têm recursos para se adaptarem aos impactos climáticos.
- **Criar resiliência** : Iniciativas como a recolha de águas pluviais e as estações locais de tratamento de água permitem que as comunidades se tornem mais resilientes face à escassez de água exacerbada pelas alterações climáticas .

147.4 Abordar as desigualdades sociais na atribuição de água

A desigualdade em matéria de água continua a ser uma questão premente, com disparidades na qualidade da água e no acesso entre grupos socioeconómicos.

- **Combater as disparidades**: Abordar a alocação de água desigualdades envolve melhorar a infraestrutura em áreas marginalizadas e garantir o acesso consistente à água limpa .
- **Estudos de caso em Equidade da Água** : Estudos de casos como os projectos de água urbana da Índia mostram os esforços para colmatar as lacunas no acesso, concentrando-se em soluções acessíveis e dando prioridade às populações em risco.

148.0 I&D e abordagens experimentais na inovação à base de água

Esta secção analisa o papel da investigação e desenvolvimento (I&D) e da experimentação no avanço da sustentabilidade da água e da inovação .

148.1 Importância da investigação e desenvolvimento no sector do aquapreneurship

A I&D é essencial nas empresas de base aquosa , uma vez que impulsiona o progresso tecnológico e oferece vantagens competitivas s.

- **Promoção de soluções sustentáveis**: A I&D permite aos aquapreneurs desenvolver tecnologias e processos eficientes e ecológicos no domínio da água.
- **Vantagem competitiva** : As inovações resultantes da I&D proporcionam uma vantagem no mercado, ajudando as empresas a oferecer soluções únicas e a adaptar-se à evolução das normas ambientais .

148.2 Experimentação de práticas sustentáveis no domínio da água

A experimentação é um catalisador para a descoberta de abordagens inovadoras na gestão da água .

- **Exemplos de projectos experimentais** : Projectos como a dessalinização de baixo consumo de energia e a filtragem ecológica estão a ultrapassar os limites das práticas sustentáveis no domínio da água.
- **Cultura de experimentação**: Ao promover uma cultura de experimentação, as empresas incentivam a resolução criativa de problemas , resultando em soluções inovadoras.

148.3 Financiamento e apoio à I&D em Aquapreneurship

O financiamento da I&D é essencial para apoiar a inovação no sector do aquapreneurship .

- **Fontes de financiamento**: As subvenções , o capital de risco e os incentivos governamentais apoiam os projectos de I&D . As colaborações com universidades reforçam as capacidades de investigação.
- **Criação de parcerias** : As parcerias com instituições académicas e de investigação permitem o acesso a conhecimentos e recursos especializados, promovendo a inovação .

148.4 Comercialização de I&D Conclusões

Comercialização bem sucedida de I&D resultados permitem que as novas tecnologias cheguem ao mercado.

- **Produtos e serviços viáveis**: As empresas podem converter os conhecimentos de I&D em soluções comercializáveis, tais como dispositivos de purificação da água ou materiais de filtragem sustentáveis.
- **Expansão das inovações**: As estratégias para aumentar a escala incluem parcerias com redes de distribuição e a adoção de processos de produção rentáveis.

149.0 Criação de um ecossistema de inovação em Aquapreneurship

A secção sublinha a importância de fomentar um ecossistema de inovação no aquapreneurship para incentivar a colaboração, a criação de redes e a formação de clusters regionais.

149.1 Criação de inovação colaborativa Hubs

Inovação hubs facilitam a colaboração e o intercâmbio de ideias, beneficiando os aquapreneurs.

- **Inovação Ecossistemas** : Através da criação de centros, os aquapreneurs podem colaborar na resolução de desafios relacionados com a água . Exemplos disso são o WaterHub, nos Países Baixos, que apoia as empresas em fase de arranque no domínio das tecnologias da água.

149.2 Ligação em rede com grupos de reflexão sobre o ambiente e organismos de investigação

A ligação com líderes de pensamento e investigadores fornece informações e previsões aos aquapreneurs.

- **Aproveitar os conhecimentos da investigação**: Ao estabelecer uma rede com grupos de reflexão, os empresários podem manter-se informados sobre as tendências e os avanços na sustentabilidade da água , moldando as suas decisões estratégicas.

149.3 Fomentar a inovação através de Hackathons e concursos

Hackathons e desafios de inovação promovem a rápida ideação e o desenvolvimento de tecnologias da água.

- **Benefícios dos Hackathons** : Os Hackathons incentivam os participantes a abordar questões prementes, resultando muitas vezes em soluções inovadoras e escaláveis para a conservação e purificação da água.

149.4 Construir inovação Clusters in Aquapreneurship

Clusters regionais de inovação no domínio da água impulsionam o sucesso coletivo através da concentração de recursos, talentos e conhecimentos.

- **Clusters de sucesso**: Os clusters da água, como os da Dinamarca, são exemplos globais de colaboração entre empresas e institutos de investigação, promovendo um ambiente propício a soluções inovadoras no domínio da água .

150.0 Visão a longo prazo e construção de um legado no sector do aquapreneurship

Esta secção explora a forma como os aquapreneurs podem moldar o futuro dos empreendimentos sustentáveis no domínio da água , concentrando-se no planeamento a longo prazo, na construção de legados, na orientação e numa perspetiva global da segurança da água .

150.1 Vislumbrar o futuro do empreendedorismo no sector da água

Espera-se que o empreendedorismo no sector da água evolua significativamente à medida que a tecnologia avança e a sustentabilidade se torna um ponto central para as empresas e os consumidores.

- **Previsões a longo prazo para empreendimentos baseados na água**: As tendências sugerem que as empresas do sector da água irão incorporar cada vez mais a inteligência artificial , a cadeia de blocos para o comércio transparente da água e a gestão da água com base na IoT . Estas tecnologias facilitarão uma utilização mais inteligente e eficiente da água e a afetação de recursos , especialmente em ambientes urbanos que enfrentam escassez de água .
- **Impacto das tendências futuras** : À medida que as regulamentações ambientais se tornam mais rigorosas e as alterações climáticas afectam a disponibilidade de água , os aquapreneurs terão de adotar práticas sustentáveis e soluções inovadoras, tais como sistemas de água circulares e dessalinização com energia renovável . Estas tendências levarão as empresas do sector da água não só ao crescimento mas também à resiliência num clima em mudança.

150.2 Construir um legado de sustentabilidade e impacto social

Um legado sustentável é fundamental para qualquer aquapreneur que pretenda deixar um impacto positivo na sociedade e no ambiente.

- **Planeamento para um impacto duradouro**: O impacto a longo prazo requer um planeamento cuidadoso que integre objectivos ambientais e envolvimento da comunidade . Os aquapreneurs podem criar fundos fiduciários, reinvestir os lucros em infra-estruturas locais de água , ou apoiar iniciativas educativas em torno da conservação da água para garantir que o seu legado perdura.
- **Contribuições duradouras**: Certificações ambientais e compromissos com testes contínuos da qualidade da água podem ajudar a manter o impacto social e garantir que as operações do empreendimento estejam alinhadas com a sustentabilidade ambiental , mesmo quando a liderança muda ao longo do tempo.

150.3 Inspirar a próxima geração de aquapreneurs

Para garantir que o domínio do aquapreneurship continua a crescer, é essencial orientar os jovens inovadores e integrar o empreendedorismo no sector da água nos currículos educativos.

- **Mentoria Programas**: Iniciativas como incubadoras , aceleradores focados na água , e programas como o Global Water Challenge fornecem orientação e apoio a jovens aquapreneurs, promovendo uma nova geração de inovadores empenhados em enfrentar os desafios da água .

- **Aquapreneurship na Educação**: Integrar o aquapreneurship no ensino superior, através de cursos sobre tecnologia da água e sustentabilidade , pode inspirar os estudantes a seguirem carreiras no sector. Os programas que combinam as competências empresariais com a ciência da água capacitam os jovens líderes para inovar e abordar as questões prementes da água.

150.4 Aquapreneurs como campeões da segurança global da água

Os aquapreneurs desempenham um papel vital na definição de um futuro sustentável para a água e na promoção da segurança global da água .

- **Papel na segurança mundial da água** : Os aquapreneurs estão bem posicionados para desenvolver soluções que abordem a escassez de água , a qualidade e o acesso equitativo . Ao estabelecerem parcerias com governos e ONGs , podem escalar soluções que satisfaçam as necessidades de água das populações vulneráveis.
- **Apelo à ação**: Os futuros aquapreneurs são encorajados a liderar o desenvolvimento de tecnologias eco-conscientes, defendendo a justiça no domínio da água e promovendo estilos de vida eficientes em termos de água. O seu papel como inovadores e líderes pode estabelecer padrões para o uso sustentável da água e para a gestão global de recursos .

151.0 Segmentos de mercado de nicho no Aquapreneurship

Esta secção identifica oportunidades de mercado únicas e emergentes no âmbito do empreendedorismo da água , tais como produtos de luxo, soluções personalizadas e aplicações especiais na saúde e cosmética.

151.1 Água de luxo Produtos e marcas

As marcas de água de luxo oferecem produtos de água engarrafada de alta qualidade, muitas vezes provenientes de fontes naturais únicas, que apelam aos consumidores abastados.

- **Água de luxo Mercado**: Marcas premium como a Voss e a Fiji Water enfatizam a pureza, o sabor e a estética da embalagem . Essas marcas empregam marketing de escassez e promovem uma imagem de exclusividade.
- **Ética ambiental** : Apesar do atrativo da água de luxo , estes produtos são alvo de críticas devido ao seu impacto ambiental . As empresas deste segmento estão a adotar práticas mais sustentáveis , tais como embalagens ecológicas e programas de compensação de carbono, para alinhar o luxo com a responsabilidade ambiental .

151.2 Soluções de água personalizadas para consumidores urbanos

Os dispositivos personalizados de purificação da água estão a tornar-se populares nos mercados urbanos, impulsionados por consumidores preocupados com a saúde e com o ambiente.

- **Aumento dos dispositivos personalizados**: Produtos como os filtros de água inteligentes e os purificadores portáteis destinam-se aos consumidores urbanos que querem ter controlo sobre a qualidade da sua água . Esses dispositivos podem ser ajustados para atender às necessidades individuais de água, removendo contaminantes específicos.
- **Marketing para consumidores preocupados com a saúde e com o ambiente**: Marcas como a LARQ e a Brita têm como alvo os consumidores que dão prioridade à saúde e à sustentabilidade , comercializando os seus produtos com foco no bem-estar, na conveniência e nos benefícios ambientais.

151.3 Produtos de águas especiais nos sectores cosmético e farmacêutico

As águas ricas em minerais são utilizadas em produtos de cuidados da pele e farmacêuticos devido às suas propriedades naturais e benefícios terapêuticos.

- **Aplicações cosméticas e farmacêuticas**: As marcas de cuidados da pele, como a La Roche-Posay, utilizam a água termal nos seus produtos devido às suas propriedades calmantes e hidratantes. Na indústria farmacêutica, as águas especiais são utilizadas como solvente em fórmulas de medicamentos ou para tratamentos tópicos.
- **Desafios regulamentares e de aprovisionamento** : As empresas deste segmento têm de cumprir as normas regulamentares para garantir a segurança e a eficácia. O abastecimento de água rica em minerais de forma responsável e sustentável é também crucial para evitar o esgotamento das reservas naturais.

151.4 Mercados emergentes em produtos à base de água

As inovações em produtos centrados na água, como os suplementos de hidratação e as águas aromatizadas, estão a expandir o mercado de produtos exclusivos relacionados com a água.

- **Suplementos de hidratação e água com sabor**: As marcas estão a desenvolver suplementos e produtos de água aromatizada que proporcionam benefícios adicionais, tais como electrólitos, vitaminas ou aromas naturais. Esses produtos atendem aos consumidores que buscam bebidas funcionais que ofereçam mais do que simples hidratação.
- **Comportamento do consumidor Tendências**: À medida que a saúde e as tendências de bem-estar crescem, espera-se que a procura de produtos de água funcional aumente, especialmente entre os consumidores mais jovens e preocupados com a saúde.

152,0 Ciência de dados sobre a água e análise avançada

Esta secção explora a forma como a ciência dos dados, a análise preditiva , o SIG e a cibersegurança estão a transformar a gestão da água , permitindo uma tomada de decisões mais informada e uma proteção robusta das infra-estruturas .

152.1 Construir uma cultura orientada para os dados in Water Ventures

As estratégias baseadas em dados nos empreendimentos hídricos melhoram a tomada de decisões , desde a afetação de recursos até à manutenção das infra-estruturas .

- **Benefícios da ciência dos dados**: A análise preditiva permite às empresas antecipar a procura de água, otimizar a distribuição e reduzir o desperdício. Monitorização em tempo real ajuda a detetar fugas, contaminação e outros problemas antes que estes se agravem.
- **Implementação de processos baseados em dados**: As etapas para implementar a ciência dos dados incluem a criação de uma infraestrutura de recolha de dados , a formação do pessoal em matéria de literacia de dados e a integração de plataformas analíticas que ofereçam informações em tempo real.

152.2 Modelos avançados de previsão da procura de água

A modelação preditiva ajuda a prever as necessidades de água em diferentes sectores, contribuindo para uma gestão eficiente dos recursos .

- **Previsão Aplicações**: Os modelos de previsão são utilizados para estimar a procura nos sectores agrícola, industrial e residencial. Por exemplo, os modelos baseados na IA podem prever as necessidades sazonais de água com base no histórico de utilização, nos padrões climáticos e no crescimento da população .
- **Aplicações no mundo real**: As empresas municipais de abastecimento de água, como as da Califórnia, utilizam a modelação preditiva para gerir a atribuição de água durante as secas, assegurando que as necessidades críticas são satisfeitas e minimizando o desperdício.

152.3 Integração do SIG e da Deteção Remota para a Gestão da Água

Os sistemas de informação geográfica (SIG) e as tecnologias de teledeteção melhoram o acompanhamento e a gestão dos recursos hídricos.

- **GIS no controlo de recursos**: O SIG permite o mapeamento preciso de massas de água, condutas e padrões de utilização, o que é inestimável para uma gestão eficiente de recursos e planeamento.
- **Deteção remota Aplicações**: A tecnologia de teledeteção é utilizada para monitorizar a qualidade da água , localizar fontes de poluição e avaliar as alterações na utilização dos solos. Por exemplo, os dados de satélite ajudam a detetar a proliferação de algas , que são indicadores de poluição da água e de eutrofização.

152.4 Cibersegurança para dados e infra-estruturas da água

À medida que os sistemas de água se tornam mais digitalizados, a cibersegurança é essencial para proteger dados sensíveis e evitar violações da infraestrutura .

- **Proteção dos dados da água**: Cibersegurança práticas, tais como encriptação de dados, autenticação multi-fator e auditorias de segurança regulares, são cruciais para salvaguardar os dados e manter a integridade do sistema.
- **Infraestrutura Segurança**: A prevenção de ciberataques aos sistemas de água é fundamental, uma vez que as violações podem comprometer a qualidade da água e a acessibilidade. As melhores práticas incluem a adoção de protocolos de codificação seguros e a utilização de IA para a deteção de ameaças.

153.0 Resiliência Psicológica e Liderança Adaptativa

Esta secção centra-se na resiliência mental e emocional necessária para liderar no campo de alto risco do aquapreneurship , onde os desafios ambientais e as mudanças de mercado são predominantes.

153.1 Construir Resiliência Psicológica em Aquapreneurs

Resiliência psicológica é essencial para os aquapreneurs que enfrentam os desafios únicos do sector da água.

- **Estratégias para a Resiliência** : Técnicas como a atenção plena, a definição de objectivos e a gestão do stress ajudam os aquapreneurs a navegar na incerteza e a manter a saúde mental .
- **Gerir o Stress no Aquapreneurship** : A pressão de lidar com questões críticas da água pode levar ao stress e ao esgotamento. Saúde mental regular check-ins e práticas de atenção plena podem atenuar estes efeitos.

153.2 Liderança adaptativa em ambientes aquáticos em mudança

Liderança adaptativa permite aos aquapreneurs responder eficazmente à evolução das condições ambientais e regulamentares.

- **Importância da flexibilidade**: Os líderes adaptáveis estão mais bem equipados para responder a desafios tais como a escassez de água induzida pelo clima ou alterações regulamentares s.
- **Promover a adaptabilidade nas equipas**: Ao incentivar a aprendizagem contínua e a comunicação aberta , os líderes podem criar equipas resistentes que prosperam num ambiente em mudança.

153.3 Superar a Adversidade no Empreendedorismo Orientado para a Missão

Os aquapreneurs enfrentam frequentemente obstáculos significativos, mas as histórias de perseverança fornecem lições valiosas para os outros.

- **Lições dos Aquapreneurs**: Histórias de resiliência , como a jornada da Water.org para fornecer água a milhões de pessoas, destacam a desenvoltura necessária no sector.
- **Capacidade de recursos em contextos desafiantes**: Os aquapreneurs que se adaptam a condições adversas através da inovação e de parcerias

constituem um exemplo poderoso para outros em domínios orientados para a missão.

153.4 Desenvolvimento de uma rede de apoio à resiliência

Uma forte rede de apoio pode reforçar a resiliência e fornecer orientação em tempos difíceis.

- **Construir redes pessoais e profissionais**: Ao estabelecer ligações com mentores, pares e especialistas da indústria , os aquapreneurs criam um sistema de apoio fiável.
- **Mentoria e apoio dos pares** : O acesso a mentores e grupos de pares proporciona apoio emocional, encorajamento e estratégias partilhadas para ultrapassar desafios , contribuindo para uma liderança sustentável e para o bem-estar.

154,0 Crowd-sourcing e participação comunitária in Innovation

Esta secção explora o valor de envolver as comunidades e o público na inovação relacionada com a água . Através do crowd-sourcing, da ciência comunitária e de modelos de envolvimento , os aquapreneurs podem aproveitar os conhecimentos locais e promover a colaboração.

154.1 Utilizar o Crowd-sourcing para resolver os desafios da água

O crowdsourcing aproveita os conhecimentos, as ideias e a criatividade do público para resolver questões complexas relacionadas com a água, o que o torna uma ferramenta inestimável para os aquapreneurs.

- **Contributos do público para a resolução de problemas** : Os aquapreneurs podem utilizar plataformas de crowd-sourcing como a Innocentive ou a OpenIDEO para reunir diversas ideias e soluções para a gestão da água desafios . Esta abordagem democratiza a inovação , permitindo que as partes interessadas de diferentes origens contribuam.
- **Exemplos de iniciativas de crowdsourcing**: Iniciativas como o "California Water Data Challenge" demonstram como o crowd-sourcing pode levar a soluções criativas na conservação da água e no desenvolvimento de tecnologia. Nestes programas, os cidadãos são encorajados a propor métodos tecnológicos para a eficiência hídrica , resultando frequentemente em soluções novas e aplicáveis.

154.2 Ciência Comunitária e Monitorização Cidadã Programas

A ciência cidadã, também conhecida como ciência comunitária , envolve os habitantes locais na monitorização ativa da qualidade da água , promovendo a sensibilização e o envolvimento direto na saúde ambiental .

- **Participação pública na recolha de dados**: Ferramentas como a aplicação Water Reporter e a plataforma FreshWater Watch permitem aos cidadãos registar e partilhar dados sobre a qualidade da água . Estas ferramentas ajudam a rastrear a poluição níveis, monitorizar a biodiversidade e detetar sinais precoces de degradação dos ecossistemas.

- **Capacitação das comunidades locais**: O envolvimento dos habitantes locais como "cientistas cidadãos" aumenta o seu investimento na conservação da água . Através da monitorização pelos cidadãos , as comunidades tornam-se mais informadas e capacitadas para tomar medidas que preservem os recursos hídricos .

154.3 Conceber modelos de envolvimento comunitário

Modelos de envolvimento eficazes encorajam as comunidades locais a participar ativamente na gestão da água , promovendo a responsabilização e um sentido de propriedade.

- **Criar estruturas de envolvimento**: Um modelo de envolvimento sólido inclui sessões de consulta, co-design de soluções e implementação colaborativa, que asseguram que as necessidades da comunidade são compreendidas e abordadas. Também são úteis ferramentas de envolvimento, como câmaras municipais, fóruns em linha e inquéritos.
- **Promover a apropriação e a responsabilidade** : Nos modelos bem-sucedidos, os membros da comunidade não são apenas consultados, mas também têm um papel na tomada de decisões e na gestão, promovendo um sentido de responsabilidade pelos resultados sustentáveis.

154.4 Benefícios e desafios da inovação orientada para a comunidade

A inovação orientada para a comunidade tem muitas vantagens, mas também enfrenta obstáculos como a limitação de recursos e a resistência à mudança.

- **Vantagens**: O envolvimento da comunidade conduz a soluções mais sustentáveis e adaptadas localmente, uma vez que é mais provável que as comunidades mantenham os projectos que ajudaram a conceber. Esta abordagem também garante que as iniciativas no domínio da água respondem a desafios locais específicos .
- **Desafios e estudos de caso** : Os obstáculos incluem questões logísticas na coordenação de grandes grupos e potenciais conflitos entre os actores. Projectos como a iniciativa "Swajal" da Índia destacam como a superação destes desafios pode levar a sistemas de água bem sucedidos e geridos pela comunidade.

155.0 Estudos Globais Comparativos em Aquapreneurship

Esta secção examina as práticas de aquacultura , as inovações na purificação da água , as abordagens regionais à escassez de água e o papel das redes internacionais , fornecendo uma visão global das estratégias bem sucedidas de gestão da água .

155.1 Comparações globais de práticas de aquacultura

Aquacultura As práticas variam globalmente, com os países a adoptarem abordagens únicas baseadas nos recursos locais, na tecnologia e nas condições ambientais.

- **Melhores práticas e desafios** : Os países escandinavos, por exemplo, são líderes na criação sustentável de peixes , utilizando sistemas de aquicultura de recirculação que minimizam o impacto ambiental . Em contrapartida, países como a China enfrentam desafios relacionados com a poluição e com a aquicultura intensiva em recursos.
- **Lições de sucesso**: O sucesso da aquicultura multitrófica integrada do Japão modelo, que combina espécies que se beneficiam mutuamente a nível ecológico, demonstra os benefícios de práticas sustentáveis e de baixo impacto.

155.2 Estudos de casos internacionais in Water Purification Innovation

Os métodos de purificação da água variam significativamente entre países desenvolvidos e em desenvolvimento, com diversos factores culturais, económicos e ambientais a influenciar as escolhas tecnológicas.

- **Análise comparativa de tecnologias**: Nos países desenvolvidos, a purificação incorpora frequentemente tecnologia avançada como o tratamento UV e a osmose inversa. Nos países em desenvolvimento, são mais comuns os métodos económicos como a filtragem de bioareia ou os filtros de cerâmica.
- **Estudos de caso** : As instalações de dessalinização de Israel e o projeto NEWater de Singapura mostram como as nações desenvolvidas utilizam tecnologia de ponta para garantir o abastecimento de água. Em contraste, os quiosques de água acessíveis da Índia fornecem uma solução escalável para as comunidades rurais.

155.3 Abordagens regionais à escassez de água e conservação

As regiões abordam a escassez de água através de uma combinação de políticas, práticas de conservação , e modelos de negócio inovadores s .

- **Políticas e modelos únicos**: O sistema de comércio de água da Austrália e as práticas eficientes de reciclagem de água têm sido eficazes na mitigação da escassez. Em África, a recolha de água da chuva e a conservação liderada pela comunidade tornaram-se práticas essenciais.
- **Aprender com estratégias eficazes**: Compreender estas abordagens regionais fornece informações valiosas aos aquapreneurs que procuram replicar modelos de sucesso em ambientes semelhantes.

155.4 Empreendedorismo global no sector da água Networks

As redes internacionais oferecem aos aquapreneurs acesso a recursos , colaborações e partilha de conhecimentos.

- **Visão geral das redes globais** : Redes como a Water Environment Federation (WEF) e o World Water Council reúnem profissionais para trocar ideias sobre a sustentabilidade da água . Estas alianças são benéficas para a partilha de tecnologia, investigação e melhores práticas .
- **Benefícios da Colaboração Internacional** : Para os aquapreneurs, as redes globais facilitam as parcerias , as oportunidades de financiamento e a exposição a novas tecnologias, permitindo-lhes aumentar o seu impacto para além das limitações regionais.

156.0 Tecnologias e conceitos futuristas no sector do aquapreneurship

Esta secção aborda tecnologias inovadoras como a produção de água sintética , a nanotecnologia na filtração, a cadeia de blocos para a transparência da água e a gestão de precisão orientada pela IA , todas elas prometendo mudanças transformadoras na gestão da água .

156.1 Água sintética Produção e captação de água atmosférica

Tecnologias como os geradores de água atmosférica (AWGs) e a produção de água sintética representam soluções inovadoras para a escassez de água .

- **Tecnologias para a captação de água do ar**: As AWGs utilizam a desumidificação para captar água do ar, fornecendo água potável limpa em regiões áridas. Empresas como a Watergen e a Zero Mass Water desenvolveram modelos que já estão a funcionar em várias comunidades com escassez de água.
- **Impacto ambiental s e modelos de negócio** : Embora eficazes, estas tecnologias requerem uma quantidade significativa de energia. O modelo de negócio s pode incluir a distribuição baseada na comunidade e serviços de assinatura, em que as máquinas são instaladas centralmente e mantidas coletivamente.

156.2 Nano-Tecnologia na purificação da água e filtragem

A nanotecnologia permite uma purificação da água mais eficaz e eficiente , tratando os contaminantes a nível molecular.

- **Aplicações da nanotecnologia** : Nano-filtração membranas, como as de óxido de grafeno, podem remover contaminantes minimizando o consumo de energia. Estão também a ser desenvolvidos nano-adsorventes para a remoção de metais pesados e agentes patogénicos .
- **Considerações éticas** : As preocupações incluem os potenciais impactos dos nanomateriais na saúde, bem como os riscos ambientais s . medida que estas tecnologias avançam, os quadros regulamentares terão de abordar estes riscos para garantir uma utilização segura.

156.3 Cadeia de blocos para direitos de água e distribuição Transparência

A tecnologia Blockchain oferece um sistema seguro e transparente para gerir os direitos da água e a distribuição .

- **Blockchain para uma distribuição segura** : A cadeia de blocos pode criar um registo imutável dos direitos da água e das transacções, evitando fraudes e garantindo que os recursos são distribuídos de forma justa. Por exemplo, as iniciativas da IBM em matéria de cadeias de blocos incluem projectos-piloto que controlam a utilização e a distribuição da água entre várias partes interessadas.
- **Estudos de caso** : Blockchain 's application in water resource management is in its early stages but shows promise for complex systems where transparency and security are essential, such as agricultural water distribution .

156.4 Inteligência artificial para uma gestão de precisão da água

A IA melhora a gestão da água permitindo a análise preditiva , optimizando a utilização dos recursos e detectando anomalias.

- **IA para otimização**: Os algoritmos de aprendizagem automática podem otimizar os horários de rega, reduzir as fugas nos sistemas de água e prever a procura com base em dados meteorológicos e de utilização.
- **Aplicações futuras**: Com os avanços da IA , poderemos ver sistemas de gestão da água totalmente autónomos que se podem adaptar em tempo real às alterações ambientais e garantir uma distribuição sustentável .

157.0 Aquapreneurship Educação e desenvolvimento curricular

Esta secção discute os quadros educativos para a gestão sustentável da água , destacando a importância dos programas de formação , das parcerias com universidades e das certificações em empreendedorismo aquático .

157.1 Criação de programas educativos na gestão sustentável da água

Programas educativos equipam os futuros aquapreneurs com as competências necessárias para enfrentar os desafios da água .

- **Conceção do currículo**: Os programas devem cobrir tópicos como química da água, política, engenharia e princípios de negócios. Os cursos também podem incluir componentes práticas, tais como estudos de caso e trabalho de campo.
- **Tópicos chave na educação sobre a água**: Os tópicos incluem a purificação da água , a conservação , a hidrologia e o envolvimento da comunidade . A experiência prática é crucial para ajudar os estudantes a aplicar os conhecimentos teóricos a problemas do mundo real.

157.2 Integrar o Aquapreneurship na educação STEM

A introdução do aquapreneurship nos currículos STEM ajuda a desenvolver soluções inovadoras através de uma perspetiva científica.

- **Aprendizagem prática**: Os projectos dos alunos, como a construção de filtros de água ou a conceção de sistemas de irrigação sustentáveis, proporcionam uma aprendizagem experimental oportunidades que aprofundam a compreensão.

- **Exemplos de integração**: Programas como o Projeto WET e iniciativas da Water Education Foundation integraram com sucesso a sustentabilidade da água nos currículos de ciências e tecnologia.

157.3 Parcerias com universidades e institutos de investigação

A colaboração com instituições académicas reforça a investigação e a inovação na gestão da água .

- **Benefícios mútuos**: As parcerias proporcionam financiamento da investigação, acesso a instalações avançadas e intercâmbio de conhecimentos. As colaborações entre a indústria e o mundo académico também permitem aos aquapreneurs testar e validar tecnologias.
- **Exemplos de parcerias bem sucedidas** : Parcerias como os laboratórios de inovação no domínio da água do MIT ou o programa Water in the West de Stanford contribuíram significativamente para a investigação no domínio da água, promovendo aplicações práticas dos resultados académicos.

157.4 Desenvolvimento de certificação e programas de formação

Certificação programas asseguram que os aquapreneurs possuem as competências e conhecimentos necessários para uma gestão eficaz da água .

- **Importância da certificação** : As certificações validam competências em áreas como a gestão da qualidade da água , aquacultura e conservação . Os cursos acreditados ajudam os profissionais a manterem-se actualizados sobre as melhores práticas e as alterações regulamentares s.
- **Estrutura do curso**: Os programas eficazes incluem módulos teóricos e práticos, avaliações e formação no local, abrangendo tópicos essenciais em tecnologia da água e gestão ambiental.

158.0 Soluções baseadas em ecossistemas naturais no sector do aquapreneurship

Esta secção explora o papel da gestão baseada nos ecossistemas (EBM), das zonas húmidas construídas , da aquacultura reparadora , e dos serviços dos ecossistemas no apoio a empreendimentos hídricos sustentáveis .

158.1 Gestão baseada em ecossistemas (EBM) para empreendimentos hídricos

A MBE centra-se na preservação dos ecossistemas naturais , permitindo simultaneamente uma utilização sustentável dos recursos.

- **Princípios e Relevância**: A MBE enfatiza uma abordagem holística, onde o uso da água considera todo o ecossistema. Para os aquapreneurs, a MBE envolve o equilíbrio entre a extração de recursos e a conservação para manter a saúde do ecossistema .

- **Estudos de caso em EBM**: Os exemplos incluem as reservas de água doce geridas pela comunidade da Nova Zelândia, que dão prioridade à saúde do ecossistema juntamente com a extração de água, beneficiando tanto a comunidade como o ambiente.

158.2 Zonas húmidas construídas e sistemas de biofiltração

Zonas húmidas construídas imitam os sistemas naturais de filtração , oferecendo soluções sustentáveis de purificação da água .

- **Usando filtros naturais**: Zonas húmidas removem os contaminantes das águas residuais, aproveitando as capacidades de filtragem das plantas e do solo. Biofiltração sistemas em áreas urbanas podem lidar com o escoamento de águas pluviais, reduzindo a poluição .
- **Conceção e manutenção**: A conceção de zonas húmidas construídas exige a seleção de plantas adequadas às condições da água e a manutenção dos sistemas para evitar o entupimento e garantir a eficácia a longo prazo.

158.3 Aquacultura reparadora para a regeneração de habitats

A aquicultura reparadora utiliza práticas de aquicultura para restaurar os ecossistemas marinhos e a biodiversidade .

- **Práticas regenerativas**: A aquicultura reparadora envolve o cultivo de espécies que contribuem para a recuperação do habitat , como a ostreicultura, que melhora a qualidade da água através da filtragem natural .
- **Biodiversidade Benefícios**: Ao criar ou melhorar os habitats, a aquicultura reparadora apoia a biodiversidade e reforça a resiliência dos ecossistemas , oferecendo benefícios ecológicos e económicos .

158.4 Utilização dos Serviços Ecossistémicos para a Gestão da Água

Os serviços ecossistémicos , como o controlo das inundações , o ciclo de nutrientes e a filtragem da água, proporcionam benefícios naturais à gestão da água .

- **Valor económico dos serviços ecossistémicos** : Os serviços ecossistémicos reduzem a necessidade de infra-estruturas artificiais , poupando custos e promovendo a resiliência . A quantificação destes benefícios ajuda os aquapreneurs a justificar as abordagens baseadas nos ecossistemas.
- **Alavancar os serviços dos ecossistemas** : Os aquapreneurs podem conceber projectos que se alinham com processos naturais, como a utilização de mangais para proteção costeira ou de zonas húmidas para tratamento de água , beneficiando tanto as empresas como a biodiversidade .

159,0 Avaliação económica e desenvolvimento do mercado da água

Esta secção analisa as estratégias económicas e os mecanismos de mercado para gerir a água como um recurso valioso. Os tópicos incluem a tarifação da água , o comércio mercados, o Pagamento por Serviços Ecossistémicos (PES) , e o equilíbrio entre os interesses públicos e privados, cada um deles essencial para alcançar a utilização sustentável da água e a conservação .

159.1 Determinação do preço dos recursos hídricos com base no valor económico

A fixação de preços exactos para a água, de modo a refletir o seu valor económico, pode ser um desafio devido à perceção pública da água como um direito fundamental, que contrasta com a necessidade de uma gestão sustentável dos recursos .

- **Técnicas de tarifação da água**: Avaliação económica técnicas, como a tarifação pelo custo marginal, a tarifação pelo custo total e a tarifação baseada no valor, visam refletir o verdadeiro custo do abastecimento de água, incluindo as infra-estruturas , a distribuição e o impacto ambiental . Estes modelos incorporam custos diretos (por exemplo, tratamento e distribuição) e custos externos, como a poluição ou a degradação do ecossistema.
- **Controvérsias e ética da tarifação da água** : Embora a tarifação da água possa incentivar a conservação , levanta questões éticas, especialmente em regiões onde o acesso é limitado. Os críticos argumentam que a tarifação pode ter um impacto desproporcionado nas comunidades com baixos rendimentos. Os defensores contrapõem que a tarifação justa, combinada com subsídios ou sistemas de preços diferenciados, pode equilibrar o acesso e a conservação, assegurando simultaneamente que os fornecedores de água possam gerir os recursos de forma sustentável.

159.2 Desenvolver o comércio de água e mercados

O comércio de água permite uma distribuição e atribuição eficientes, permitindo que os direitos à água sejam comprados, vendidos ou alugados. Esta abordagem baseada no mercado tem como objetivo gerir a escassez e promover uma utilização responsável.

- **Conceito e Estrutura dos Mercados de Água** : Os mercados da água funcionam de forma semelhante a outros mercados, onde os direitos de acesso à água podem ser transaccionados. Os principais componentes incluem direitos de água definidos , supervisão regulamentar e transparência das transacções . Os mercados são tipicamente regulados para evitar a monopolização e garantir que as transacções apoiam a gestão sustentável da água .
- **Estudos de caso de mercados da água bem sucedidos** : O mercado da água da bacia de Murray-Darling, na Austrália, e o sistema de comércio de

água do Vale Central da Califórnia são exemplos notáveis. Na Austrália, o comércio de água ajudou a gerir as secas, permitindo que os agricultores comprassem direitos de água adicionais conforme necessário, reduzindo o desperdício e melhorando a resiliência . Estes sistemas demonstram como mercados bem estruturados podem oferecer flexibilidade e resiliência em regiões com escassez de água.

159.3 Pagamento por Serviços Ecossistémicos (PES) na Gestão da Água

Os regimes de PSE incentivam os proprietários de terras ou as partes interessadas a conservar os recursos hídricos , oferecendo recompensas financeiras por acções que melhorem os serviços ecossistémicos relacionados com a água.

- **PSA para apoiar os aquapreneurs**: Os modelos de PSE beneficiam os aquapreneurs ao oferecerem rendimentos para os esforços de conservação , tais como a proteção das zonas húmidas , a manutenção do coberto florestal ou a recuperação de massas de água. Os aquapreneurs recebem uma compensação dos beneficiários (tais como governos locais ou ONG) em troca de actividades que melhoram a qualidade e a disponibilidade da água.
- **Estruturação dos acordos de PSA**: Os acordos de PSA eficazes clarificam a conservação actividades, protocolos de monitorização e estruturas de pagamento. Por exemplo, o programa PES da Costa Rica paga aos proprietários de terras para manterem as florestas que apoiam a qualidade da água , beneficiando os utilizadores a jusante. Para os aquapreneurs, os acordos estruturados de PES asseguram expectativas claras e responsabilidade em parcerias de conservação .

159.4 Equilíbrio entre os interesses públicos e privados no domínio da água

O equilíbrio entre o controlo público e privado dos recursos hídricos é uma questão complexa e frequentemente controversa, especialmente quando a água é escassa.

- **Propriedade pública versus propriedade privada**: O controlo público dos recursos hídricos é frequentemente preferido para proteger o interesse público e garantir um acesso equitativo . No entanto, a propriedade privada pode trazer eficiência, investimento e inovação . Encontrar um equilíbrio implica a implementação de quadros regulamentares que protejam o acesso público e permitam às entidades privadas gerir a água de forma sustentável.
- **Quadros Regulamentares e Estudos de Caso** : A Lei Nacional da Água da África do Sul, de 1998, é um exemplo de legislação que combina a propriedade pública com a gestão privada. Estabeleceu a água como um recurso público ao mesmo tempo que criou um quadro regulamentar que

permite a participação privada na gestão da água , com o objetivo de equilibrar a eficiência com o bem-estar público.

160.0 Construir um legado no sector do aquapreneurship

Esta secção realça a importância da visão a longo prazo, da construção de um legado e da inspiração das gerações futuras. Os tópicos principais incluem a elaboração de uma visão de legado , a liderança geracional em empreendimentos familiares, a documentação de realizações e a promoção de futuros aquapreneurs através de orientação .

160.1 Definição e elaboração de uma visão do legado

Uma visão de legado descreve o impacto a longo prazo que um aquapreneur pretende deixar, indo para além do lucro e englobando contribuições ambientais e sociais.

- **Entendendo o legado em empreendimentos hídricos**: Construir um legado significa criar um valor duradouro que afecta positivamente a sustentabilidade da água . Uma visão de legado normalmente alinha-se com objectivos ambientais e sociais, tais como o acesso à água ibilidade, conservação , e capacitação da comunidade .
- **Passos para criar uma visão de legado** : Para estabelecer um legado, os aquapreneurs devem definir os seus objectivos a longo prazo, estabelecer parcerias alinhadas com estes objectivos e criar resultados mensuráveis. Esta visão deve ser documentada e partilhada com as partes interessadas para garantir a consistência entre gerações. Exemplos incluem o compromisso de usar energia renovável em plantas de dessalinização ou financiar projetos comunitários de água em áreas carentes.

160.2 Liderança geracional em empresas familiares do sector da água

As empresas familiares do sector da água oferecem oportunidades únicas para a construção de um legado, uma vez que podem atravessar gerações, promovendo um compromisso a longo prazo com a sustentabilidade .

- **Planeamento da sucessão** : Um planeamento de sucessão bem sucedido inclui a formação da próxima geração tanto em gestão empresarial como em práticas sustentáveis . Ao envolver os jovens nas operações da empresa desde o início, os empreendimentos hídricos familiares podem cultivar líderes que estão equipados para impulsionar o negócio, mantendo-se empenhados nos objectivos ambientais.
- **Incentivar o envolvimento dos jovens** : Os empreendimentos aquapreneus familiares podem promover o envolvimento dos jovens através de estágios, orientação , e dando aos jovens membros da família a responsabilidade em pequenos projectos. Este envolvimento promove um sentido de propriedade e paixão pela sustentabilidade da água , assegurando que os valores do empreendimento são mantidos.

160.3 Documentar e partilhar histórias de sucesso

A documentação das realizações e a partilha de experiências criam um legado que inspira outros, demonstrando tanto os desafios como as recompensas do aquapreneurship .

- **Importância da documentação das realizações** : Registos detalhados das etapas, impactos do projeto e lições aprendidas constituem uma referência para futuros líderes e colaboradores. Essa documentação gera credibilidade, aumenta a transparência e ajuda a atrair parceiros que se alinham com a missão do empreendimento.
- **Comunicação eficaz Técnicas**: As histórias de sucesso podem ser partilhadas através de relatórios, estudos de caso , conferências , ou meios digitais. A divulgação destas histórias ajuda a comunicar o impacto do aquapreneur a um público mais vasto, inspirando outras empresas e indivíduos a adoptarem práticas de sustentabilidade semelhantes.

160.4 Inspirar futuros aquapreneurs através da tutoria

Mentoria é fundamental para promover a próxima geração de aquapreneurs, fornecendo-lhes orientação, apoio e uma rede de recursos.

- **Mentoria Modelos** : Os modelos de mentoria eficazes incluem coaching individual, mentoria em grupo e plataformas de mentoria online. Programas como a rede de Jovens Profissionais da Água da Associação Internacional da Água oferecem aos jovens aquapreneurs acesso a mentores e recursos que ajudam no crescimento profissional .
- **Programas para Liderança Sustentável em Água** : Organizações e iniciativas como o Water Innovation Labs criam formação imersiva experiências para jovens aquapreneurs. Estes programas combinam formação técnica com desenvolvimento de liderança , fomentando competências essenciais para a criação de empreendimentos hídricos sustentáveis e com impacto .

PARTE 3: Questões diversas

161,0 Aquicultura Gestão da cadeia de valor

A aquicultura , ou a cultura de organismos aquáticos como o peixe , o marisco , e as algas , tornou-se um sector crítico na produção alimentar global, contribuindo para a segurança alimentar , o crescimento económico , e os meios de subsistência. A gestão da cadeia de valor em aquacultura envolve a coordenação de actividades desde a produção até à distribuição , assegurando a eficiência e sustentabilidade de cada passo, ao mesmo tempo que satisfaz a procura do mercado s e os requisitos regulamentares. Esta secção explora a cadeia de valor da aquacultura em detalhe, examinando os seus componentes, desafios , práticas de sustentabilidade e a importância da inovação e da integração tecnológica.

161.1 Visão geral da cadeia de valor da aquacultura

A cadeia de valor da aquacultura engloba todas as fases envolvidas na produção e fornecimento de produtos aquáticos aos consumidores. Esta cadeia inclui tipicamente fornecedores de insumos, produtores (agricultores), transformadores, distribuidores, retalhistas e, finalmente, consumidores. Uma gestão eficaz da cadeia de valor assegura um fluxo regular de bens e serviços, reduz os custos, minimiza o desperdício e maximiza a qualidade do produto e o valor de mercado.

- **Fornecimento de insumos**: Esta fase envolve o fornecimento de factores de produção de alta qualidade, tais como rações, sementes (peixe , camarão ou outras espécies aquáticas), tratamento de água produtos químicos e equipamento. Os fornecedores fiáveis são essenciais para garantir insumos que cumpram as normas de segurança e de qualidade .
- **Produção**: A fase de produção engloba a reprodução, criação e gestão de espécies aquáticas em ambientes controlados. Esta fase requer uma gestão cuidadosa da alimentação, saúde cuidados, qualidade da água , e condições de crescimento para otimizar o rendimento e a qualidade do produto .
- **Colheita e processamento**: Quando os organismos atingem um tamanho comercializável, são colhidos e processados. A transformação pode incluir limpeza, congelação, enlatamento ou preparação de produtos de valor acrescentado, dependendo da procura dos consumidores e dos requisitos do mercado.
- **Distribuição e retalho**: Esta fase envolve o transporte de produtos transformados para os pontos de venda a retalho ou para os consumidores finais, muitas vezes através da cadeia de frio s para preservar a qualidade e a frescura. Estratégias de distribuição eficazes e parcerias com retalhistas são cruciais para garantir o alcance do mercado.
- **Vendas e consumo**: A etapa final envolve a venda de produtos de aquacultura aos consumidores, diretamente ou através de mercados

retalhistas. Compreender as preferências dos consumidores e as tendências da procura ajuda a alinhar a produção com as necessidades do mercado.

161.2 Desafios na Aquacultura Gestão da Cadeia de Valor

A cadeia de valor da aquicultura enfrenta vários desafios que podem afetar a produtividade, a sustentabilidade , e a rentabilidade :

- **Controlo de qualidade e normalização**: Manter uma qualidade consistente em cada fase da cadeia de valor é um desafio, especialmente em regiões com qualidade variável dos factores de produção, infra-estruturas limitadas , e diferentes normas regulamentares .
- **Riscos ambientais e de doença**: A aquicultura é sensível a factores ambientais , como a qualidade da água , a variabilidade climática e os surtos de doenças . Os factores de produção contaminados, como os alimentos para animais ou as más condições da água, podem provocar doenças, reduzindo a produtividade e prejudicando os ecossistemas .
- **Complexidade da cadeia de abastecimento**: A gestão de uma cadeia de abastecimento complexa que envolve múltiplos intervenientes pode levar a ineficiências logísticas, particularmente no transporte e armazenamento. Muitos produtos da aquacultura são perecíveis, exigindo uma logística sofisticada da cadeia de frio e uma distribuição rápida .
- **Acesso ao mercado e volatilidade dos preços**: O acesso ao mercado pode ser restringido devido a barreiras regulamentares elevadas, infra-estruturas limitadas , ou factores geopolíticos. A volatilidade dos preços dos factores de produção, como as rações, ou as alterações na procura dos consumidores podem ter impacto na rentabilidade .
- **Sustentabilidade e Responsabilidade Social** : Cada vez mais, existe uma pressão sobre a aquacultura para que as empresas operem de forma sustentável e responsável. Questões como a sobrepesca, a destruição do habitat e as práticas laborais devem ser abordadas para satisfazer as expectativas dos consumidores e dos reguladores.

161.3 Componentes-chave da aquacultura Gestão da cadeia de valor

Cada componente da cadeia de valor da aquacultura desempenha um papel fundamental para garantir a eficiência e a qualidade do produto final. Aqui está um olhar mais atento às áreas críticas de foco na gestão da cadeia de valor da aquacultura:

- **Gestão dos factores de produção**: A seleção e a garantia de insumos de qualidade, particularmente rações e sementes, são essenciais para uma produção saudável. A alimentação constitui uma parte significativa dos custos de produção e a sua qualidade tem um impacto direto no crescimento e na saúde dos peixes . O abastecimento sustentável, como a utilização de alimentos certificados não OGM e de estirpes de peixes resistentes a doenças, é cada vez mais preferido.

- **Gestão e operações agrícolas**: As práticas eficientes de gestão das explorações incluem protocolos de biossegurança , gestão da qualidade da água , otimização da alimentação e monitorização da saúde . A recolha regular de dados sobre o crescimento taxas, rácios de conversão alimentar e factores ambientais ajuda os agricultores a tomar decisões baseadas em dados para otimizar as operações.
- **Colheita Técnicas**: Técnicas de colheita adequadas garantem o mínimo de stress e de danos ao produto, preservando a sua qualidade. Técnicas como a classificação, o manuseamento humano e a transformação rápida ajudam a manter a frescura e o valor de mercado do produto.
- **Processamento e adição de valor**: O processamento transforma os produtos aquáticos em bruto em artigos prontos a consumir, tais como filetes, produtos enlatados ou refeições pré-cozinhadas. O valor acrescentado aumenta o valor económico do produto, visando diversas preferências dos consumidores e aumentando a rentabilidade .
- **Cadeia de frio e logística** : A logística da cadeia de frio é vital para manter a qualidade dos produtos pós-colheita. Inclui sistemas de armazenamento, transporte e distribuição com controlo de temperatura que mantêm os produtos frescos desde a exploração agrícola até ao mercado.
- **Controlo e certificação da qualidade** : A garantia de qualidade ao longo da cadeia de valor é fundamental para a segurança dos consumidores e para a conformidade com os regulamentos. As certificações , tais como HACCP (Hazard Analysis and Critical Control Points) e ASC (Aquaculture Stewardship Council) , demonstram a adesão à segurança alimentar , normas ambientais e éticas .

161.4 Sustentabilidade na Aquacultura Cadeia de Valor

A sustentabilidade é essencial para o sucesso a longo prazo da aquicultura , abordando aspectos ambientais, sociais e económicos:

- **Sustentabilidade ambiental** : Aquacultura As empresas são encorajadas a adotar práticas ecológicas , tais como a redução do consumo de água, a minimização dos produtos químicos e a prevenção da degradação dos habitats. Os sistemas de circuito fechado ou de recirculação, que reciclam a água e os resíduos, são exemplos de técnicas de produção sustentáveis.
- **Responsabilidade social** : Sustentabilidade social envolve práticas laborais justas, apoio às comunidades locais e garantia de condições de trabalho seguras. O envolvimento das comunidades locais na cadeia de

valor, a oferta de oportunidades de emprego e o investimento no desenvolvimento comunitário fomentam a boa vontade social.

- **Viabilidade económica** : As cadeias de valor sustentáveis são economicamente viáveis, equilibrando a eficiência dos custos com o lucro. A otimização dos recursos, a redução dos resíduos e a utilização de energias renováveis reduzem os custos operacionais e melhoram a resistência às flutuações do mercado.

161.5 Integração Tecnológica e Inovação na Aquacultura Cadeia de Valor

A tecnologia revolucionou a aquicultura , melhorando a produtividade, a sustentabilidade , e a gestão da cadeia de valor. A integração de ferramentas digitais , dispositivos IoT , IA , e automação traz maior eficiência e precisão em várias etapas:

- **IoT e análise de dados** : Os dispositivos e sensores IoT monitorizam a qualidade da água , a temperatura e os níveis de alimentação em tempo real, permitindo um controlo preciso do ambiente de produção . As ferramentas de análise de dados processam estes dados para fornecer informações sobre a otimização dos horários de alimentação , taxas de crescimento e prevenção de doenças .
- **Cadeia de blocos para a rastreabilidade** : A tecnologia blockchain melhora a rastreabilidade e a transparência dentro da cadeia de valor. Ao criar um registo seguro e descentralizado de cada fase do processo de produção, a cadeia de blocos garante a autenticidade e a qualidade dos produtos, aumentando a confiança dos consumidores e a conformidade regulamentar .
- **IA e aprendizagem automática** : Os algoritmos de IA podem prever os tempos de colheita ideais, os rácios de alimentação e detetar precocemente potenciais surtos de doenças . Os modelos de aprendizagem automática analisam dados históricos e em tempo real para melhorar a eficiência operacional , reduzindo o desperdício e maximizando o rendimento.
- **Automação em Processamento e Embalagem** : A automatização no processamento, limpeza e embalagem pode reduzir os custos de mão de obra humana, minimizar os erros e aumentar a consistência do produto. Os sistemas robóticos nas explorações de aquacultura ajudam a simplificar as tarefas, como a classificação do peixe , a filetagem e a embalagem, garantindo a qualidade e a segurança .
- **Monitorização remota e drones** : Os drones e os sistemas de monitorização remota permitem a observação contínua das operações de aquacultura offshore , particularmente em jaulas de mar aberto . Esta tecnologia reduz a necessidade de inspecções manuais, melhorando a segurança e a eficiência operacional .

161.6 Tendências Futuras na Aquacultura Gestão da Cadeia de Valor

O futuro da gestão da cadeia de valor da aquicultura implicará provavelmente uma maior integração da tecnologia, uma maior atenção à sustentabilidade e uma adaptação às mudanças do mercado e do panorama regulamentar s:

- **Insumos sustentáveis e alimentos alternativos para animais**: A utilização de ingredientes alternativos para as rações, como as proteínas de insectos ou de algas , reduzirá o impacto ambiental das rações tradicionais para peixes . A produção sustentável de rações diminuirá a pressão sobre as populações de peixes selvagens, em conformidade com os objectivos ambientais.
- **Economia circular Modelos**: Economia circular práticas, tais como iniciativas de valorização de resíduos , tornar-se-ão mais prevalecentes. Por exemplo, os resíduos de peixe podem ser reutilizados como fertilizante ou biogás , acrescentando valor e minimizando o impacto ambiental .
- **Produtos personalizados de aquacultura** : Com a crescente procura de opções alimentares personalizadas por parte dos consumidores , as cadeias de valor da aquacultura podem, cada vez mais, responder a necessidades alimentares específicas, tais como produtos biológicos, sem antibióticos ou enriquecidos com nutrientes. Esta tendência irá requerer uma cadeia de fornecimento flexível s que se adapte rapidamente às mudanças na procura.
- **Aquicultura regenerativa** : As práticas regenerativas, como a integração da cultura de algas ou de moluscos com a cultura de peixes , melhoram a qualidade da água e criam diversidade de habitats . Os modelos de aquacultura regenerativa promovem a saúde do ecossistema ao mesmo tempo que diversificam os resultados da produção.
- **Mercados digitais e comércio eletrónico**: Os mercados digitais proporcionarão acesso direto aos consumidores, contornando os intermediários tradicionais e aumentando a rentabilidade para os aquapreneurs. As plataformas de comércio eletrónico também oferecem aos pequenos produtores a capacidade de alcançar uma base de clientes global, expandindo as oportunidades de mercado.

161.7 Estudos de caso e boas práticas na aquicultura Gestão da cadeia de valor

- **Criação de salmão na Noruega**: A Noruega é um líder mundial na criação sustentável de salmão, centrando-se na inovação tecnológica e em normas regulamentares rigorosas . As empresas norueguesas utilizam sistemas baseados na IA para a gestão da alimentação e a monitorização de doenças, reduzindo o desperdício e assegurando uma elevada qualidade do produto .

- **Criação de camarão na Tailândia**: A indústria de camarão da Tailândia emprega práticas ecológicas , tais como sistemas de recirculação e filtragem biológica da água. A colaboração com fornecedores locais e os métodos de abastecimento sustentáveis posicionaram os produtos de camarão tailandeses de forma favorável nos mercados globais.
- **Marisco e algas Integração**: No Canadá, a aquacultura multitrófica integrada (IMTA) combina a cultura de peixes , mariscos e algas para criar um ecossistema equilibrado . Este sistema reduz os resíduos, uma vez que o marisco e as algas absorvem os nutrientes dos resíduos de peixe, aumentando a sustentabilidade ambiental .

161.8 Conclusão: Gestão eficaz para uma aquacultura sustentável Cadeia de valor

A gestão eficaz da cadeia de valor da aquacultura é essencial para alcançar um equilíbrio entre a rentabilidade , a sustentabilidade , e a responsabilidade social . Ao integrar práticas sustentáveis , tecnologias avançadas e um compromisso com a qualidade, os aquapreneurs podem construir cadeias de valor resistentes e eficientes que satisfaçam a procura do mercado global s e as normas regulamentares . À medida que o sector evolui, as inovações e adaptações continuarão a conduzir a melhorias na eficiência, no impacto ambiental , e na equidade social, moldando um futuro sustentável para a aquacultura à escala global.

162.0 Gestão de explorações de retransmissão em aquacultura

A agricultura de revezamento é uma prática agrícola estratégica que se centra na alternância ou rotação da utilização de recursos e culturas para otimizar a produção e manter a saúde ambiental . Na aquicultura , a agricultura de revezamento pode envolver a rotação de espécies de peixes , a alternância entre espécies aquáticas e semi-aquáticas , ou a integração de sistemas multitróficos que maximizam a utilização de recursos e a reciclagem de resíduos . A gestão de explorações de revezamento combina práticas sustentáveis com estratégias operacionais para aumentar os rendimentos, reduzir o esgotamento de recursos e melhorar o impacto ambiental , tornando-a uma abordagem altamente eficaz na aquicultura moderna.

Esta secção explora o conceito de gestão de explorações de revezamento, detalhando os seus princípios, benefícios, técnicas, desafios , e exemplos em aquacultura .

162.1 Princípios de gestão das explorações de relés

A gestão das explorações de relé na aquicultura baseia-se em princípios de sustentabilidade , biodiversidade e equilíbrio dos ecossistemas:

- **Sustentabilidade** : A agricultura de rotação minimiza o esgotamento dos recursos através da rotação de espécies ou da alternância entre culturas e períodos de pousio . Este método reduz a utilização de água e de nutrientes ao longo do tempo, apoiando a produtividade a longo prazo dos sistemas de aquacultura .

- **Eficiência de recursos**: Ao alternar espécies que têm diferentes necessidades nutricionais e ambientais, a agricultura de rotação promove uma utilização óptima dos recursos. Por exemplo, certas espécies podem ser alternadas para equilibrar os níveis de nutrientes na água, permitindo que cada espécie beneficie dos resíduos deixados pela cultura anterior.
- **Biodiversidade e Saúde dos Ecossistemas** : A agricultura de revezamento apoia a saúde do ecossistema promovendo a biodiversidade, reduzindo a propagação de doenças e evitando a exaustão da monocultura. O cultivo de diferentes espécies em várias alturas ajuda a manter o equilíbrio ecológico e evita a utilização excessiva de determinados recursos.

162.2 Principais benefícios da gestão de explorações de relés

A gestão de explorações de relés traz várias vantagens à aquicultura , contribuindo para melhorias ambientais, económicas e operacionais:

- **Produtividade melhorada** : A agricultura de revezamento permite aos agricultores maximizar a produtividade dentro da mesma área, mudando as espécies ou culturas com base nas condições sazonais, na qualidade da água , e na procura do mercado . Ao escalonar os ciclos de produção, as operações de aquacultura podem atingir uma produção contínua e minimizar os períodos de inatividade.
- **Sustentabilidade ambiental** : Este método melhora a qualidade da água e reduz os resíduos, uma vez que espécies diferentes utilizam nutrientes e produtos residuais de forma diferente. Por exemplo, num sistema de relés, as espécies com elevada absorção de azoto podem ser seguidas por espécies que contribuem com menos resíduos orgânicos, criando um ciclo de nutrientes equilibrado.
- **Redução da carga de doenças e parasitas**: A rotação de espécies e os períodos de descanso entre culturas interrompem o ciclo de vida dos agentes patogénicos e dos parasitas, reduzindo o risco de doenças. Esta abordagem também reduz a necessidade de tratamentos químicos, como os antibióticos , melhorando a qualidade ambiental e dos produtos .
- **Eficiência de custos** : A agricultura de estafetas minimiza os custos dos factores de produção, utilizando os recursos naturalmente disponíveis de forma mais eficiente. Com menores exigências em termos de alimentação, água e produtos químicos, a relay farming reduz as despesas associadas aos métodos de produção intensiva contínua.

- **Capacidade de resposta ao mercado**: Ao gerir várias espécies ou tipos de culturas, a agricultura de revezamento permite que as empresas de aquacultura se adaptem rapidamente à procura do mercado s , ajustando a produção com base nas tendências actuais do mercado , nas preferências sazonais e nas flutuações de preços.

162.3 Técnicas e estratégias de gestão de explorações de relés

Existem várias técnicas e estratégias no âmbito da gestão das explorações de relé, cada uma concebida para otimizar a utilização dos recursos, promover a biodiversidade e manter rendimentos de alta qualidade. A seguir estão alguns dos principais métodos:

- **Rotação de espécies**: Esta técnica envolve a alternância de diferentes espécies de peixes ou outros organismos aquáticos no mesmo sistema. Por exemplo, a tilápia pode ser seguida por uma época de criação de camarões, com cada espécie a trazer benefícios únicos ao ecossistema aquático, como o ciclo de nutrientes ou a redução de resíduos .
- **Aquacultura multitrófica** : Também conhecida como aquacultura multitrófica integrada (IMTA), esta abordagem envolve o cultivo de várias espécies que ocupam diferentes níveis tróficos no mesmo sistema. Os peixes , os moluscos e as algas , por exemplo, podem ser cultivados em conjunto. Os peixes geram resíduos, os moluscos filtram as partículas e as algas absorvem os nutrientes dissolvidos, criando um ecossistema autossustentável.
- **Produção alternada e períodos de pousio** : A agricultura de alternância pode incluir períodos em que não há produção num determinado sistema, permitindo a recuperação do ambiente. O pousio permite que os sedimentos se depositem, que os agentes patogénicos morram e que os níveis de nutrientes se normalizem, reduzindo a necessidade de insumos artificiais e garantindo um ecossistema mais saudável.
- **Recirculação de água e biofiltração** : Os sistemas que recirculam a água de uma espécie para outra, utilizando a biofiltração para limpar e equilibrar as cargas de nutrientes, podem aumentar a utilidade da água e reduzir os resíduos. Através da rotação de espécies em diferentes tanques ou lagos com sistemas de recirculação de água partilhados, os agricultores podem aumentar a produtividade enquanto conservam a água.
- **Policultura sequencial** : A policultura sequencial envolve a rotação de várias espécies numa sequência, em que cada espécie utiliza os recursos e nutrientes deixados pela espécie anterior. Por exemplo, depois de uma época de criação de peixes , pode ser introduzida uma planta aquática ou uma espécie que se alimenta por filtração, como as ostras, para absorver os

nutrientes restantes, promovendo a clareza da água e reduzindo o impacto ambiental .

162.4 Desafios na implementação da gestão de fazendas de relés

Embora a gestão das explorações de relés ofereça muitas vantagens, a sua aplicação efectiva exige a superação de vários desafios :

- **Complexidade da gestão**: A gestão de várias espécies, a coordenação dos calendários de produção e a manutenção da qualidade da água ao longo de diferentes ciclos aumentam a complexidade das operações. Os agricultores necessitam de um vasto conhecimento das necessidades e interações ambientais de cada espécie.
- **Procura do mercado e calendarização**: A agricultura de revezamento depende de ciclos de produção cuidadosamente programados para atender à demanda do mercado . Mudanças inesperadas na procura ou atrasos na rotação de culturas podem perturbar a viabilidade económica do sistema , especialmente em mercados com preferências sazonais rigorosas.
- **Condições ambientais e climatéricas**: A variabilidade dos factores ambientais , como a temperatura , a disponibilidade de água , e a qualidade, podem ter impacto no sucesso da relocalização. As flutuações climáticas ou as secas sazonais podem dificultar a alternância de culturas ou a manutenção do equilíbrio do ecossistema.
- **Investimento inicial** : O estabelecimento da infraestrutura e a aquisição dos conhecimentos necessários para a gestão da exploração de relés podem exigir um investimento inicial significativo. Sistemas como a aquacultura multitrófica ou a biofiltração podem ser dispendiosos, exigindo equipamento e conhecimentos especializados.
- **Restrições regulatórias** : Os regulamentos relativos à rotação de espécies, utilização de água e gestão de efluentes podem ter impacto na gestão das explorações de relés. Conformidade com regulamentos variados para cada espécie ou sistema pode limitar a flexibilidade de algumas operações agrícolas.

162.5 Sustentabilidade e gestão de explorações de relés

A gestão de explorações de estafetas é frequentemente considerada uma abordagem sustentável da aquacultura , sobretudo devido à sua eficiência em termos de recursos e aos seus benefícios ecológicos. Ao reduzir a dependência de insumos químicos, optimizando a utilização de nutrientes e preservando a biodiversidade , a relay farming apoia a saúde ambiental a longo prazo .

- **Conservação da água** : As práticas agrícolas de reutilização, como a recirculação da água e a biofiltração , contribuem para uma conservação substancial da água . Os sistemas que reutilizam e reciclam a água reduzem a necessidade de utilizar água doce, beneficiando as regiões com recursos hídricos limitados .

- **Redução de resíduos**: A utilização de técnicas multitróficas ou de policultura permite reutilizar os resíduos em vez de os deitar fora. Por exemplo, os resíduos de peixe tornam-se nutrientes para plantas ou algas , reduzindo a libertação de poluentes nos ecossistemas naturais .
- **Biodiversidade Conservação** : A manutenção da biodiversidade através da rotação de espécies e de sistemas integrados preserva os ecossistemas aquáticos e minimiza os riscos relacionados com a monocultura. Populações de espécies diversas reduzem a probabilidade de surtos de doenças , criam um controlo natural das pragas e promovem a resiliência dos ecossistemas .
- **Melhoria da qualidade do solo e da água** : Períodos de pousio periódicos e policultura sequencial contribuem para condições mais saudáveis do solo e da água, restabelecendo o equilíbrio dos nutrientes, reduzindo os agentes patogénicos e minimizando a sobrecarga de nutrientes, que pode causar eutrofização.

162.6 Inovações tecnológicas na gestão das explorações de relés

A tecnologia desempenha um papel cada vez mais vital na gestão das complexidades da agricultura de retransmissão. As inovações na monitorização de dados, na automatização e na análise estão a melhorar a eficiência, a precisão e a escalabilidade dos sistemas de culturas de estafetas.

- **Alimentação automatizada e monitorização**: Sistemas automatizados de alimentação e sensores IoT monitorizam os horários de alimentação , a qualidade da água e as taxas de crescimento em tempo real, optimizando a utilização de recursos para cada espécie e reduzindo os custos de mão de obra.
- **Análise de dados e modelação preditiva** : Os sistemas de análise de dados analisam dados ambientais e de crescimento , ajudando os agricultores a tomar decisões informadas sobre a rotação de espécies, ajustes na qualidade da água e prevenção de doenças . Os modelos preditivos podem simular vários cenários de rotação, permitindo aos agricultores planear ciclos com base nos resultados projectados.
- **Aquacultura Drones** : Os drones equipados com câmaras e sensores podem monitorizar grandes sistemas de aquacultura , especialmente úteis em sistemas de retransmissão em mar aberto. Os drones podem detetar precocemente problemas como surtos de doenças , contaminação da água ou danos nas infra-estruturas , ajudando a evitar perdas de colheitas.
- **Biofiltração e Cultivo de Algas** : Os sistemas de biofiltração utilizam processos naturais para remover os resíduos da água. A cultura de algas,

utilizada nalguns sistemas multitróficos, ajuda a absorver o excesso de nutrientes e fornece produtos secundários como a biomassa ou o biocombustível.

162.7 Estudos de caso na gestão de explorações de relés

O exame de exemplos reais de gestão de explorações de relés realça a diversidade de aplicações e os potenciais benefícios desta abordagem.

- **Carpa da China - Sistema de policultura**: A China pratica há muito tempo um sistema de policultura em que várias espécies de carpas são cultivadas em conjunto, cada uma alimentando-se em diferentes níveis do ecossistema do tanque. Esta prática melhora a saúde do tanque , maximiza a produtividade e minimiza a acumulação de resíduos.
- **Criação integrada de camarões e mangais no Sudeste Asiático**: Algumas fazendas de camarão no Sudeste Asiático integram manguezais e viveiros de camarão para criar um ecossistema equilibrado . Os mangais filtram naturalmente os resíduos dos viveiros de camarões, enquanto os camarões beneficiam do ciclo de nutrientes fornecido pelos sistemas de raízes dos mangais.
- **Marisco e rotação de algas no Canadá**: As operações de aquacultura canadianas adoptaram técnicas de agricultura de revezamento através da rotação de algas e marisco. Os moluscos beneficiam da água rica em nutrientes criada pelas algas durante a época de crescimento, enquanto a cultura de algas absorve os nutrientes em excesso deixados pelos moluscos, resultando num ciclo de nutrientes equilibrado.

162.8 Melhores práticas para uma gestão bem sucedida da exploração de retransmissão

A implementação da gestão de fazendas de revezamento requer planejamento cuidadoso, monitoramento e gestão adaptativa. As seguintes melhores práticas podem aumentar o sucesso dos sistemas de fazendas de revezamento:

- **Conduzir avaliações de impacto ambiental** : Avaliar o ecossistema local para determinar que espécies e práticas de gestão são compatíveis com as condições ambientais e normas regulamentares existentes .
- **Escolha espécies compatíveis**: Selecione espécies que complementem as necessidades de nutrientes, os ciclos de crescimento e o impacto ambiental s uns dos outros. Por exemplo, as espécies herbívoras podem ser alternadas com as filtradoras para equilibrar os níveis de nutrientes do ecossistema.
- **Monitorizar a qualidade da água Regularmente**: Invista em ferramentas de monitorização da qualidade da água para controlar o pH , o oxigénio dissolvido , a temperatura e os níveis de nutrientes. A monitorização

regular garante que as condições são optimizadas para a rotação de cada espécie.

- **Planear a procura do mercado** : Compreender as preferências dos consumidores e planear os ciclos de distribuição de modo a corresponder aos períodos de maior procura, assegurando que os produtos estão disponíveis quando os preços são favoráveis.
- **Investir na formação dos empregados**: A gestão de explorações de estafetas requer conhecimentos e competências específicas, particularmente no que respeita à agricultura multi-espécies e à gestão ambiental. A formação dos empregados garante que eles estejam equipados para lidar com as complexidades da agricultura de revezamento.

162.9 Conclusão: O futuro da gestão de estafetas em aquacultura

A gestão de fazendas de revezamento representa uma abordagem sustentável e produtiva para a aquicultura que alavanca a dinâmica do ecossistema natural. Ao maximizar a utilização dos recursos, minimizar o desperdício e apoiar a saúde ambiental , a aquacultura de estafetas tem um potencial significativo para enfrentar os desafios da aquacultura moderna. A integração contínua da tecnologia e da inovação aumentará ainda mais a eficiência e a escalabilidade da gestão das explorações de estafilocultura, fornecendo aos aquapreneurs ferramentas para satisfazer a crescente procura de alimentos, preservando simultaneamente os valiosos recursos hídricos .

163,0 Cultura integrada de arroz e peixe

A cultura integrada arroz-peixe , também conhecida como cultura arroz-peixe, é um sistema inovador de agro-aquicultura que combina o cultivo de arroz com a criação de peixes na mesma parcela. Esta abordagem integrada aproveita as sinergias entre o arroz e o peixe para otimizar a utilização dos recursos, aumentar a produtividade e contribuir para a segurança alimentar , particularmente nas regiões rurais. Ao cultivar simultaneamente peixe e arroz, este método fornece grãos e proteínas, diversificando a produção dos agricultores e reduzindo a necessidade de insumos químicos.

Esta secção analisa os princípios, benefícios, técnicas e desafios da rizicultura integrada , explorando o seu potencial para uma agricultura sustentável e para os meios de subsistência rurais .

163.1 Princípios da cultura integrada arroz-peixe

A cultura integrada arroz-peixe baseia-se nos princípios da sinergia ecológica, da eficiência dos recursos e da agricultura sustentável :

- **Sinergia entre espécies**: Nos sistemas arroz-peixe , o peixe e o arroz beneficiam da presença um do outro. Os peixes alimentam-se de insectos , ervas daninhas e pragas, reduzindo a necessidade de pesticidas. Entretanto, o arroz fornece abrigo e um habitat para os peixes.

- **Otimização de recursos**: Ao utilizar a mesma terra e os mesmos recursos hídricos para produzir várias culturas (arroz e peixe), a agricultura integrada maximiza a utilização dos recursos naturais e minimiza o desperdício.
- **Redução de produtos químicos** : Os peixes consomem as pragas que normalmente requerem tratamento químico , reduzindo assim a necessidade de pesticidas. Os resíduos de peixe, por sua vez, fertilizam o solo, reduzindo a necessidade de fertilizantes sintéticos e melhorando a qualidade do solo.

163.2 Benefícios da cultura integrada de arroz e peixe

A cultura integrada arroz-peixe traz benefícios económicos, ambientais e sociais significativos para os agricultores e os ecossistemas :

- **Aumento da produtividade agrícola**: Ao cultivar peixe e arroz em conjunto, os agricultores podem produzir dois produtos na mesma parcela, aumentando a produtividade global. Esta diversificação oferece um maior potencial de rendimento e reduz o risco.
- **Controlo reforçado de pragas e ervas daninhas**: Os peixes controlam as pragas consumindo larvas, ervas daninhas e insectos que, de outro modo, necessitariam de pesticidas. Este controlo natural das pragas reduz os custos de produção e diminui o risco de resistência das pragas.
- **Fertilidade do solo e melhoria da qualidade da água** : Os resíduos de peixe são ricos em nutrientes que fertilizam naturalmente os arrozais. Esta reciclagem de nutrientes melhora a fertilidade do solo, reduz a necessidade de fertilizantes químicos e melhora a qualidade da água .
- **Biodiversidade e saúde dos ecossistemas** : A integração de peixes nos arrozais aumenta a biodiversidade, criando um ecossistema equilibrado que beneficia a flora e a fauna locais. O habitat arroz-peixe também serve de refúgio para organismos benéficos como rãs e aves.
- **Segurança económica e abastecimento alimentar**: A agricultura integrada arroz-peixe proporciona aos agricultores uma fonte diversificada de rendimento, aumentando a resiliência contra a quebra de colheitas. Também contribui para a segurança alimentar fornecendo uma fonte dupla de hidratos de carbono (arroz) e proteínas (peixe).

163.3 Técnicas de cultura integrada de arroz e peixe

São utilizadas várias técnicas para implementar e otimizar a cultura do arroz-peixe , desde a preparação do campo até às práticas de gestão:

- **Preparação do campo e gestão da água** : Os arrozais devem ser ligeiramente modificados para suportar os peixes enquanto ainda acomodam o crescimento do arroz . Isto envolve a criação de trincheiras ou valas à volta das bordas dos arrozais para proporcionar refúgio aos peixes em águas pouco profundas. Os níveis de água são cuidadosamente geridos para assegurar uma profundidade adequada à sobrevivência dos peixes sem comprometer o crescimento do arroz.

- **Seleção de espécies** : As espécies comuns de peixe usadas nos sistemas de arroz-peixe incluem a tilápia , a carpa , e o peixe-gato . Estas espécies são resistentes, de crescimento rápido e adaptáveis às condições dos arrozais. A seleção de espécies que sejam compatíveis com o clima local e com as variedades de arroz é fundamental.
- **Povoamento e alimentação**: Os peixes são normalmente introduzidos nos arrozais quando as plântulas de arroz estão bem estabelecidas. A densidade de povoamento varia em função da espécie de peixe, da disponibilidade de água , e dos níveis de nutrientes. Na maioria dos casos, não é necessária alimentação suplementar, uma vez que os peixes se alimentam de insectos , larvas e outras fontes naturais de alimentação nos arrozais.
- **Gestão de nutrientes e pragas**: Os peixes reduzem a necessidade de fertilizantes ao libertarem nutrientes para a água à medida que se alimentam. A gestão de pragas também é simplificada, pois os peixes consomem ervas daninhas e larvas, mantendo o campo saudável sem o uso de pesticidas.
- **Colheita** : Os peixes podem ser colhidos antes, durante ou depois da colheita do arroz, dependendo da espécie e dos objectivos do agricultor. Para algumas espécies, a colheita selectiva permite que alguns peixes continuem a crescer enquanto outros são removidos, optimizando o rendimento ao longo do tempo.

163.4 Desafios na cultura integrada de arroz e peixe

Apesar dos seus muitos benefícios, a rizicultura integrada coloca alguns desafios :

- **Gestão da água** : O equilíbrio dos níveis de água para o arroz e para os peixes pode ser complexo, particularmente em regiões com precipitação variável ou escassez de água . Uma profundidade de água insuficiente pode pôr em perigo os peixes, enquanto que o excesso de água pode danificar o arroz.
- **Infra-estruturas Custos** : A modificação de arrozais para acomodar peixes , como a construção de trincheiras, pode ser dispendiosa, especialmente para pequenos agricultores com recursos limitados.
- **Exigências de mão de obra**: A cultura integrada arroz-peixe pode ser trabalhosa, uma vez que requer uma monitorização regular dos níveis de água, da saúde dos peixes e do controlo de pragas . O aumento das exigências de mão de obra pode não ser viável para todos os agricultores.

- **Gestão de doenças** : Os sistemas integrados podem ser vulneráveis a doenças que afectam tanto o arroz como os peixes . O controlo de doenças sem a utilização de produtos químicos pode ser um desafio e requer conhecimentos de práticas de gestão orgânica.
- **Acesso ao mercado** : Para que a cultura arroz-peixe seja economicamente viável, é necessário que exista um mercado fiável tanto para o arroz como para o peixe. Em regiões sem mercados de peixe estabelecidos, os agricultores podem ter dificuldade em vender o seu peixe, limitando a rendibilidade potencial .

163.5 Impacto ambiental e sustentabilidade

A agricultura integrada arroz-peixe é altamente sustentável, oferecendo soluções para vários desafios ecológicos associados à agricultura convencional:

- **Redução da utilização de produtos químicos**: Ao reduzir a utilização de pesticidas e fertilizantes, a agricultura arroz-peixe reduz a poluição ambiental , apoiando ecossistemas mais saudáveis e protegendo as massas de água locais da contaminação.
- **Controlo da Erosão e Saúde do Solo** : A atividade dos peixes nos arrozais ajuda a manter a estrutura do solo, prevenindo a erosão. Os resíduos de peixe, ricos em nutrientes, apoiam a saúde do solo e aumentam a produtividade a longo prazo.
- **Biodiversidade Conservação** : A introdução de peixes cria um habitat mais diversificado, beneficiando uma série de espécies que contribuem para a resiliência do ecossistema e o equilíbrio.
- **Resiliência climática** : Os sistemas integrados oferecem resiliência climática diversificando os resultados e reduzindo os riscos associados à agricultura de monocultura. Esta adaptabilidade torna a agricultura arroz-peixe particularmente adequada para regiões propensas à variabilidade climática.

163.6 Estudos de caso na cultura integrada de arroz e peixe

- **Os sistemas arroz-peixe da China** : A China tem uma longa história de cultura de arroz-peixe, particularmente em regiões como a província de Zhejiang. Nestes sistemas, a carpa é normalmente integrada nos arrozais, reduzindo a utilização de pesticidas e melhorando a produção de arroz. Os agricultores referem benefícios económicos e ambientais, incluindo o controlo de pragas e a melhoria da fertilidade do solo .
- **A cultura de arroz e camarão no Vietname**: No Delta do Mekong, no Vietname, os agricultores integram o cultivo de camarão com o cultivo de arroz. Durante a estação das chuvas, os camarões são introduzidos nos campos e o arroz é cultivado durante a estação seca. Esta rotação reduz o

impacto ambiental s ao mesmo tempo que proporciona diversificação de rendimentos .

- **A cultura de arroz e peixe da Índia** : Os agricultores indianos implementaram com êxito a cultura de arroz-peixe utilizando espécies de peixes indígenas. Este sistema é praticado em vários estados, com os agricultores a beneficiarem de melhores rendimentos, da redução dos custos dos factores de produção , e do aumento da biodiversidade .

1. **Província chinesa de Guangxi: um modelo de cultura integrada de arroz e peixe**

Na província chinesa de Guangxi, a cultura integrada de arroz e peixe tem uma longa história e é considerada um modelo de agricultura sustentável . Esta região aperfeiçoou o sistema criando arrozais especializados que acomodam tanto o arroz como o peixe , permitindo aos agricultores aumentar a produtividade ao mesmo tempo que mantêm o equilíbrio ambiental.

- **Abordagem**: Os agricultores constroem valas pouco profundas à volta da periferia dos arrozais para dar refúgio aos peixes durante a escassez de água ou quando os arrozais precisam de ser drenados. A carpa comum e a carpa herbívora são espécies populares devido à sua compatibilidade com os ecossistemas dos arrozais .
- **Impacto ambiental** : A integração do peixe com o arroz ajuda a controlar pragas como a broca do arroz e a cigarrinha, reduzindo a necessidade de pesticidas. Os resíduos de peixe também actuam como um fertilizante natural, enriquecendo o solo dos arrozais e reduzindo a necessidade de fertilizantes sintéticos.
- **Benefícios económicos** : Os agricultores de Guangxi usufruem de um aumento de rendimento s devido ao duplo rendimento das culturas s. O peixe constitui uma fonte adicional de rendimento, ao mesmo tempo que diversifica a produção dos agricultores. Estudos mostram que os agricultores que praticam a cultura do arroz-peixe em Guangxi registam rendimentos mais elevados do que os que cultivam apenas arroz.
- **Importância cultural**: O sistema de cultivo de arroz-peixe em Guangxi é reconhecido pela FAO como um Sistema de Património Agrícola Globalmente Importante (GIAHS) , preservando o conhecimento ecológico tradicional e promovendo a agricultura sustentável .

2. **Delta do Mekong no Vietname: Cultivo de arroz e camarão para adaptação ao clima**

No Delta do Mekong, Vietname , os agricultores adaptaram a cultura integrada de arroz e peixe para incluir o camarão, criando um sistema de cultura de arroz e camarão adaptado às condições de água salobra do delta. Esta adaptação responde tanto à produção alimentar como aos desafios ambientais colocados pelas alterações sazonais da salinidade .

- **Abordagem**: Os agricultores cultivam arroz durante a estação das chuvas, quando a água doce é abundante, e depois mudam para a criação de camarões na estação seca, quando a salinidade aumenta. Esta rotação ajuda a preservar a saúde do solo e permite que os agricultores capitalizem tanto a produção de arroz como a de camarão.
- **Impacto ambiental** : Os camarões alimentam-se de matéria orgânica deixada após a colheita do arroz , minimizando a poluição da água e reduzindo a necessidade de alimentação externa. Este sistema simbiótico também ajuda a mitigar a salinização do solo, um problema comum nas regiões costeiras.
- **Benefícios económicos** : A combinação de arroz e camarão proporciona um rendimento significativo aos agricultores do Delta do Mekong. O camarão, em particular, é uma exportação de alto valor , trazendo receitas estrangeiras para o Vietname. Estudos mostram que os agricultores ganham duas a três vezes mais com a cultura do arroz-camarão do que com a monocultura do arroz.
- **Resiliência climática** : Este sistema é particularmente resistente às alterações induzidas pelo clima na salinidade da água e na sua disponibilidade, o que o torna uma opção sustentável para o delta, onde a subida do nível do mar e a intrusão da salinidade são desafios actuais .

3. **Estado de Odisha, na Índia: Melhorar os rendimentos e reduzir os custos dos factores de produção**

Em Odisha, na Índia , a cultura integrada de arroz e peixe tornou-se uma ferramenta importante para os pequenos agricultores que procuram melhorar os rendimentos, reduzindo simultaneamente a dependência de factores de produção dispendiosos, como fertilizantes e pesticidas. A prática é promovida pelo governo como uma forma de apoiar meios de subsistência agrícolas sustentáveis nas zonas rurais.

- **Abordagem**: Os agricultores de Odisha utilizam espécies autóctones, como a carpa indiana e o murrel , que se desenvolvem nos ambientes locais dos arrozais. Os peixes são colocados nos arrozais na mesma altura em que o arroz é plantado, permitindo que os peixes consumam as pragas à medida que o arroz cresce.
- **Impacto ambiental e económico** : Os peixes ajudam a controlar naturalmente as populações de pragas, reduzindo os custos dos pesticidas e os riscos para a saúde e a biodiversidade . Os resíduos de peixe actuam como um fertilizante orgânico, reduzindo a necessidade de fertilizantes

químicos dispendiosos e melhorando a fertilidade do solo ao longo do tempo.

- **Diversificação de rendimentos** : A cultura adicional de peixe ajuda os agricultores a diversificar o rendimento, dando-lhes uma fonte secundária de rendimento e melhorando a estabilidade financeira . Muitos agricultores referem uma maior segurança alimentar , uma vez que o peixe constitui uma valiosa fonte de proteínas para as suas famílias.
- **Apoio do Governo e das ONG**: Tanto o governo de Odisha como as ONG têm sido fundamentais na promoção da cultura do arroz-peixe , fornecendo formação sobre as melhores práticas e subsídios para alevins e factores de produção agrícola.

4. **Distrito de Mymensingh no Bangladesh: Aumentar a segurança alimentar e o rendimento**

No distrito de Mymensingh, no Bangladesh, onde a segurança alimentar é uma prioridade, a cultura integrada de arroz e peixe ajudou os agricultores locais a aumentar a sua produção alimentar sem expandir as terras agrícolas. A prática ganhou popularidade devido à sua adaptabilidade ao ecossistema local e aos seus benefícios no aumento da segurança alimentar e dos rendimentos .

- **Abordagem**: Os agricultores introduzem a tilápia ou o peixe-gato nos seus arrozais quando as plantas de arroz atingem uma altura suficiente para evitar os danos causados pelos peixes . Estas espécies são escolhidas pela sua resiliência e rápido crescimento , permitindo uma colheita substancial de peixe no final da época de cultivo do arroz.
- **Benefícios**: Os peixes contribuem para o controlo de pragas ao consumirem insectos nocivos e larvas. Os seus resíduos enriquecem o solo com nutrientes orgânicos, aumentando a produtividade do arroz sem a necessidade de fertilizantes adicionais.
- **Impacto económico** : O rendimento adicional das vendas de peixe ajudou os agricultores rurais do Bangladesh a melhorar a sua estabilidade económica, permitindo-lhes investir em melhores sementes, ferramentas e educação para as suas famílias. Este facto tem tido um impacto especial nas mulheres agricultoras, que desempenham um papel significativo na gestão das explorações de arroz-peixe.
- **Apoio governamental** : O governo do Bangladesh e as ONG forneceram apoio técnico e formação, ajudando os agricultores a otimizar as suas práticas. Como resultado, a cultura integrada de arroz e peixe expandiu-se significativamente no distrito de Mymensingh, com sucesso no aumento da segurança alimentar .

5. **Província de Battambang, no Camboja: Melhorar a segurança alimentar com sistemas arroz-peixe**

Na província de Battambang, no Camboja , a cultura integrada de arroz e peixe tornou-se um método vital para aumentar a segurança alimentar e apoiar os rendimentos rurais. Os agricultores cambojanos debatem-se frequentemente com uma baixa produtividade devido à má qualidade dos solos e ao acesso limitado aos recursos , mas a rizipiscicultura provou ser uma solução eficaz.

- **Abordagem**: Os agricultores introduzem espécies de peixes como a tilápia e o barbo prateado nos arrozais no início da época de plantação. Estes peixes adaptam-se bem ao ambiente de águas pouco profundas e crescem rapidamente ao lado do arroz.
- **Impacto ambiental** : Os peixes reduzem a necessidade de insumos químicos ao alimentarem-se de insectos e ervas daninhas, o que reduz os custos de produção e melhora o equilíbrio ecológico nos arrozais. Os resíduos de peixe também aumentam os níveis de nutrientes do solo, contribuindo para uma maior produção de arroz ao longo do tempo.
- **Impacto social e económico** : Para além de melhorar a nutrição das famílias, as vendas de peixe permitiram aos agricultores obter um rendimento extra, que investem em melhorias nas explorações agrícolas ou na educação dos filhos. As mulheres desempenham um papel importante na gestão do peixe nos campos de arroz, e esta prática tem dado poder económico às agricultoras.
- **Apoio e formação**: As ONG cambojanas , tais como a Organização Cambojana para a Investigação e o Desenvolvimento, deram formação aos agricultores locais sobre a co-cultura arroz-peixe , tornando-a uma prática agrícola acessível e sustentável para os pequenos agricultores.

6. **Planície de Fogera, na Etiópia: Arroz-Tilápia Integração para combater a malnutrição**

Na planície de Fogera, na Etiópia, a introdução da cultura arroz-peixe permitiu combater a subnutrição e a insegurança alimentar, especialmente em regiões onde as fontes de proteínas são escassas. O sistema arroz-peixe foi adotado como um meio de apoiar dietas diversificadas e rendimentos para as famílias rurais.

- **Abordagem**: Os agricultores etíopes criam tilápia do Nilo , que se adapta às condições da água nos arrozais. As tilápias são cultivadas ao mesmo tempo que a plantação de arroz, permitindo que ambos cresçam em simultâneo.
- **Benefícios nutricionais** : Ao produzir arroz e peixe , os agricultores melhoram a diversidade alimentar . O peixe fornece uma fonte crítica de proteínas e micronutrientes para as famílias, resolvendo as deficiências nutricionais comuns nas comunidades rurais da Etiópia.
- **Impacto económico** : A venda de tilápia proporciona um rendimento suplementar às famílias, ajudando-as a pagar outras necessidades e a

investir em factores de produção agrícola para as épocas seguintes. Este rendimento adicional é crucial para as zonas onde os agricultores têm um acesso limitado aos mercados e aos recursos agrícolas.

- **Sustentabilidade e envolvimento da comunidade** : O Ministério da Agricultura da Etiópia, juntamente com ONG internacionais , apoiou a cultura do peixe-arroz organizando sessões de formação e fornecendo alevins. Este apoio aumentou a adoção local e criou um modelo sustentável que beneficia tanto a saúde como o bem-estar económico.

7. **Prefeitura de Aichi, Japão: Sistemas tradicionais de arroz-peixe de Satoyama**

Na prefeitura de Aichi, no Japão , pratica-se o método tradicional Satoyama de cultivo integrado de arroz e peixe , alinhando as actividades agrícolas com os ecossistemas naturais para promover a biodiversidade e o património cultural.

- **Abordagem**: Os agricultores criam loach e carpa , espécies nativas que se desenvolvem naturalmente nos arrozais. Os peixes são introduzidos quando o arroz é transplantado, e tanto o arroz como os peixes são colhidos no final da época.
- **Impacto cultural e ecológico** : O método Satoyama preserva os conhecimentos agrícolas tradicionais, ao mesmo tempo que promove a saúde do ecossistema . A loach ajuda a controlar as pragas, enquanto os resíduos de peixe enriquecem o solo, eliminando a necessidade de utilizar produtos químicos.
- **Benefícios económicos** : A combinação de arroz e peixe proporciona um impulso económico aos pequenos agricultores, que podem vender arroz e peixe nos mercados locais, onde estes produtos são frequentemente valorizados pelas suas origens agrícolas tradicionais.
- **Preservação da comunidade e do património**: A paisagem de Satoyama é um bem cultural reconhecido no Japão, promovendo a harmonia com a natureza. Esta prática incentiva as gerações mais jovens a envolverem-se na agricultura tradicional e na sustentabilidade , contribuindo para a preservação do património agrícola japonês.

164.0 Co-cultura arroz-peixe : Introdução simultânea de peixes juvenis e cultivo de arroz

Arroz-peixe A co-cultura é uma técnica inovadora de agro-aquicultura que combina o cultivo de arroz e peixe no mesmo arrozal. Neste método, os peixes juvenis são introduzidos nos campos de arroz ao mesmo tempo que são plantadas as plântulas de arroz. À medida que o arroz cresce, os peixes amadurecem ao mesmo tempo e, no final da estação de crescimento, tanto o arroz como os peixes adultos são colhidos. Esta abordagem simultânea não só aumenta a produtividade como também promove um ecossistema equilibrado que apoia o controlo de pragas , a reciclagem de nutrientes , e práticas agrícolas sustentáveis. Esta secção explora a metodologia, os benefícios, o impacto ambiental s, as práticas de gestão e os desafios da co-cultura arroz-peixe .

164.1 Princípios da co-cultura arroz-peixe

Os princípios da co-cultura arroz-peixe baseiam-se na relação simbiótica entre o peixe e o arroz, em que cada componente contribui para a saúde e a produtividade do outro:

- **Introdução simultânea**: Ao introduzir peixes juvenis ao mesmo tempo que as plântulas de arroz, esta abordagem tira partido das fases iniciais de crescimento do arroz para criar um habitat adequado para os peixes. As plantas de arroz fornecem cobertura, ajudando os peixes a aclimatarem-se ao ambiente.
- **Benefícios mútuos**: O peixe alimenta-se de ervas daninhas, pragas e larvas na água, reduzindo a necessidade de herbicidas e pesticidas químicos. Os resíduos dos peixes, por sua vez, fertilizam o arroz, fornecendo nutrientes que promovem o crescimento saudável das culturas .
- **Controlo Natural de Pragas e Ciclo de Nutrientes** : Os peixes actuam como controladores biológicos de pragas lers, reduzindo as populações de pragas sem a necessidade de produtos químicos. O ciclo de nutrientes ocorre quando os peixes excretam resíduos, que se tornam num fertilizante natural, aumentando a fertilidade do solo e apoiando a agricultura sustentável.

164.2 Benefícios da Introdução de Peixes Juvenis Simultaneamente com o Arroz

A integração do peixe e do arroz desde o início do ciclo de cultivo oferece uma série de benefícios, desde vantagens económicas à sustentabilidade ecológica :

- **Aumento da produtividade** : Utilizando a mesma terra para arroz e peixe , os agricultores podem duplicar a sua produção, produzindo proteínas e grãos numa única parcela. Esta produção diversificada pode proporcionar rendimentos adicionais e melhorar a segurança alimentar .
- **Redução do uso de produtos químicos**: Os peixes contribuem para o controlo natural de pragas e ervas daninhas, alimentando-se de organismos indesejáveis no arrozal. Isto minimiza a necessidade de pesticidas e herbicidas, o que beneficia tanto o ambiente como a saúde dos trabalhadores agrícolas .
- **Melhoria da Fertilidade do Solo** : Os resíduos de peixe são ricos em azoto, fósforo e outros nutrientes essenciais, que actuam como fertilizantes naturais. Este ciclo de nutrientes melhora a qualidade do solo ao longo do tempo, reduzindo a necessidade de fertilizantes sintéticos e apoiando a produtividade a longo prazo.

- **Custos de produção mais baixos**: Uma vez que os peixes ajudam a controlar as pragas e a fertilizar o solo, os agricultores podem reduzir as despesas com insumos químicos, tornando a co-cultura arroz-peixe uma opção agrícola rentável.
- **Biodiversidade e saúde dos ecossistemas** : A co-cultura arroz-peixe incentiva a biodiversidade ao proporcionar um habitat para várias espécies. Esta biodiversidade promove um ecossistema equilibrado , que é mais resistente às doenças e aos factores de stress ambiental.

164.3 Métodos e técnicas para a co-cultura arroz-peixe

A implementação da co-cultura arroz-peixe com a introdução simultânea de peixes juvenis requer um planeamento e gestão cuidadosos para garantir a saúde e a produtividade tanto do arroz como dos peixes:

- **Preparação do campo** : Antes de plantar arroz e introduzir os juvenis de peixe , o arrozal deve ser modificado para criar condições adequadas para a habitação dos peixes. Isto inclui a construção de trincheiras ou valas à volta da periferia do arrozal para proporcionar áreas de águas mais profundas onde os peixes se podem abrigar e escapar durante as condições de calor ou de águas baixas.
- **Seleção de espécies :** É crucial selecionar espécies de peixe compatíveis com as condições dos arrozais. As espécies comuns para a co-cultura de arroz-peixe incluem a tilápia , a carpa , o peixe-gato , e o peixe-lama , uma vez que são resistentes e bem adaptadas aos níveis de água pouco profundos dos arrozais.
- **Densidade de povoamento** : Peixes juvenis A densidade de povoamento varia com base no tamanho do arrozal, na profundidade da água e nas caraterísticas das espécies. Um povoamento demasiado denso pode levar a uma competição por comida e oxigénio, pelo que é importante equilibrar o número de peixes para evitar o stress e manter a saúde do ecossistema .
- **Gestão da água** : Uma profundidade de água adequada é crítica para a sobrevivência tanto do arroz como do peixe . A água deve ser mantida, normalmente, entre 10-20 cm, dependendo da variedade de arroz e da espécie de peixe. As trocas regulares de água ajudam a manter os níveis de oxigénio e evitam a estagnação da água.
- **Alimentação**: Os peixes num arrozal alimentam-se naturalmente de insectos , ervas daninhas e larvas, reduzindo a necessidade de alimentação suplementar. No entanto, se os níveis de nutrientes forem baixos, os agricultores podem fornecer alimentação adicional, especialmente no final da estação de crescimento, para apoiar o crescimento saudável dos peixes .

164.4 Impacto ambiental da co-cultura arroz-peixe

Arroz-peixe A co-cultura com introdução simultânea proporciona numerosos benefícios ambientais, aumentando a biodiversidade , reduzindo a utilização de produtos químicos e apoiando a saúde do ecossistema :

- **Redução da utilização de pesticidas e da poluição química** : Os peixes consomem larvas de insectos, ervas daninhas e pragas, actuando como pesticidas naturais. Este controlo biológico de pragas reduz a dependência de pesticidas químicos, diminuindo o risco de contaminação da água e protegendo o ambiente circundante.
- **Melhoria da qualidade do solo e da água** : Os resíduos de peixe enriquecem o solo com matéria orgânica, melhorando a estrutura e a fertilidade do solo. Além disso, o ciclo de nutrientes entre os peixes e as plantas de arroz ajuda a manter a qualidade da água , apoiando o ecossistema dentro do arrozal.
- **Resiliência climática** : Os sistemas integrados são mais resistentes às alterações climáticas, pois criam um ecossistema equilibrado que atenua o impacto da seca, das inundações e das flutuações de temperatura . A co-cultura arroz-peixe também conserva a água ao reduzir a necessidade de irrigação excessiva, tornando-a uma opção viável para regiões com recursos hídricos limitados .

164.5 Práticas de gestão para o sucesso da co-cultura arroz-peixe

Gestão eficaz da co-cultura arroz-peixe envolve monitorização contínua, práticas adaptativas e medidas proactivas para garantir que tanto o arroz como o peixe prosperam no ambiente partilhado:

- **Monitorização da profundidade e da qualidade da água**: A monitorização regular da profundidade e da qualidade da água assegura que as condições permanecem óptimas tanto para o arroz como para o peixe . Os agricultores devem ajustar os níveis de água com base nas mudanças sazonais, na precipitação e nas fases de crescimento do arroz .
- **Gestão de pragas e doenças** : Embora o peixe ajude a controlar as pragas, os piscicultores devem continuar a monitorizar os sinais de doenças ou de surtos de pragas. Se necessário, podem ser utilizados métodos de controlo biológico ou orgânico para resolver os problemas sem prejudicar os peixes.
- **Manejo de nutrientes**: Os resíduos de peixe normalmente fornecem nutrientes suficientes para o arroz, mas se forem detectadas deficiências de nutrientes, fertilizantes orgânicos podem ser aplicados para apoiar o crescimento do arroz . Níveis equilibrados de nutrientes mantêm a saúde e a produtividade de todo o sistema.
- **Colheita selectiva** : O peixe pode ser colhido por fases, permitindo aos agricultores retirar os peixes maiores e deixar crescer os mais pequenos.

Esta abordagem de colheita selectiva maximiza o rendimento e permite um rendimento contínuo durante toda a estação de crescimento.

164.6 Desafios e soluções na co-cultura arroz-peixe

A implementação da co-cultura de arroz-peixe apresenta vários desafios , desde a gestão da água até aos requisitos de mão de obra , mas as soluções estratégicas podem ajudar a mitigar estes problemas:

- **Gestão da água Complexidade** : Equilibrar os níveis de água para satisfazer as necessidades do arroz e do peixe pode ser um desafio, especialmente em regiões com precipitação irregular. A instalação de estruturas de controlo da água, tais como pequenos diques ou comportas, pode ajudar a regular a profundidade da água.
- **Risco de doenças**: O peixe e o arroz são susceptíveis a diferentes doenças, e a sua gestão no mesmo ecossistema requer conhecimentos de gestão integrada de pragas. Medidas preventivas, como a manutenção de água limpa e o uso de variedades de arroz resistentes a doenças, podem reduzir o risco de surtos de doenças .
- **Requisitos de mão de obra e conhecimentos** : A co-cultura arroz-peixe requer mão de obra adicional e conhecimentos especializados em comparação com a cultura tradicional de arroz . Os agricultores podem necessitar de formação sobre as melhores práticas para o tratamento dos peixes, gestão da água e monitorização para garantir o sucesso do sistema.
- **Limitações do mercado** : O acesso aos mercados para o peixe pode ser limitado em algumas áreas rurais, reduzindo a rentabilidade . A colaboração com distribuidores locais de peixe ou cooperativas comunitárias pode melhorar o acesso ao mercado , permitindo aos agricultores vender o seu peixe a preços competitivos.

164.7 Sustentabilidade da co-cultura simultânea de arroz e peixe

A co-cultura arroz-peixe é uma prática agrícola ecologicamente sustentável, que oferece benefícios a longo prazo para os agricultores, as comunidades e o ambiente:

- **Eficiência de recursos**: Ao produzir duas culturas na mesma terra com um mínimo de insumos químicos, a co-cultura arroz-peixe conserva recursos e minimiza o impacto ambiental . A utilização eficiente da água, dos nutrientes e do espaço está em conformidade com os objectivos da agricultura sustentável.
- **Biodiversidade Apoio**: Este método de co-cultura promove um ambiente biodiverso ao criar habitats para várias espécies aquáticas e terrestres. A presença de peixes incentiva o crescimento de organismos benéficos, como rãs e insectos , que contribuem para um ecossistema equilibrado .

- **Viabilidade económica** : A dupla colheita de arroz e peixe proporciona uma fonte de rendimento diversificada, aumentando a resistência dos agricultores às flutuações do mercado ou à quebra de safra. Esta estabilidade económica torna a co-cultura arroz-peixe uma opção viável para os pequenos agricultores, particularmente nas zonas rurais ou de baixos rendimentos.
- **Pegada de carbono Redução** : Arroz-peixe A co-cultura reduz a necessidade de fertilizantes sintéticos, pesticidas e irrigação frequente, o que, por sua vez, reduz as emissões de gases com efeito de estufa e conserva os recursos naturais. Esta prática está em conformidade com os objectivos de desenvolvimento sustentável que visam reduzir a pegada ambiental da agricultura.

164.8 Perspectivas futuras e inovações na co-cultura arroz-peixe

Os avanços tecnológicos e as novas práticas agrícolas continuam a expandir o potencial da co-cultura arroz-peixe , tornando-a mais eficiente e acessível:

- **Espécies de peixes e variedades de arroz melhoradas** : Os programas de melhoramento estão a desenvolver variedades de arroz e espécies de peixes mais resistentes à qualidade da água flutuações, doenças e variabilidade climática. Estas inovações tornam a co-cultura arroz-peixe adaptável a uma maior variedade de ambientes.
- **Gestão automatizada da água Sistemas** : Estão a ser desenvolvidos novos sistemas de controlo da água que utilizam sensores para monitorizar e ajustar os níveis de água em tempo real. Esta tecnologia permite aos agricultores gerir a água de forma mais eficiente, assegurando condições óptimas tanto para o arroz como para o peixe .
- **Ferramentas de monitorização digital** : Sensores baseados na IoT que monitorizam a qualidade da água parâmetros como o pH , níveis de oxigénio e concentrações de nutrientes podem ajudar os agricultores a tomar decisões informadas. Os dados em tempo real permitem ajustes imediatos, optimizando a saúde das culturas e dos peixes .
- **Programas de formação comunitária** : Os governos e as organizações agrícolas estão a criar programas de formação para educar os agricultores sobre práticas de co-cultura de arroz-peixe . Estes programas capacitam os agricultores com conhecimentos sobre gestão de pragas, conservação da água , e cuidados com os peixes , promovendo a disseminação de práticas sustentáveis .

164.9 Estudos de caso e histórias de sucesso na co-cultura arroz-peixe

A análise das implementações bem sucedidas da co-cultura arroz-peixe fornece informações valiosas sobre as melhores práticas e os potenciais resultados:

- **A longa tradição chinesa de co-cultura de arroz e peixe** : A China pratica a agricultura arroz-peixe há séculos, particularmente em regiões como as províncias de Guangxi e Zhejiang. A carpa é normalmente cultivada juntamente com o arroz, ajudando a controlar as populações de pragas e aumentando o rendimento do arroz. Estes sistemas são conhecidos pela sua elevada produtividade e sustentabilidade .
- **Sistemas integrados arroz-peixe do Bangladesh** : No Bangladesh, os agricultores adoptaram com êxito a co-cultura arroz-peixe utilizando a tilápia e a carpa . Estes sistemas contribuem para a segurança alimentar rural , melhoram a nutrição das famílias e reduzem os custos dos factores de produção, fornecendo cereais e proteínas na mesma exploração agrícola.
- **A cultura de arroz e camarão no Camboja**: No Delta do Mekong, no Camboja, o arroz e o camarão são co-cultivados em campos de água salobra. A integração do camarão ajuda a controlar as ervas daninhas e proporciona um rendimento adicional, enquanto o arroz estabiliza as condições do solo, criando um sistema mutuamente benéfico que apoia tanto a produção alimentar como o crescimento económico .

1. **Sistemas arroz-peixe da Índia em Bengala Ocidental**

No estado de Bengala Ocidental, a co-cultura arroz-peixe foi adoptada por pequenos agricultores que enfrentam frequentemente desafios relacionados com a escassez de terra, a baixa fertilidade do solo e as infestações de pragas. O modelo de Bengala Ocidental provou ser bem sucedido na criação de sistemas resilientes e produtivos que sustentam tanto as culturas como os peixes :

- **Abordagem**: Os agricultores de Bengala Ocidental utilizam as variedades de carpa comum e de peixe-gato devido à sua adaptabilidade a condições de águas pouco profundas e à sua capacidade de controlar as populações de pragas.
- **Benefícios**: Os peixes consomem as pragas do arroz, incluindo cigarrinhas e brocas do caule, reduzindo a necessidade de pesticidas químicos. Os resíduos de peixe também melhoram a fertilidade do solo , reduzindo a necessidade de fertilizantes sintéticos.
- **Impacto económico** : A dupla cultura de arroz e peixe permite aos agricultores diversificar os seus fluxos de rendimento, o que se revelou especialmente valioso durante as épocas de monção, quando os arrozais podem facilmente inundar.
- **Adaptação às alterações climáticas** : Os sistemas arroz-peixe de Bengala Ocidental aumentaram a resiliência da região às inundações. Os peixes constituem uma fonte secundária de rendimento e de alimentos no caso de a produção de arroz ser afetada por precipitações extremas.

2. **Co-cultura de arroz e peixe na ilha de Java, Indonésia**

A ilha de Java, uma das regiões mais densamente povoadas da Indonésia, pratica há muito tempo a cultura de arroz-peixe para apoiar a segurança alimentar face à disponibilidade limitada de terras. A co-cultura arroz-peixe é comum em explorações de pequena escala, integrando espécies aquáticas que prosperam nos ambientes húmidos de Java.

- **Abordagem**: Os agricultores introduzem alevins de tilápia do Nilo nos seus campos de arroz quando o arroz tem cerca de duas semanas de idade. As tilápias são conhecidas pela sua robustez e capacidade de sobreviver em ambientes com pouco oxigénio, o que as torna adequadas para os arrozais.
- **Impacto ambiental** : A tilápia alimenta-se de pragas e sementes de ervas daninhas, reduzindo a necessidade de herbicidas e pesticidas. Esta prática preserva a qualidade da água no arrozal e nas áreas circundantes.
- **Benefício económico**: Muitos agricultores javaneses vendem tilápia localmente, onde o peixe é uma fonte popular de proteínas. Ao colherem tanto arroz como tilápia, obtêm rendimentos 30-40% mais elevados em comparação com a monocultura de arroz.
- **Apoio governamental** : O governo indonésio concedeu subsídios aos produtores de arroz-peixe , incluindo a distribuição de alevins e o acesso a programas de formação , promovendo a adoção generalizada da co-cultura de arroz-peixe .

3. **Co-cultura de arroz e peixe em Nueva Ecija, Filipinas**

A região de Nueva Ecija, nas Filipinas, adoptou largamente a co-cultura arroz-peixe , utilizando-a como estratégia para combater as infestações de pragas e melhorar a saúde dos solos em arrozais muito cultivados.

- **Abordagem**: Os agricultores integram a tilápia nos arrozais como um agente natural de controlo de pragas . As tilápias são introduzidas ao mesmo tempo que o arroz é plantado, permitindo-lhes consumir as pragas que, de outra forma, danificariam as culturas.
- **Impacto económico e nutricional**: Para além do arroz, o peixe fornece uma fonte de proteínas para as famílias de agricultores e para a comunidade local. Este modelo ajudou a melhorar a ingestão nutricional nas zonas rurais e contribuiu para a segurança alimentar .
- **Impacto ambiental** : Ao reduzir a dependência de pesticidas químicos, o modelo de Nueva Ecija conduziu a um solo mais saudável, a uma melhor qualidade da água e a uma menor poluição ambiental .
- **Programas de formação** : O governo filipino tem apoiado a cultura de arroz e peixe através de formação técnica e serviços de extensão ,

educando os agricultores sobre práticas sustentáveis e optimizando os rendimentos.

4. **A cultura do arroz de palha no Delta do Ayeyarwady, em Myanmar**

No Delta de Ayeyarwady, em Myanmar, os agricultores praticam uma variante da co-cultura arroz-peixe que integra o arroz com a criação de camarões em zonas de água salobra. O ambiente único das marés do delta apoia os sistemas de arroz-camarão, tornando-os uma opção de subsistência sustentável para os agricultores locais.

- **Abordagem**: Os agricultores cultivam arroz durante a estação das monções e, uma vez colhido o arroz, introduzem pós-larvas de camarão nos campos. Os camarões crescem na água salobra e são colhidos no final da estação seca.
- **Benefícios**: Os camarões alimentam-se de detritos e material vegetal, o que limpa a água e aumenta a produtividade da cultura do arroz. A prática também reduz a necessidade de fertilizantes químicos.
- **Resultados económicos**: A cultura do arroz com camarão aumentou significativamente o rendimento dos agricultores do delta, uma vez que o camarão atinge um preço elevado nos mercados nacional e internacional .
- **Benefícios ambientais**: Este método promove a utilização sustentável dos recursos hídricos das marés ao mesmo tempo que melhora a qualidade do solo através do ciclo de resíduos orgânicos dos tanques de camarão .

5. **Cultura integrada de arroz e peixe do Laos na província de Champasak**

No Laos, a cultura arroz-peixe foi adoptada na província de Champasak para combater a pobreza e a insegurança alimentar. Muitos agricultores praticam a rizipiscicultura utilizando espécies de peixes autóctones, integrando-as nos arrozais tradicionais.

- **Abordagem**: Os agricultores utilizam espécies de peixes nativos , tais como a perca trepadora e a cabeça de cobra , que podem prosperar nos arrozais sazonalmente inundados. Os peixes juvenis são introduzidos na altura da plantação de arroz e ambos são colhidos no final da estação de crescimento.
- **Impacto social e económico** : A dupla produção de arroz e peixe ajudou a reduzir a pobreza na região, diversificando as fontes de rendimento e aumentando a disponibilidade de alimentos. O modelo fornece às famílias arroz e uma fonte de proteínas, que são essenciais para a nutrição nas zonas rurais.
- **Impacto ambiental** : A utilização de espécies autóctones minimiza as perturbações ambientais, uma vez que estas espécies estão bem adaptadas

às condições locais e não perturbam o ecossistema. Esta abordagem preserva a biodiversidade local e evita a propagação de espécies invasoras.

- **Programas de apoio comunitário**: ONGs e organizações governamentais locais têm apoiado a prática fornecendo formação e materiais , ajudando os agricultores locais a aumentar a sua produtividade através de práticas melhoradas.

6. **Integração arroz-tilápia na região de Amhara, na Etiópia**

A co-cultura arroz-peixe foi introduzida na região de Amhara, na Etiópia, como uma fonte alternativa de rendimento e uma solução para os problemas de pragas nos campos de arroz. Embora relativamente recente, a cultura de arroz-peixe na Etiópia tem-se mostrado promissora para adaptação noutras partes da África subsariana.

- **Abordagem**: Os agricultores etíopes criam juvenis de tilápia do Nilo no início da estação das chuvas, sincronizando o crescimento do peixe com o cultivo do arroz. Os peixes são colhidos no final da época do arroz, proporcionando um rendimento secundário.
- **Impacto sobre as pragas**: A tilápia consome larvas de insectos e sementes de ervas daninhas, reduzindo a necessidade de pesticidas e melhorando a saúde geral da cultura do arroz.
- **Impacto nutricional**: A tilápia é uma fonte significativa de proteína na região, contribuindo para melhorar a segurança alimentar e os resultados nutricionais, especialmente em áreas onde outras fontes de proteína são limitadas.
- **Desafios e soluções**: Um dos desafios tem sido a manutenção de níveis de água adequados durante as estações secas. Os agricultores adaptaram-se construindo pequenos lagos ou trincheiras para reter a água, assegurando a sobrevivência dos peixes e sustentando o sistema integrado.

7. **Sistemas biológicos de arroz com arroz da Tailândia na província de Surin**

A província de Surin, na Tailândia, implementou um sistema biológico de arroz e camarão que combina o cultivo de arroz com a criação de camarões de água doce. Este sistema é popular em regiões onde a certificação biológica acrescenta valor aos produtos agrícolas.

- **Abordagem**: Os agricultores cultivam arroz biológico e libertam os camarões de água doce ao mesmo tempo que plantam o arroz. Os camarões crescem nos campos de arroz biológico sem exposição a pesticidas ou fertilizantes sintéticos, criando um produto biológico certificado.
- **Benefícios económicos** : A certificação biológica permite aos agricultores aceder a mercados de primeira qualidade, onde o arroz e os camarões

biológicos atingem preços mais elevados. Esta abordagem proporciona aos agricultores uma vantagem competitiva nos mercados locais e internacionais .

- **Impacto ambiental** : A agricultura biológica de arroz e camarão elimina os produtos químicos, protegendo a qualidade do solo e da água e apoiando a biodiversidade . Os camarões contribuem para o ciclo de nutrientes , reduzindo a necessidade de fertilizantes externos.
- **Acesso ao mercado** : O governo tailandês e várias cooperativas apoiam os processos de certificação orgânica , ajudando os agricultores a cumprir as normas orgânicas e a ligar-se a nichos de mercado que exigem produtos cultivados de forma sustentável.

8. Arroz-peixe Satoyama do Japão Tradição na prefeitura de Niigata

Na prefeitura de Niigata, Japão, os agricultores praticam um método tradicional de cultivo de arroz-peixe que faz parte da paisagem cultural "Satoyama". A abordagem Satoyama integra as práticas agrícolas com o ambiente natural, realçando a coexistência sustentável.

- **Abordagem**: Os agricultores japoneses utilizam a loach e outros peixes indígenas espécies que se desenvolvem naturalmente nos arrozais. Os peixes juvenis são introduzidos juntamente com as plântulas de arroz e ambos são colhidos em simultâneo, seguindo antigos costumes agrícolas .
- **Impacto cultural e ecológico** : O sistema Satoyama preserva os conhecimentos agrícolas tradicionais e promove a biodiversidade . A presença de loach e de outras espécies ajuda a controlar as pragas e promove a qualidade da água através do ciclo natural de nutrientes .
- **Benefícios ambientais**: A cultura de arroz-peixe da Satoyama contribui para a conservação da biodiversidade , mantendo as populações de espécies locais e preservando os habitats naturais. Esta abordagem alinha-se com a ênfase cultural do Japão na harmonia com a natureza.
- **Envolvimento da comunidade** : Este sistema revitalizou o interesse pela agricultura tradicional entre as gerações mais jovens, que agora vêem a agricultura arroz-peixe como um legado ecológico e cultural.

164.10 Conclusão: O valor da co-cultura simultânea de arroz e peixe

Arroz-peixe A co-cultura, em que peixes juvenis e arroz são introduzidos simultaneamente, é um método promissor para a agricultura sustentável . Esta abordagem apoia a saúde ambiental , aumenta a produtividade e oferece diversas oportunidades de rendimento aos agricultores. Ao aproveitar as sinergias naturais entre o peixe e o arroz, este sistema oferece uma solução equilibrada para os desafios da agricultura moderna , abordando a segurança alimentar , a biodiversidade e a resiliência climática . Com inovação contínua , educação e apoio, a co-cultura arroz-peixe tem o potencial de se tornar uma prática generalizada e transformadora na agricultura global.

REFERÊNCIAS

Aarstad, J., Jakobsen, S. E., Fløysand, A., & Kvitastein, O. A. (2024a). Como as empresas norueguesas de aquicultura em toda a cadeia de valor foram afetadas e responderam ao COVID-19. *Aquaculture Economics & Management*, *28*(1), 132-142.

Aarstad, J., Jakobsen, S. E., Fløysand, A., & Kvitastein, O. A. (2024b). Sustentabilidade e inovação em toda a cadeia de valor da aquacultura. *Frontiers in Aquaculture*, *3*, 1384722.

Abdel-Hady, M. M., Barrania, A. A., Abdel-Khalek, Z. M., & Haggag, S. M. (2024a). Uma abordagem abrangente para o planeamento estratégico da aquicultura marinha no Egito: SWOT-AHP analysis. *Marine Policy*, *162*, 106057.

Abdel-Hady, M. M., El-karashily, A. F., Salem, A. M., & Haggag, S. M. (2024b). Produção sustentável de peixe no Egito: Towards strategic management for capture-based aquaculture. *Aquaculture International*, 1-26.

Adam, R., McDougall, C., Bevitt, K., Freed, S., Gomese, C., Johnson, A., ... & Zaman, T. (2022). Quatro caminhos para alcançar a igualdade de género e o empoderamento das mulheres na pesca e aquicultura de pequena escala: Insights from FISH research.

Alsaleh, M. (2024). The effectiveness role of international market to maricultural development: insights from the EU region. *Aquaculture International*, 1-24.

Arunashri, A., & Daniel, N. (2023). Fomento de aquapreneurs rurais através da transformação de corpos d'água abandonados em piscinas de aquicultura.

Asmit, B., Simatupang, T. M., Rudito, B., & Novani, S. (2024). Co-criação de valores colectivos: fomentando o empreendedorismo rural próspero. *Indonesian Journal of Business & Entrepreunership*, *10*(3).

Bennett, M., March, A., & Failler, P. (2024). Soluções de financiamento da economia azul para os sectores das pescas e da aquicultura dos Estados insulares das Caraíbas. *Fishes*, *9*(8), 305.

Biswas, P., Jena, A. K., & Singh, S. K. (2023). Aquacultura de conservação de Ompok bimaculatus (Butter catfish), um peixe-gato quase ameaçado na Índia. *Aquaculture and Fisheries*, *8*(1), 1-17.

Bjørndal, T., Dey, M., & Tusvik, A. (2024). Análise económica das contribuições da aquacultura para a segurança alimentar futura. *Aquaculture*, *578*, 740071.

Charalambides, M., Menicou, M., & Triantaphyllidis, G. (2024). Estudo de viabilidade económica para a expansão do sector da aquicultura de Chipre: A roadmap for transition to offshore in the Mediterranean Sea. *Aquaculture and Fisheries*.

Coffay, M., Tveterås, R., Bocken, N., & Bogers, M. L. (2024). Inovação de modelo de negócios sustentável, capacidades dinâmicas e design organizacional:

Insights from Norwegian aquaculture. *Business strategy and the environment*, *33*(6), 5386-5404.

Dahlen, I. M. (2020). *Quero ser Aquapreneur: um estudo de caso de um programa de formação em empreendedorismo para a aquacultura em Moçambique* (tese de mestrado).

Dorji, N. (2024). The challenges and prospects of small-scale aquaculture in Bhutan (Os desafios e as perspectivas da aquicultura de pequena escala no Butão).

Ekanayake, E. A., Al-Daoud, K. I., Vasudevan, A., Wenchang, C., Hunitie, M. F. A., & Mohammad, S. I. S. (2024). Leveraging Aquaculture and Mariculture for Sustainable Economic Growth in Sri Lanka: Challenges and Opportunities. *Journal of Ecohumanism*, *3*(6), 1229-1247.

Engle, C. R., & van Senten, J. (2022). Resiliência das comunidades e aquacultura sustentável: efeitos de governação e regulamentação. *Fishes*, *7*(5), 268.

Estim, A., Shapawi, R., Shaleh, S. R. M., Fui-Fui, C., & Mustafa, S. (2024). Pesquisa transformadora em aquicultura para segurança sustentável de frutos do mar. Em *SDGs na região da Ásia e do Pacífico* (pp. 415-444). Cham: Springer International Publishing.

Ferreira, R. G., Ferreira, J. G., Boogert, F. J., Corner, R. A., Nunes, J. P., Grant, J., ... & Dewey, W. F. (2020). Um índice de investidor multimétrico para a aquicultura: Aplicação à União Europeia e à Noruega. *Aquaculture*, *516*, 734600.

Goulart, S. M. G. (2024). *O Oceano a Alimentar a Vida: O Papel da Aquacultura* (Dissertação de Doutoramento, Universidade Nova de Lisboa).

Hall, S., Smith, D., Campbell, M., Campbell, V., Smith, R., Pascual, C., & Newsom, L. (2024). Rumo a uma Teologia da Aquacultura Sustentável: Produzindo sabiamente frutos do mar seguros e abundantes enquanto aumenta a fecundidade das criaturas aquáticas. *Perspectivas da Ciência e da Fé Cristã*, *76*(2).

Ifejika, P. I., Oladosu, I. O., Asadu, A. N., Ayanwuyi, E., Sule, A. M., & Tanko, M. (2015). Avaliação da disponibilidade do aquapreneur para pagar por serviços de aconselhamento por telemóvel no estado de anambra, Nigéria. *Revista Internacional de Agricultura e Silvicultura*, *5*(6), 330-338.

Iyyappan, T., Santhakumar, R., Oli, G. A., Padmavathy, P., Athithan, S., Subash, P., & Ramkumar, S. (2024). Avaliação do conhecimento, atitudes e restrições entre os empresários de peixes ornamentais ao longo da costa de Tamil Nadu: A Market-Oriented Approach. *Journal of Coastal Research*, *40*(6), 1189-1200.

Kaminski, A. M., Kruijssen, F., Cole, S. M., Beveridge, M. C., Dawson, C., Mohan, C. V., ... & Little, D. C. (2020). Uma revisão dos modelos de negócios inclusivos e sua aplicação no desenvolvimento da aquicultura. *Revisões em Aquacultura*, *12*(3), 1881-1902.

Kasozi, N., Namulawa, V., Abaho, I., Kwikiriza, G., Ondhoro, C., Izaara, A., ... & Walakira, J. (2024). Implementação de Plataformas Zonais de Inovação em Aquacultura no Uganda: Key Lessons Learned. *Platforms*, *2*(3), 101-117.

Krishna, G. (2021). Novos desenvolvimentos no sector das pescas. Em *Innovations in Agriculture for a Self-Reliant India* (*Inovações na agricultura para uma Índia autossuficiente*) (pp. 643-663). CRC Press.

Kumar, G., Hegde, S., van Senten, J., Engle, C., Boldt, N., Parker, M., ... & Schwarz, M. (2024). Contribuição económica das explorações de aquacultura dos EUA. *Jornal da Sociedade Mundial de Aquacultura*, e13091.

Landazuri-Tveteraas, U., Misund, B., Tveterås, R., & Zhang, D. (2023). Determinantes do comportamento de investimento na aquicultura norueguesa de salmão. *Aquaculture Economics & Management*, *27*(4), 790-808.

Lasner, T., & Gimpel, A. (2024). Aquicultura como um sistema de ação disfuncional; Por que a piscicultura estagnou na Alemanha? *Marine Policy*, *170*, 106405.

Liguori, E. W., Muldoon, J., Ogundana, O. M., Lee, Y., & Wilson, G. A. (2024). Traçar o futuro do empreendedorismo: um roteiro para a investigação interdisciplinar e o impacto social. *Cogent Business & Management*, *11*(1), 2314218.

Mackey, M. J. (1992). *Aquapreneurship: Caraterísticas e práticas de gestão empresarial de actuais e potenciais proprietários de escolas de natação*. Temple University.

Marco, J. (2024). *Examining the Success of the Tilapia Industry in Huila: an Emerging Aquaculture Hub in the Colombian Southwest*. Iniciativa Ambiente para o Desenvolvimento.

Mareta, Z., Arif, M., Lasaksi, P., & Ar, N. (2024). Abordagens de base comunitária para a gestão das pescas nas MPMEs: uma exploração bibliométrica. *West Science Social and Humanities Studies*, *2*(05), 749-758.

Mbele, N. Avaliação do potencial económico da aquicultura: Um caso de peixe Tilápia (ARP).

Meghla, H. A., Alam, M. N., Rifat, S. M., & Masroor, I. (2024). Mar de oportunidades: desvendando o impacto do empreendedorismo azul baseado em cluster e da penetração da tecnologia azul na propensão à exportação de algas marinhas. *Ambiente, Desenvolvimento e Sustentabilidade*, 1-33.

Menaga, M. 10. SWOT Analysis of Aquaculture & Aquapreneurship in India (Análise SWOT da aquicultura e do empreendedorismo aquático na Índia). *Sushrirekha Das e Menaga Meenakshisundaram (2022)*.

Menezes, A., Ligeon, C., Murekezi, P., & Jolly, C. M. (2024). Diagnóstico da governação do emprego na aquicultura em países africanos selecionados. *FAO Fisheries and Aquaculture Technical Paper*, (715), I-70.

Mohammadi, Z., Bhati, A. S., & Jerry, D. (2024). Um modelo de estilo pré-científico de empresas de turismo de aquacultura. *Tourism Planning & Development, 21*(2), 245-253.

Mojjada, S. K., Divu, D. N., Sudhakaran, P. O., Sundaram, S. L. P., Menon, M., Mojjada, R. K., ... & Gopalakrishnan, A. (2024). Um modelo integrado de previsão fiscal de apoio à decisão técnico-económica para empresas de maricultura em jaulas para a produção de robalo asiático nas águas territoriais indianas. *Aquaculture, 580*, 740351.

Munguti, J. M., Obiero, K. O., Iteba, J. O., Kirimi, J. G., Kyule, D. N., Orina, P. S., ... & Tanga, C. M. (2023). Papel das organizações multilaterais de desenvolvimento, investimentos públicos e privados no subsector da aquicultura no Quénia. *Frontiers in Sustainable Food Systems, 7*, 1208918.

Munguti, J. M., Obiero, K. O., Iteba, J. O., Kirimi, J. G., Kyule, D. N., Orina, P. S., ... & Tanga, C. M. (2023). Papel das organizações multilaterais de desenvolvimento, investimentos públicos e privados no subsector da aquicultura no Quénia. *Frontiers in Sustainable Food Systems, 7*, 1208918.

Mustafa, S., Estim, A., Shapawi, R., Shalehand, M. J., & Sidik, S. R. M. (2021, março). Aplicações e adaptações tecnológicas na aquicultura para o progresso em direção ao desenvolvimento sustentável e à segurança dos frutos do mar. Na *série de conferências IOP: Ciência da Terra e do Meio Ambiente* (Vol. 718, No. 1, p. 012041). IOP Publishing.

Nadifah, I. N., Mulia, D. S., & Suwarsito, S. (2024). Pengaruh Pemberian Maggot (Hermetia Illucens) sebagai Pakan Subtitusi Terhadap Pertumbuhan dan Efisiensi Pakan pada Ikan Gurame (Osphronemus Gouramy). *Série de Actas em Ciências Físicas e Formais, 7*, 69-74.

Ngota, B. L. (2020). Avançar os factores contextuais que impedem o desenvolvimento do aquapreneurship nos Camarões. *Entrepreneurial Business and Economics Review, 8*(3), 65-82.

Nigussie, L., Minh, T. T., & Senaratna Sellamuttu, S. (2024). Inclusão dos jovens no desenvolvimento da cadeia de valor: um caso da aquacultura na Nigéria. *CABI Agriculture and Bioscience, 5*(1), 44.

Ojha, S. N., Dey, S., & Babu, S. C. (2020). *Uma abordagem de baixo para cima para um sistema de extensão de pesca privado: Um quadro e um plano de ação para uma câmara de comércio aquático na Índia* (Vol. 1931). Intl Food Policy Res Inst.

Paruğ, Ş., Jabbr, A., & Lazrag, F. A. (2024). Melhorar a pesca e a aquicultura sustentáveis no Norte de África: Desafios, Oportunidades e Direcções Futuras. *Menba Kastamonu Üniversitesi Su Ürünleri Fakültesi Dergisi, 10*(1), 90-105.

Ragasa, C., Agyakwah, S. K., Asmah, R., Mensah, E. T. D., Amewu, S., & Oyih, M. (2022). Acelerando o desenvolvimento da aquicultura em tanques e a resiliência além do COVID: Garantindo alimentos e empregos em Gana. *Aquaculture*, *547*, 737476.

Ragasa, C., Amewu, S., Agyakwah, S. K., Mensah, E. T. D., & Asmah, R. (2022). Impacto da formação em aquacultura no rendimento dos agricultores: Evidências de ensaios clínicos aleatórios controlados em cluster no Gana. *Economia Agrícola*, *53*(S1), 5-20.

Rajchamaha, K., Pornparnomchai, M., Vorrakkatham, K., Pichyangkul, C., Otakanon, B., Raungpaka, P., ... & Saengpradab, A. (2024). Estratégia de modelo de negócios sustentável para resiliência entre empresas de piscicultura na Tailândia. *Revista Internacional de Sustentabilidade Agrícola*, *22*(1), 2303894.

Rashmi, U. Government Support and Services for Entrepreneurship Development in Agriculture, Dairy, Fisheries and Community Sciences. *Technology Commercialization, Incubation and Entrepreneurship Development*, 167.

Reddy, P. R. (2022). *GM Sundaravalli Hon'ble Vice-Chanceler* (Tese de Doutoramento, Universidade Vikrama Simhapuri).

Rohit, P., Das, P. C., & Shinoj, P. (2022). Aprendizagem cruzada para enfrentar os desafios emergentes da aquicultura e da pesca na Índia.

Sahu, K. P., Lal, M. K., Priyadarshini, S., Kumar, A., Singh, S., Bhuyan, R. P., ... & Srivastava, N. (2018). Convenção Nacional da Juventude sobre a Transformação da Agricultura para o Agroempreendedorismo e Oportunidades de Emprego: A Perspetiva da Juventude: Souvenir & Abstract. *Publicado pela Associação de Estudantes de Agricultura de Toda a Índia A/G-4, Complexo NASC, Pusa Nova Deli-110012, Índiaa ii*, 3.

Salehe, M. A., Sesabo, J. K., Isaga, N., & Mkuna, E. J. (2024). Factores que influenciam o empreendedorismo sustentável nas pequenas e médias empresas de pesca na Tanzânia. *Social Sciences & Humanities Open*, *10*, 100909.

Silvestri, R., Morrone, D., Del Vecchio, P., & Mele, G. (2023). Economia azul e aquicultura antes e durante a era da pandemia: uma revisão sistemática da literatura. *British Food Journal*, *126*(1), 13-32.

Sonvanee, O. P., Devi, B. N., Sharma, S., & Mohale, H. P. (2022). Síntese dos modelos de sucesso do negócio da pesca nos sectores público e privado em Chhattisgarh, Índia.

Sukcharoenpong, S., Chanasuk, K., Wichayawong, W., Maneerat, N., Mahaprom, S., & Settheerathanand, J. (2024). Atualizando os produtores de camarão seguro para empreendedores digitais da província de Nakhon Pathom. *Revisão de Pesquisa Interdisciplinar*, *19*(5).

Supain, C., Joseph, H., & Kahar, S. A. (2022). Produção de lagosta de água doce - Sistema perene de aquaponia verde (FLP-GAPS): Uma empresa social de base comunitária verde (CBSE) para B40 em Sabah. *Infraestrutura Verde: Materiais e Aplicações*, 285-304.

Tan, S. Y., Sethupathi, S., Leong, K. H., & Ahmad, T. (2024). Desafios e oportunidades na sustentação da indústria da aquicultura na Malásia. *Aquaculture International*, *32*(1), 489-519.

Tucciarone, I., Secci, G., Contiero, B., & Parisi, G. (2024). Aquacultura sustentável nos últimos 30 anos: Uma análise da literatura científica pela abordagem de Text Mining. *Revisões em Aquacultura*, *16*(4), 2064-2076.

Tyupakov, K., Voloshin, G., & Akimov, E. (2020). Estado atual e perspectivas de desenvolvimento da aquicultura comercial no Distrito Federal Central. Em *BIO Web of Conferences* (Vol. 27, p. 00069). EDP Ciências.

Vecchio, Y., Masi, M., Del Giudice, T., De Rosa, M., & Adinolfi, F. (2024). Inovação tecnológica na pesca e na aquicultura: Quais são os "discursos" da rede política italiana? *Marine Policy*, *159*, 105947.

Wafi, A., & Ariadi, H. (2024). A análise do modelo dinâmico de viabilidade de produção e avaliação de mercado do negócio de cultivo intensivo de camarão. *Aquacultura, Aquário, Conservação e Legislação*, *17*(1), 173-179.

Yan, W., Chai, P., & Zhong, C. (2023). O Impacto do Apoio da Organização de Cooperação em Aquacultura nas Boas Práticas de Aquacultura Selecionadas pelos Piscicultores: Com base em dados de um inquérito a 586 piscicultores na China. *Água*, *15*(20), 3681.

Zainudin, A., Habibullah, A., Arfiani, Y., & Mumpuni, S. D. (2023, março). Transformação digital na aquicultura na Indonésia por meio da eFishery. Na *série de conferências IOP: Ciência da Terra e do Meio Ambiente* (Vol. 1147, No. 1, p. 012024). IOP Publishing.

MIX
Papier aus verantwortungsvollen Quellen
Paper from responsible sources
FSC® C105338

Printed by Books on Demand GmbH, Norderstedt / Germany